计算机科学与技术专业本科系列教材

U0180938

# 数据库 技术与应用

## ——基于SQL Server 2019与MongoDB

主　编　赵有恩

副主编　高珊珊　耿长欣　张　燕

重庆大学出版社

## 内容提要

　　本书除了介绍了传统的关系数据库——SQL Server 2019 的基本理论与应用以外,也介绍了非关系数据库——MongoDB 的基本理论与应用,更符合技术发展的趋势与大数据时代下的人才培养需求。全书共 8 章内容,包括数据库基础知识、数据模型与关系数据库、关系数据库标准语言 SQL、关系数据库规范化理论、MongoDB 数据库基础、数据库的安全与维护、数据库设计和 SQL Server 2019 基础。本教材面向数据库初学者,可作为高等院校计算机科学与技术及相关专业的数据库课程教材,也可作为数据库培训班的培训教材,还可以作为数据库应用程序开发人员的参考资料。

**图书在版编目(CIP)数据**

数据库技术与应用:基于 SQL Server 2019 与
MongoDB / 赵有恩主编. -- 重庆:重庆大学出版社,
2022.3
　　计算机科学与技术专业本科系列教材
　　ISBN 978-7-5689-3186-1

　　Ⅰ. ①数…　Ⅱ. ①赵… 　Ⅲ. ①关系数据库系统—高等
学校—教材　 Ⅳ. ①TP311.132.3

中国版本图书馆 CIP 数据核字(2022)第 046678 号

**数据库技术与应用——基于 SQL Server 2019 与 MongoDB**
SHUJUKU JISHU YU YINGYONG — JIYU SQL Server 2019 YU MongoDB
主　编　赵有恩
副主编　高珊珊　耿长欣　张　燕
特约编辑:陈　丹
责任编辑:杨粮菊　　版式设计:杨粮菊
责任校对:王　倩　　责任印制:张　策
*
重庆大学出版社出版发行
出版人:饶帮华
社址:重庆市沙坪坝区大学城西路 21 号
邮编:401331
电话:(023) 88617190　88617185(中小学)
传真:(023) 88617186　88617166
网址:http://www.cqup.com.cn
邮箱:fxk@ cqup.com.cn(营销中心)
全国新华书店经销
重庆华林天美印务有限公司印刷
*
开本:787mm×1092mm　1/16　印张:18.25　字数:435千
2022 年 3 月第 1 版　2022 年 3 月第 1 次印刷
印数:1—2 000
ISBN 978-7-5689-3186-1　定价:49.00 元

# 前　言

21 世纪已经成为"数据"的世界,无处不在的物联网和传感器,使数据/信息呈爆炸式增长。在数据/信息的快速传输、高效计算、海量存储等方面不断发展的前提条件下,数据成了未来社会发展的一种崭新的不可见资源。过去常说的"信息爆炸""海量数据"已经成为事实,未来越来越多的 IT 基础架构将会部署在公有云、私有云或者混合云上,而数据库作为架构中最重要的基础部分,也将发挥越来越重要的作用。

数据库技术就是研究各类数据的结构、存储、设计、管理和使用的一门学科。数据库技术自 20 世纪 60 年代中期产生以来,已成为计算机领域发展最快的学科分支之一,也是应用最广泛的技术之一。数据库技术作为数据管理的最有效手段,已经成为各类信息系统的核心技术和基础,广泛应用到教育、医疗、商业、科学研究、行政管理等行业。例如各种类型的管理信息系统及 App、电子商务与电子政务、大中型网站、决策支持系统、企业资源规划、客户关系管理、数据仓库与数据挖掘等,都是以数据库技术作为重要的支撑。可以说,只要有计算机存在,就有数据库技术存在;只要有系统存在,就有数据库技术存在。因此,数据库的建设规模、应用深度成为衡量一个国家信息化程度的重要标志。在市场需求的驱动下,数据库技术成为当前高校计算机及相关专业的必修课程以及非计算机专业选修的核心课程之一。

在云计算和大数据时代,传统的面向结构化数据的关系数据库已不再是一枝独秀,各种 NoSQL 数据库不断涌现。NoSQL 数据库面向半结构化和非结构化的数据,不进行类似关系数据库的复杂的处理,弥补了传统关系数据库的不足。基于此,本书结合目前流行的关系数据库 SQL Server 2019 和非关系数据库 MongoDB,以 21 世纪对数据人才培养的需求为突破点,着力培养以数据的观点来看待世界,描述和解释世界,进而改造世界,并且能够理解数据、组织数据、管理数据、展示数据、应用数据的复合型人才。

本书内容包括 8 章。第 1 章为数据库基础知识。从数据、大数据的基本概念入手,介绍数据管理技术发展的 5 个阶段,从而引出数据库的概念。阐述了数据库系统的组成与数据库有关的名词术语,最后介绍了数据库系统的三级模式结构和二级映像功能。

第 2 章数据模型与关系数据库。从数据模型的三要素:数据结构,数据操作,完整性约束 3 个方面介绍了层次模型、网状模型和关系模型,最后重点介绍了关系模型的数据结构、数据操作、完整性约束。

第 3 章关系数据库标准语言 SQL。从数据定义,数据操纵,数据检索 3 个方面介绍了 SQL 语句的使用,包括创建数据库、创建表、数据的增删改查、Transact-SQL 的流程控制以及视图,索引、存储过程、触发器等数据库对象的创建与使用。

第 4 章关系数据库规范化理论。介绍了函数依赖、关系数据库的范式及规范化步骤。

第 5 章 MongoDB 数据库基础。介绍了 NoSQL 数据库管理系统 MongoDB 的安装、访问、管理(包括数据库的管理、集合和文档的管理)以及数据查询、索引、数据的导入与导出。

第 6 章数据库的安全与维护。从数据库的完整性控制、并发控制、数据库的备份与恢复介绍了 SQL Server 2019 和 MongoDB 在数据库安全性方面的实现与操作。

第 7 章数据库设计。从需求分析、概念结构设计、逻辑结构设计、物理设计、实施、运行与维护等方面介绍了数据库设计的整个流程。

第 8 章 SQL Server 2019 基础。介绍了 Microsoft SQL Server 2019 安装、登录、系统数据库以及主要管理工具的使用。

本教材的主要特色如下:

1)将关系数据库和非关系数据库的理论和操作结合进行介绍。结合目前流行的关系数据库 SQL Server 2019 和非关系数据库 MongoDB,通过对比,强化理解关系数据库(对应结构化数据)和非关系数据库(对应于半结构化和非结构化数据)的不同本质,因本质不同导致了二者应用领域的不同。

2)数据库理论与实际应用相对照。在注重理论性、系统性和科学性的同时,兼顾理论的具体实现,以培养学生解决实际问题能力。比如,在讲第 2 章数据模型与关系数据库的理论——数据模型的三要素时,以关系模型为例,讲解关系数据库在数据模型上的具体实现;在讲第 6 章数据库的安全与维护理论时,也讲解 SQL Server 和 MongoDB 在数据库安全理论上的具体实现。

本书可作为高等学校计算机相关专业本科生和专科生的教材,也可作为从事相关专业的工程技术人员的参考用书。

在本书的编写过程中,参考了国内外大量的数据库技术的书刊及文献资料,在此一并对资料的作者表示感谢,主要的参考书籍和研究论文在书后的参考文献列出。书中全部的Transact-SQL(T-SQL)语句、MongoDB shell 命令都已上机调试通过。

在编写过程中,编写团队开展了多次交流与研讨,对书稿进行了多次修改与完善,它的完成凝聚了所有作者的心血与智慧,凝聚了一个团队的教学成果。但由于编者水平和时间所限,书中疏漏之处在所难免,恳请同行专家和读者批评指正。

本书在编写过程中,得到了山东财经大学计算机科学与技术学院的相关领导、同事以及朋友、家人的大力支持与帮助,在此一并表示诚挚的谢意! 本书的编写得到了山东省高等学校青创人才引育计划项目、山东财经大学“数据库原理及应用”课程思政项目以及山东财经大学计算机科学与技术学院教材建设专项经费的资助,特此致谢!

赵有恩
2021 年 7 月于济南

# 本书微课视频清单

| 序号 | 名称 | 二维码图形 | 序号 | 名称 | 二维码图形 |
|---|---|---|---|---|---|
| 1 | 1.4 数据库系统的体系结构 | | 12 | 3.3 数据操纵 | |
| 2 | 2.1.2 概念模型 | | 13 | 3.4.1 单表查询 | |
| 3 | 2.1.3 数据模型 | | 14 | 3.4.1 单表查询的选择表中的若干元组 | |
| 4 | 2.2 关系数据结构及其形式化定义 | | 15 | 3.4.1 单表查询的排序分组查询 | |
| 5 | 2.3 关系的完整性约束 | | 16 | 3.4.2 连接查询 | |
| 6 | 2.4.1 传统的集合运算 | | 17 | 3.4.3 嵌套查询 | |
| 7 | 2.4.2 专门的关系运算 | | 18 | 3.5.2 定义视图 | |
| 8 | 3.2.1 数据库的定义 | | 19 | 3.5.2 定义视图之修改删除视图 | |
| 9 | 3.2.1 数据库的定义之修改删除数据库 | | 20 | 3.6 索引的定义作用与分类 | |
| 10 | 3.2.2 基本表的定义 | | 21 | 3.6 索引的创建删除修改 | |
| 11 | 3.2.2 基本表的定义之修改删除表 | | 22 | 3.8 存储过程的创建执行 | |

续表

| 序号 | 名称 | 二维码图形 | 序号 | 名称 | 二维码图形 |
|------|------|-----------|------|------|-----------|
| 23 | 3.8 存储过程的分类和修改删除 | | 27 | 4.2 函数依赖 | |
| 24 | 3.9 触发器的定义创建与分类 | | 28 | 4.3 关系模式的规范化 | |
| 25 | 3.9 触发器的删除与性能 | | 29 | 4.5 关系模式规范化步骤 | |
| 26 | 3.9 之后触发器与替代触发器 | | 30 | 7.3.2 逻辑结构设计 | |

# 目录

# 第 1 章
# 数据库基础知识

21 世纪是信息的世纪,信息已变成一种资源,成为人们生活中不可或缺的重要组成部分。对于企业而言,信息资源获取的多与少,资源管理的好与坏,直接决定着企业在激烈的竞争中能否成功。数据库技术作为信息系统的一个核心技术,是一种专门用于处理数据和信息的技术,它产生于 20 世纪 60 年代末,是一门应用广泛、实用性强的技术,也是计算机科学与技术的重要分支,它的出现极大地促进了计算机应用向各行各业的渗透。例如,它是信息管理系统(Management Information System,MIS)、办公自动化系统(Office Automation,OA)、企业资源规划(Enterprise Resource Planning,ERP)、决策支持系统(Decision Support System,DSS)等各类信息管理系统的核心部分,是进行数据资源共享、科学研究和决策管理的重要手段。

在云计算和大数据时代,传统的关系数据库已经不再是一枝独秀,各种 NoSQL(Not Only SQL)数据库也不断涌现。过去人们常说的"信息爆炸""海量数据"等词汇已经不足以描述当今信息社会,于是出现了大数据和数据科学。未来越来越多的 IT 基础架构都会部署在"云"上,而数据库作为云架构中的重要组成部分,与云的结合将会变得越来越重要。

本章主要介绍与数据库(包括关系数据库和 NoSQL 数据库)有关的一些基本概念和术语,这些内容是学习后续各章节的基础。

## 1.1 数据与信息、大数据

数据、数据库、数据库管理系统、数据库系统是与数据库技术密切相关的 4 个基本又相互关联的概念,是首先要认识的。

### 1.1.1 数据与信息

#### 1)数据

数据(Data)是反映客观事物属性的记录,是用于表示客观事物的未经加工的原始资料,是信息的载体。对客观事物属性(特征)的记录是用一定的物理符号(如数字、符号、声音、图形、图像、视频等)来表达的,所以说数据是信息的具体表现形式。

数据的概念包括数据形式和数据内容两个方面。数据形式是指数据内容存储在媒体上的具体形式(物理符号形式),即通常所说的数据的"类型"。数据内容是指所描述客观事物的具体属性,即通常所说的数据的"值"。

例如,学生的基本信息"姓名""性别"等属性用字符型数据形式描述,"年龄"属性用数值型数据形式描述,"照片"属性用二进制型数据形式描述。

而对于一个具体的学生来讲:

其"姓名"的值为"王义";

"性别"的值为"男";

"年龄"的值为"19";

"照片"的值为其照片文件。根据数据管理和数据处理的具体要求,可以选择不同的数据形式来表示。例如,性别这一数据,可以用"男""女"文字表示,也可用 0、1 数字表示等。

(1)数据的单位

在计算机中,衡量数据大小的单位是字节(Byte),用大写的英文字母 B 表示,依次还有 KB、MB、GB、TB、PB、EB、ZB、YB、BB、NB、DB,它们之间按照进率 1 024($2^{10}$)来计算:

$1\ KB = 1\ 024\ B = 2^{10}\ B$

$1\ MB = 1\ 024\ KB = 2^{20}\ B = 1\ 048\ 576\ B$

$1\ GB = 1\ 024\ MB = 2^{30}\ B = 1\ 048\ 576\ KB$

$1\ TB = 1\ 024\ GB = 2^{40}\ B = 1\ 048\ 576\ MB$

$1\ PB = 1\ 024\ TB = 2^{50}\ B = 1\ 048\ 576\ GB$

$1\ EB = 1\ 024\ PB = 2^{60}\ B = 1\ 048\ 576\ TB$

…

(2)数据的分类

从结构上来说,数据可以分为 3 大类。第一类是能够用统一的结构表示,称为结构化数据,如数字、符号等;第二类是无法用统一的结构表示,称为非结构化数据,如文本、图像、声音等;第三类是介于结构化数据和非结构化数据之间的数据,如 HTML 文档等。

①结构化数据是指数据经过分析后可以分解成多个互相关联的组成部分,各个组成部分间有明确的层次结构,其使用和维护通过数据库进行管理,并有一定的操作规范。通常接触的包括生产、业务、交易、客户信息等这类数据都属于结构化数据,可以用二维表结构来表达实现,比如企业 ERP、财务系统、医疗 HIS 数据、教育一卡通、政府行政审批等。

②非结构化数据,所谓的非结构化数据是指数据的变长记录由若干不可重复和可重复的字段组成,不方便使用二维逻辑表结构来表现。简单地说,非结构化数据就是字段可变的数据,支持重复字段、子字段以及变长字段。比如日常生活中的办公文档、图片、音频/视频等数据。

③半结构化数据是介于结构化数据和非结构化数据之间的数据,如 HTML 文档等。它一般是自描述的,数据的结构和内容混在一起,没有明显的区分。

表 1-1 从数据模型、形成过程等方面说明了 3 类数据的区别。

表 1-1　3 类数据的区别

| 比较项目 | 结构化数据 | 半结构化数据 | 非结构化数据 |
| --- | --- | --- | --- |
| 数据模型 | 二维表 | 树、图 | 无 |
| 形成过程 | 先有结构,再有数据 | 先有数据,再有结构 | 先有数据,再有结构 |
| 形式 | 数字、符号等 | 文本、图像、声音等 | HTML 文档等 |

#### 2) 信息

信息(Information)解释为可通信的事情、知识、消息等。信息是人类的一切生存活动和自然存在所传达出来的消息和知识。实际上,信息是客观事物属性(特征)的反映,所反映的是关于某一客观系统中某一事物的某些方面属性或某一时刻的表现形式,为人类带来客观世界的认识和知识,如姓名、性别、年龄等反映了一个人的基本信息。人类社会之所以如此丰富多彩,都是因为信息和信息技术一直持续进步的必然结果。

由上面定义可知,数据是信息的表达形式,信息是数据所表达的有用含义。信息是通过数据来传播的,不具有知识性和有用性的数据则不能称为信息。

如果说结构化数据产生的信息详细记录了企业的生产交易活动,那么非结构化数据产生的信息则隐性包含了提高企业效益的机会。对大多数企业来说,ERP 等业务系统所处理的结构化数据信息只占到企业全部信息的 10% 左右,其他的 90% 都是非结构数据信息。

### 1.1.2　大数据

2012 年以来,大数据(Big Data)一词越来越多地被人们提及与使用,人们用它来定义信息时代产生的海量数据,并命名与之相关的技术发展和创新。那到底什么是大数据? 大数据与数据库领域的超大规模数据库(Very Large Database,VLDB)、海量数据(Massive Data)有什么区别?

"超大规模数据库"这个词是在 20 世纪 70 年代中期出现的,是指数据库中管理的数据集有数百万条记录。"海量数据"则是在 21 世纪初出现的词,用来描述更大的数据集以及更丰富的数据类型。2008 年 9 月,《科学》(*Science*)杂志发表了一篇名为"*Big Data:Science in the Petabyte Era*"的文章,"大数据"这个词开始被广泛传播。

无论是"超大规模数据库""海量数据",还是"大数据",这些词都表示需要管理的数据规模很大,已经超出了当时的计算机存储和处理技术水平,需要计算机界研究和发展更加先进的技术才能更有效地存储、管理和分析它们。

(1)大数据的定义

对于大数据,不同的研究机构基于不同的角度给出了不同的定义:

高德纳(Gartner)咨询有限公司给出了这样的定义:"大数据"是需要新的处理模式才能具有更强的决策力、洞察发现力和流程优化能力的海量、高增长率和多样化的信息资产。

全球著名的管理公司麦肯锡给出的定义:一种规模大到在获取、存储、管理、分析方面极大超出了传统数据库软件工具能力范围的集合,具有海量的数据规模、快速的数据流转、多样的数据类型和价值密度低等特点。

国际数据公司(International Data Group,IDG)给出的定义:大数据一般会涉及两种或两种以上的数据形式,它需要收集超过 100 TB 的数据,并且是高速实时数据流;或者是从小数据开始,但数据每年的增长率至少为 60%。

2015 年 8 月,国务院正式印发了《促进大数据发展行动纲要》(以下简称《行动纲要》),成为我国发展大数据产业的战略指导性文件。《行动纲要》指出:"大数据是以容量大、类型多、存取速度快、应用价值高为主要特征的数据集合,正快速发展成为对数量巨大、来源分散、格式多样的数据进行采集,存储和关联分析,从中发现新知识、创造新价值、提升新能力的新一代信息技术和服务业态。"同时,中国信息通信研究院相继发布了《大数据白皮书(2014 年)》《大数据白皮书(2016 年)》和《大数据白皮书(2018 年)》等系列白皮书。《大数据白皮书 2016》称:"大数据是新资源、新技术和新理念的混合体。从资源的视角看,大数据是新资源,体现了一种全新的资源观;从技术的视角看,大数据代表了新一代数据管理和分析技术;从理念的视角看,大数据打开了一种全新的思维角度。"

总结以上对大数据的不同定义,不难发现大数据的概念具有两点共性:

①大数据的数据量标准是随着计算机软/硬件的发展而不断增长。例如 1 GB 的数据量在 20 年前可以称为大数据,而今的数据量已经达到 TB 或者 GB 量级,却不能称为大数据。

②大数据不仅体现在数据规模上,还包含了数据来自多种数据源,包括结构化数据、半结构化数据和非结构化数据,并且以实时、迭代的方式来更新。

总的来说,大数据是指所涉及的数据规模或者复杂程度超出了传统数据库技术和软件技术所能管理和处理的数据集范围。大数据通常与 Hadoop、NoSQL、数据分析与挖掘、数据仓库、商业智能以及开源云计算架构等诸多热点话题联系在一起。

(2)大数据的特征

IBM 公司将大数据的特征归纳为 5 个 V,即 Volume(容量大)、Variety(多样性)、Velocity(存取速度快)、Value(低价值密度)、Veracity(真实性)。

①容量大:大数据的首要特征是容量大,而且在持续、急剧地增长。

②多样性:海量数据引发的危机不单纯是数据量的爆炸增长,还涉及数据的多样性,包括数据格式的多样性,不仅包含文字、数字、日期等结构化数据,还包括图形、图像、音频、视频、地理位置等非结构和半结构化的数据;同时数据来源多样,包括互联网应用、电子商务领域、电子运营商、全球定位系统、社交网络、各种传感器数据等。

③存取速度快:大数据的存取速度快(也称为实时性),一方面是指数据增长的速度特别快,另一方面是指数据处理的速度快,能实时进行分析和处理。数据处理遵循"1 秒定律",可从各种类型的数据中快速获得高价值信息。

④低价值密度:大数据的价值是潜在的、巨大的。但在大数据中,价值密度的高低与数据总量并不存在线性关系,有价值的数据往往被淹没在海量的无用数据中。例如,在一段长达几小时的连续不断的视频监控中,可能有用的数据仅仅只有几秒。因此,如何从海量数据中洞察有价值的数据成为大数据研究的重要课题。

⑤真实性:真实性指的是当数据的来源变得多样时,这些数据本身的可靠度、质量是否足够。如果数据本身就是有问题的,那么分析后的结构也不会是正确的。真实性旨在针对大数据噪音、数据缺失、数据不确定性等问题,强调数据质量的重要性,以及保证数据质量所面临的巨大挑战。

传统数据与大数据的区别见表 1-2。

表 1-2　传统数据与大数据的区别

| 比较项目 | 传统数据 | 大数据 |
| --- | --- | --- |
| 数据规模 | 规模小,以 MB、GB 为处理单位 | 规模大,以 TB、PB 为处理单位 |
| 数据增大速度 | 每小时,每天 | 每分,每秒 |
| 数据结构类型 | 单一的结构化数据 | 结构化、非结构化、半结构化数据 |
| 数据来源 | 集中的数据源 | 分布式的数据源 |
| 数据存储 | 关系数据库管理系统 | 分布式文件系统、NoSQL 数据库 |
| 模式与数据的关系 | 先有模式,后有数据 | 先有数据后有模式,且模式随着数据不断演变 |
| 处理对象 | 数据仅作为被处理对象 | 作为被处理对象或者辅助资源来解决其他领域问题 |
| 处理工具 | 一种或少数几种处理工具 | 不存在单一的处理工具 |

## 1.2　数据管理技术的产生与发展

数据管理是指对数据进行采集、分类、组织、编码、存储、检索和维护的工作,是数据处理的核心。所谓数据管理技术就是指数据管理过程中所采用的技术,其发展是随着计算机硬件、系统软件以及计算机应用的发展而不断进步。这个过程基本上可以划分为 5 个阶段,即人工管理阶段、文件系统管理阶段、数据库系统管理阶段、高级数据库系统管理阶段、新兴数据管理阶段。在计算机技术的发展和应用需求的推动下,每一阶段的发展都以数据存储冗余不断减小、数据独立性不断增强、数据操作更加方便和简单为标志。

### 1.2.1　人工管理阶段

20 世纪 50 年代中期之前,在计算机技术发展初级阶段,因为只有磁带、卡片、纸带等顺序外存储设备,无操作系统,也没有专门管理数据的软件,所以这一时期,程序员编写的程序和要处理的数据写在一起,使得一组数据只对应一个应用程序,如图 1-1 所示。

人工管理阶段的特点如下:

①数据不保存。计算机主要用于科学计算,不要求保存数据。每次启动计算机后都要将程序和数据输入主存,计算结束后将结果输出。计算机断电后,计算结果会随之消失。

②数据面向程序。每个程序都有属于自己的一组数据,程序和数据相互结合成为一体,互相依赖。各程序之间的数据不能共享,因此数据就会重复存储,冗余度大。

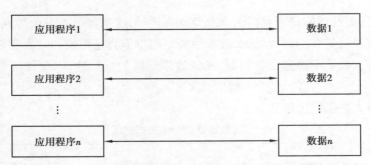

图 1-1　人工管理阶段应用程序与数据的关系示例

③编写程序时要安排数据的物理存储。程序员除了编写程序,还要安排数据的物理存储。程序和数据混合一体,一旦数据的物理存储改变,就必须重新编程,程序员的工作量大而烦琐,程序难以维护。

### 1.2.2　文件系统管理阶段

随着计算机技术的发展,在 20 世纪 50 年代后期到 60 年代中期,计算机大量用于数据处理等方面,数据需要长期保留在外存上反复处理,如维护、查询等。在这一时期,有了磁盘、磁鼓等大容量、读写速度快的外存储设备。操作系统也为管理数据提供了专门的软件,即文件系统。

数据与应用程序分离,数据独立存放在数据文件中,有了随机文件、链接文件、索引文件等多种高效的文件组织形式。应用程序通过文件系统与数据文件发生联系,程序和数据之间有存取方法进行转换,数据在物理结构和逻辑结构间进行转换,提高了数据的物理独立性,如图 1-2 所示。

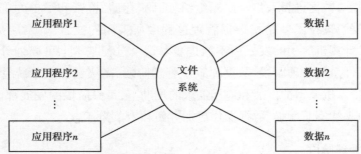

图 1-2　文件系统管理阶段应用程序与数据文件的关系

文件系统管理阶段的特点如下:

①数据以文件的形式长期保存。此阶段计算机大量用于数据处理,数据需要长期保存在外存上反复处理,即要经常对其进行查询、修改、插入和删除,因此,在文件系统中,将数据按照一定的规则组织成一个文件,长期存放在外存储器中。

②数据的物理结构和逻辑结构有了区别,但比较简单。程序员只需用文件名与数据打交道,不必关心数据的物理位置,可由文件系统提供的读写方法去读/写数据。

③文件形式多样化。为了方便数据的存储和查找,人们研究开发了许多文件类型,如索

引文件、链式文件、顺序文件、倒排文件等。

④程序与数据之间有一定的独立性。应用程序通过文件系统对数据文件中的数据进行存取和加工,文件系统充当应用程序和数据之间的一种接口。这样,可使应用程序和数据都具有一定的独立性。因此,处理数据时程序不必过多地考虑数据的物理存储细节,程序员可以集中精力于算法设计。

尽管文件系统有上述优点,但是这些数据在数据文件中只是简单地存放,文件之间并没有有机联系,仍不能表示复杂的数据结构;数据的存放仍依赖于应用程序的使用方法,基本上是一个数据文件对应一个或几个应用程序;数据面向应用,独立性较差,仍然会出现数据重复存储、冗余度大、一致性差(同一数据在不同文件中的值不一样)等问题。

### 1.2.3　数据库系统管理阶段

20 世纪 60 年代后期以来,计算机广泛应用管理领域,由于管理规模逐渐庞大,数据量急剧增加,多应用、多语言程序需要共享数据集合,因此数据共享的要求越来越高,如图 1-3 所示。

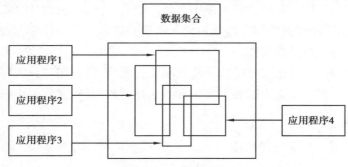

图 1-3　数据共享

此时,磁盘技术取得了重大进展,为数据库技术的发展提供了物质条件。人们开发出一种新的数据管理方法,将数据存储在数据库中,由数据库管理软件对其进行管理。

数据库系统管理方式即对所有的数据实行统一规划管理,形成一个数据中心,构成一个数据仓库,数据库中的数据能够满足所有用户的不同要求,供不同用户使用,如图 1-4 所示。

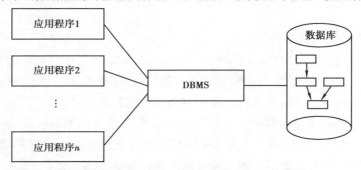

图 1-4　数据库系统管理阶段应用程序与数据文件的关系

数据库系统管理阶段的特点如下:

①数据共享。这是数据库系统区别于文件系统的最大特点之一,也是数据库系统技术先

进性的重要体现。共享是指多个用户、多种应用、多种语言互相覆盖地共享数据集合,所有用户可同时存取数据库中的数据。

②面向全组织的数据结构化。数据库系统不再像文件系统那样从属于特定的应用,而是面向整个组织来组织数据,常常是按照某种数据模型将整个组织的全部数据组织成为一个结构化的数据整体。它不仅描述了数据本身的特性,而且也描述了数据与数据之间的种种联系,这使数据库能够描述复杂的数据结构。

③数据独立性。数据与程序相互独立,互不依赖,不因一方的改变而改变,这极大简化了应用程序的设计与维护的工作量。

④可控数据冗余度。数据共享、数据结构化和数据独立性的优点是数据存储不必重复,不仅可以节省存储空间,而且从根本上保证了数据的一致性,这又是有别于文件系统的重要特征。从理论上讲,数据存储完全不重复,即冗余度为零。但有时为了提高检索速度,常有意安排了若干冗余,这种冗余可由用户控制,称为可控冗余。可控冗余要求任何一个冗余的改变都能自动地对其他冗余加以改变。

⑤统一数据控制功能。数据库是系统中各用户的共享资源,因而计算机的共享一般是并发的,即多个用户同时使用数据库。因此系统必须提供数据安全性控制、数据完整性控制、并发控制和数据恢复等数据控制功能。

数据库系统管理阶段真正实现了数据的自动化管理,不同的用户只需要设计数据的结构和数据之间的逻辑关系。不必考虑数据如何有效地存储和访问,这些都由数据库管理系统自动完成。

### 1.2.4 高级数据库系统管理阶段

20 世纪 80 年代以来,数据库技术在商业领域的巨大成功刺激了其他领域对数据库技术需求的迅速增长。这些新的领域为数据库应用开辟了新的天地,同时在应用中提出的一些新的数据管理需求也直接推动了数据库技术的研究与发展,尤其是面向对象的数据库系统。同时,数据库技术不断与其他计算机分支结合向高级数据库技术发展。例如,数据库技术与分布式处理技术相结合出现了分布式数据库系统,数据库技术与并行处理技术相结合出现了并行数据库系统等。

(1)面向对象的数据库系统

面向对象的数据库系统(Object Oriented Database,OODB)是面向对象的程序设计技术与数据库技术相结合的产物,也是为了满足新的数据库应用需求而产生的新一代数据库系统。面向对象数据库系统的主要特点是具有面向对象技术的封装性和继承性,提高了软件的可重用性。把面向对象的方法和数据库技术结合起来就可以使数据库系统的分析和设计最大限度与人们对客观世界的认识相统一,其通过类似面向对象语言的语法操作数据库,通过对象的方式存取数据库。比较典型的面向对象数据库的代表是 DB4O 和 Versant。

面向对象数据库的特点如下:

①易维护。采用面向对象的思想设计结构,可读性高。由于继承的存在,即使需求发生变化,维护也只是在局部模块,维护起来非常方便。

②质量高。具有面向对象技术的封装性（数据与操作定义在一起）和继承性（继承数据结构和操作）的特点，提高了软件的可重用性。在设计时，可重用已有的稳定的基类，使系统满足业务需求并具有较高的质量。

③效率高。在软件开发时，根据设计需要对现实世界的事物进行抽象，产生类。使用这样的方法解决问题，接近于日常生活和自然的思考方式，必然会提高软件开发的效率。

④易扩展。由于面向对象具有继承、封装、多态的特点，自然可以设计出高内聚、低耦合的系统结构，使系统更灵活，更容易扩展，而且成本较低。

（2）分布式数据库系统

随着地域上分散而管理上集中的企业不断增加，其对数据的需求不再局限于本地，而要求能存取异地数据。同时，网络技术的飞速发展为实现这一需求提供了物质基础，于是产生了分布式数据库系统。

分布式数据库系统（Distributed Database System，DDBS）是数据库在地理上分布在计算机网络的不同结点，而管理和控制又需要不同程度的集中，在逻辑上属于同一系统的数据库系统。分布式数据库系统不仅能支持局部应用，存取本结点或另外结点的数据，而且能支持全局应用，同时存取两个或两个以上结点的数据。每个结点的数据库是可以自治的，每个节点都有自己的计算软硬件资源、数据库、数据库管理系统。目前，Hadoop 的分布式文件系统（Hadoop Distributed File System，HDFS）作为开源的分布式平台，为目前流行的 HBase 等分布式数据库提供了支持。图 1-5 所示是一个涉及多个节点的分布式数据库系统。

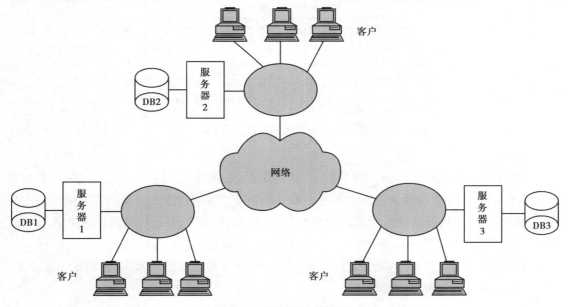

图 1-5　分布式数据库系统

分布式数据库系统的特点如下：

①高可扩展性：分布式数据库能够动态地增加存储结点，以实现存储容量的线性扩展。

②高并发性：分布式数据库必须及时响应大规模用户的读/写请求，能对海量数据进行随机读/写。

9

③高可用性:分布式数据库必须提供容错机制,能够实现对数据的冗余备份,保证数据和服务的高度可靠性。

(3)多媒体数据库系统

多媒体数据库系统(Multi-media Database System,MDBS)是数据库技术与多媒体技术相结合的产物。多媒体数据库技术是研究并实现对多媒体数据的综合管理,即对多媒体对象的建模,对各种媒体数据的获取、存储、管理和查询。

由于多媒体数据具有数据量大、结构复杂、时序性强、数据传输连续性等特点,多媒体数据库管理系统应具有如下功能:

①能够有效地表达、存储、处理多种媒体数据。

②必须能反映和管理各种媒体数据的特性,或各种媒体数据之间的空间或时间的关联。

③能够像其他格式化数据一样对多媒体数据进行操作。

④具有开放功能,提供多媒体数据库的应用程序接口等。

图 1-6 是一个主从式多媒体数据库系统。

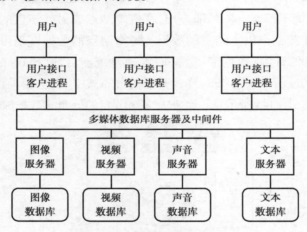

图 1-6　主从式多媒体数据库系统

(4)数据仓库

数据仓库(Data Warehouse,DW)是一个面向主题的、集成的、不可更新的、随时间不断变化的数据集合,它用于支持企业或组织的决策分析处理。数据仓库的主要功能是提供企业决策支持系统(DSS)或行政和信息系统(EIS)所需要的信息,它把企业日常营运中分散不一致的数据经归纳整理后转换为集中统一的、可随时取用的深层信息。

数据仓库作为决策支持系统的有效解决方案,涉及 3 个方面的技术内容:数据仓库技术、联机分析处理技术和数据挖掘技术。

数据挖掘就是从大量数据中获取有效的、新颖的、潜在有用的、最终可理解的模式的非平凡过程。数据挖掘的广义观点就是从存放在数据库、数据仓库或其他信息库中的大量的数据中"挖掘"有趣知识的过程。

数据仓库是数据库技术结合数学与管理模型,可以为企事业单位访问数据提供方便和强大的分析工具,从企事业单位数据中获得有较大价值的信息,指导企事业单位决策,发掘企事业单位的竞争优势,以提高企事业单位的运行效率。数据仓库技术示意图,如图 1-7 所示。

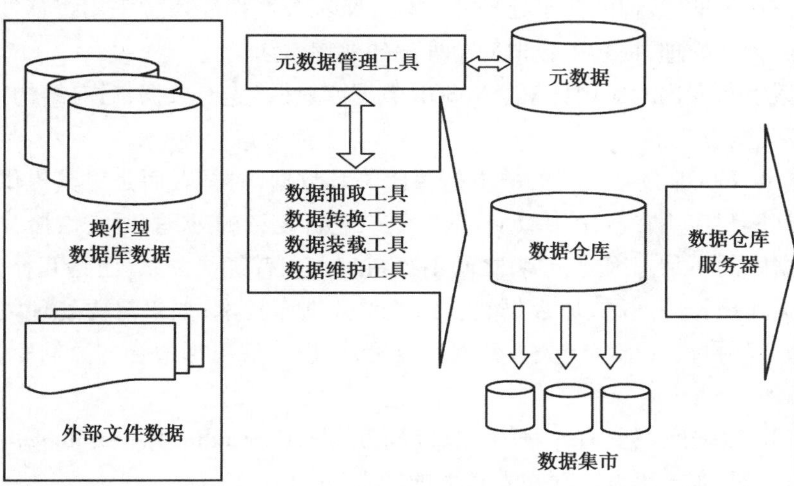

图 1-7　数据仓库技术

(5)并行数据库系统

并行数据库系统(Parallel Database System,PDBS)是新一代高性能的数据库系统,是在大规模并行处理(Massively Parallel Processing,MPP)和集群并行计算环境的基础上建立的数据库系统。它利用并行计算技术使数个、数十甚至成百上千台计算机协同工作,实现并行数据管理和并行查询的功能,提供一个高性能、高可靠性、高扩展性的数据库管理系统,能够快速查询大量数据并处理大量的事务。并行数据库系统的目标是通过多个节点并行执行数据库任务,以提高整个数据库系统的性能。

### 1.2.5　新兴数据管理阶段

21 世纪以来,随着网络及计算机技术的发展,各行各业走上了信息化的道路并积累了海量的数据。随着 Web 2.0、物联网和云计算的兴起,微博、社交网络、电子商务、生物工程等领域的不断发展,各领域的数据呈现爆炸式的增长和积累,并超越了相应数据仓库和数据处理资源的发展,传统的关系数据库显得力不从心。如何采用新的技术和方法实现 PB 级至 ZB 级海量数据的存储和分析是当前面临的巨大挑战,这种背景下,NoSQL 数据库和云数据库系统等新型的数据库管理技术逐渐成为主流。

(1)NoSQL 数据库

NoSQL 是指非关系型的、分布式的、不严格遵循 ACID 原则的一类分布式数据库管理系统。NoSQL 有两种解释:一种是 Non-Relational,即非关系数据库;另一种是 Not Only SQL,即数据管理技术不仅是 SQL,也就是说 NoSQL 为数据管理提供了一种补充方案。目前第二种解释更为流行。NoSQL 数据库改变了关系数据库中以元组和关系为单位的数据建模方法,开始支持数据对象的多样性和复杂性。

相对于关系数据库,NoSQL 数据库的主要优势体现在以下几个方面:

①易于数据的分散存储与管理。NoSQL 数据库通过放弃部分复杂处理能力的方式,支持

将数据分散存放在不同的服务器上,解决了关系数据库在进行大量数据写入操作时的瓶颈。

②数据的频繁操作代价低,数据的简单处理效率高。NoSQL 数据库通过采用缓存技术较好地支持同一个数据的频繁处理,提高了数据简单处理的效率。

③适用于数据模型不断变化的应用场景。NoSQL 数据库遵循"先有数据,后有结构"的设计模式,具有较强的应变能力。

需要注意的是,提出 NoSQL 技术的目的并不是替代关系数据库技术,而是对其提供一种补充方案。NoSQL 数据库只应用在特定领域上,基本上不进行复杂的处理,但它恰恰弥补了之前所列举的关系数据库的不足。因此,二者之间不存在对立或者替代关系,而是互补关系。如果需要处理关系数据库擅长的问题,那么仍然首选关系数据库技术;如果需要处理关系数据库不擅长的问题,那么不再仅仅依赖于关系数据库技术,可以考虑更加适合的数据库技术,如 NoSQL 技术。

当前,主流的 NoSQL 数据库主要有 4 种,分别为 BigTable、Cassandra、Redis、MongoDB,它们在设计理念、数据模型、分布式等方面存在着较大的区别(表 1-3)。

表 1-3　当前主流的 NoSQL 数据库

| 比较项目 | BigTable | Cassandra | Redis | MongoDB |
|---|---|---|---|---|
| 设计理念 | 海量存储和处理 | 简单有效的扩展 | 高并发 | 全面 |
| 数据模型 | 列存储模型 | 列存储模型 | Key-Value 模型 | 文档模型 |
| 体系结构 | 单服务器技术 | P2P 结构 | Master-Slave 结构 | Master-Slave 结构 |
| 特色 | 支持海量数据 | 采用 Dynamo 和 P2P,能够通过简单添加新结点来扩展集群 | List/Set 的处理,逻辑简单,纯内存操作 | 全面 |
| 不足 | 不适应低时延应用 | Dynamo 机制受到质疑 | 分布式支持方面受限 | 在性能和扩展方面优势不明显 |

**(2)云数据库**

从技术上看,大数据与云计算的关系就像一枚硬币的正反面一样密不可分。大数据必然无法用单台计算机进行处理,必须采用云计算的分布式计算架构进行处理。所以云计算解决了大数据的运算工具问题,而对于大数据的存储,需要相应的云存储工具,云数据库可以作为一个云存储系统使用。

云数据库是指被优化或者部署到一个虚拟计算机环境中的数据库,具有按需付费、按需扩展、高可用性以及存储整合等优势。根据数据库类型一般分为关系型数据库和非关系型数据库(NoSQL 数据库)。

将一个现有的数据库优化到云环境的好处如下:

轻松部署:用户能够在 RDS(Relational Database Service)控制台轻松完成数据库的申请和创建,RDS 实例在几分钟内就可以准备就绪并投入使用。用户通过 RDS 提供的功能完善的控制台,对所有实例进行统一管理。

高可靠:云数据库具有故障自动单点切换、数据库自动备份等功能,保证实例高可用和数据安全;至少提供 7 天数据备份,可恢复或回滚至 7 天内任意备份点。

低成本:RDS 支付的费用远低于自建数据库所需的成本,用户可以根据自己的需求选择不同套餐,使用很低的价格得到一整套专业的数据库支持服务。当前主流的云数据库见表 1-4。

表 1-4　主流的云数据库

| 分类 | 名称 | 特点 |
| --- | --- | --- |
| 关系模型<br>云数据库 | 阿里云关系型数据库 | 提供稳定可靠、可弹性伸缩的在线数据库服务 |
| | 亚马逊 Redshift | 跨一个主节点和多个工作节点实施的分布式数据库 |
| 非关系模型<br>云数据库<br>(NoSQL) | 云数据库 MongoDB 版 | 基于分布式系统和高可靠存储引擎,采用高可用架构,提供容灾切换、故障迁移透明化、数据库在线扩容、备份回滚、性能优化等功能 |
| | 亚马逊 DynamoDB | 特别适用于具有大容量读写操作的移动应用 |

## 1.3　数据库系统的组成

数据库系统(Database System,DBS)是数据库应用系统的简称,是一个安装了数据库管理系统和数据库的计算机系统,用来组织、存储和处理大量的数据信息。数据库系统主要由数据库、数据库管理系统、计算机系统(硬件和基本软件)、应用程序系统以及使用和维护数据库的用户(数据库管理员、应用设计人员、最终用户等)组成,如图 1-8 所示。

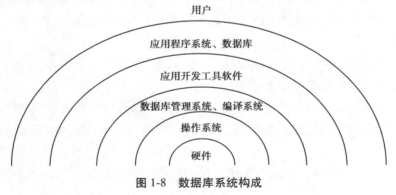

图 1-8　数据库系统构成

### 1.3.1　数据库

数据库(Database,DB)从字面意思来说就是存放数据的仓库,具体而言数据库是按照一定的数据模型组织的、长期存储在计算机内的、可共享的数据集合。

数据库是至少符合以下特征的数据集合。

①数据库中的数据是按照一定的数据模型来组织的,而不是杂乱无章的。

②数据库中的存储介质通常是硬盘、光盘等,能够大量、高效保存数据。

③数据库中的数据能够为众多用户所共享,能方便地为不同的应用服务。

④数据库是一个有机的数据集成体,它是由多种应用的数据集成而来,故具有较少的冗余性和较高的独立性。

### 1.3.2 数据库管理系统

数据库管理系统(Database Management System,DBMS)是数据库系统的核心组成部分,位于用户和操作系统之间,是一种操纵和管理数据库的大型软件,用于建立、使用和维护数据库,如图 1-9 所示。其功能的强弱是衡量数据库系统性能优劣的主要指标。

**图 1-9　DBMS 在计算机系统中的地位**

(1)DBMS 的功能

①数据库定义功能:DBMS 提供相应的数据定义语言来定义数据库结构,它能刻画数据库的模式,并保存在数据字典中。数据字典是 DBMS 存储和管理数据的基本依据。

②数据操作功能:DBMS 提供数据操作语言实现对数据库数据的查找、插入、修改和删除等基本操作。

③数据控制功能:DBMS 提供数据控制功能,即数据库的安全性、完整性和并发性控制等,对数据库运行进行有效的控制和管理。

④数据的组织、管理和存储功能:DBMS 可以对各种数据进行分类组织,确定文件结构种类、存取方式和数据的组织分类,实现数据之间的联系,提高了存储空间的利用率和存储效率。

⑤数据通信功能:DBMS 提供对处理数据的传输功能,实现用户程序与 DBMS 之间的通信。

(2)DBMS 的组成

①语言编译处理程序:主要包括数据描述语言翻译程序、数据操作语言处理程序、终端命令解释程序和数据库控制命令解释程序等。

②系统运行控制程序:主要包括系统总控程序、存取控制程序、并发控制程序、完整性控制程序、保密性控制程序、数据存取和更新程序以及通信控制程序等。

③系统建立和维护程序:主要包含数据装入程序、数据库重组织程序、数据库系统恢复程序和性能监视程序等。

（3）主流的 DBMS

目前市面上有很多种 DBMS,数据库知识网 DB-Engines 根据搜索结果对 364 个数据库管理系统进行了流行度排名,2021 年 2 月的数据库流行度排名榜前 10 名如图 1-10 所示,其中大多数是基于关系模型的 DBMS。

364 systems in ranking, February 2021

| Rank | | | DBMS | Database Model | Score | | |
|---|---|---|---|---|---|---|---|
| Feb 2021 | Jan 2021 | Feb 2020 | | | Feb 2021 | Jan 2021 | Feb 2020 |
| 1. | 1. | 1. | Oracle 🔁 | Relational, Multi-model ℹ | 1316.67 | -6.26 | -28.08 |
| 2. | 2. | 2. | MySQL 🔁 | Relational, Multi-model ℹ | 1243.37 | -8.69 | -24.28 |
| 3. | 3. | 3. | Microsoft SQL Server 🔁 | Relational, Multi-model ℹ | 1022.93 | -8.30 | -70.81 |
| 4. | 4. | 4. | PostgreSQL 🔁 | Relational, Multi-model ℹ | 550.96 | -1.27 | +44.02 |
| 5. | 5. | 5. | MongoDB 🔁 | Document, Multi-model ℹ | 458.95 | +1.73 | +25.62 |
| 6. | 6. | 6. | IBM Db2 🔁 | Relational, Multi-model ℹ | 157.61 | +0.44 | -7.94 |
| 7. | 7. | ↑8. | Redis 🔁 | Key-value, Multi-model ℹ | 152.57 | -2.44 | +1.15 |
| 8. | 8. | ↓7. | Elasticsearch 🔁 | Search engine, Multi-model ℹ | 151.00 | -0.25 | -1.16 |
| 9. | 9. | ↑10. | SQLite 🔁 | Relational | 123.17 | +1.28 | -0.19 |
| 10. | 10. | ↑11. | Cassandra 🔁 | Wide column | 114.62 | -3.46 | -5.74 |

图 1-10　主流的 DBMS

### 1.3.3　计算机系统

计算机系统由硬件和基本的软件组成。

计算机硬件是存储数据库和运行数据库管理系统等数据库系统赖以生存的基础,包括主机、存储设备、I/O 通道等,大型数据库系统一般都建立在计算机网络环境下。为使数据库系统获得比较满意的运行效率,应对计算机的 CPU、内存、存储设备、I/O 通道等技术性能指标采用较高的配置(足够大的内存、大容量的直接存取的外存、较高的 I/O 通道能力等)。

基本的软件主要是支持数据库管理系统的操作系统等系统软件,如数据库系统多采用网络操作系统、分布式操作系统等。高级语言编译系统与数据库要有相应的接口,以便开发数据库应用系统。

### 1.3.4　数据库应用开发工具及应用程序系统

数据库应用开发工具是指为数据库管理员、系统分析员、应用系统开发人员及最终用户提供的高效率、多功能的应用程序生成器。

数据库应用系统是在数据库管理系统(DBMS)基础上,根据用户应用的实际需要开发的、处理特定业务的应用程序系统,属于应用软件。数据库应用系统为用户提供所需要的功能服务。

实际上,数据库的建立、使用、管理、维护等数据处理工作是不能单靠直接操作数据库管理系统来完成,数据库管理系统一般由数据库管理员操作,而一般用户则通过更直观的界面对数据库进行数据处理操作,这些操作是通过 DBMS 和应用程序开发工具开发的数据库应用系统来完成的。

### 1.3.5　数据库系统有关的用户

用户(User)是指管理、开发、使用数据库系统的所有人员,通常包括系统分析员、系统程序员、数据库管理员、应用程序员和终端用户。

系统分析员负责系统的需求分析、规范设计说明。他们必须和业务部门、各个用户以及数据库管理员结合,以决定数据库系统的具体组成。

系统程序员负责设计数据库应用系统的程序模块,编写程序代码。

数据库管理员全面负责管理、监控、维护数据库系统的正常运行。具体体现在以下方面:

①定义和存储数据库数据。为此他们必须参与系统分析和系统设计过程,并和用户结合决定数据库的模式和外模式。根据用户的应用要求决定数据库的存储结构和存取策略(如决定选择哪种存储介质以及如何分配数据)。

②对数据库的使用和运行进行监督和控制。由数据库管理员(DBA)负责监督安排用户使用数据库和运行程序。由 DBA 定义合法权检验和有效性检验过程,保证数据库的完整性。

③数据库的维护和改进。数据库运行过程中会遇到硬件或软件的故障,因此要由 DBA 定义后援和恢复策略,负责数据库的恢复。另外,当系统运行一段时间后,由于删除、修改、插入等操作对数据的改变,会影响到系统的运行效率。这就需要 DBA 负责监视、分析系统的性能,以改进空间和提高处理效率。DBA 要负责对系统运行状况进行统计分析,利用工作时间,根据实际应用环境不断改进数据库设计。

应用程序员负责分析、设计、开发、维护数据库系统中运行的各种应用程序。

终端用户在 DBMS 与应用程序支持下,通过终端系统或联机工作站与数据库进行交互操作。

## 1.4　数据库系统的体系结构

数据库系统有严谨的体系结构,可以从多种不同的角度进行描述。从数据库管理系统的角度看,数据库系统通常采用三级模式结构,这是数据库系统内部的体系结构;从数据库最终用户的角度看,数据库系统的结构分为单用户结构、主从式结构、客户机/服务器结构、浏览器/服务器等结构,这就是数据库系统的外部体系结构。

### 1.4.1　数据库系统的三级模式结构

目前世界上有大量的数据库系统在运行,其类型和规模相差很大,它们支持的数据模型、数据的存储格式以及基于的操作系统都不尽相同,但它们内部的体系结构却是大体相同,即都采用三级模式结构。

数据库系统的三级模式结构是美国 ANSI/X3/SPARC 的数据库管理系统研究小组在1978 年的报告提出的,即由外模式、概念模式(简称模式)和内模式以及 2 个映射(内模式—模式映射和模式—外模式映射)组成,如图 1-11 所示。

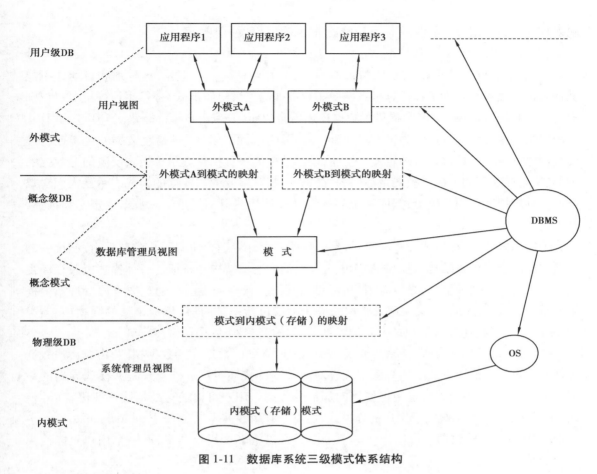

图 1-11  数据库系统三级模式体系结构

（1）三级数据视图

数据库的三级模式结构实际上是数据抽象的 3 个级别，是不同层次用户从不同角度所看到的数据组织形式，又称为三级数据视图。所谓视图就是数据库在用户"眼中"的反映，不同层次（级别）用户所"看到"的数据库是不相同的。为了便于更好地理解数据库系统的三级模式结构，下面介绍数据库系统的三级数据视图。

①外部视图：是应用程序员开发应用程序时所使用的数据逻辑组织形式，是应用程序员所看到的数据的逻辑结构，也称用户视图。外部视图是面向具体应用的，可有多个，其最大特点是以各类用户的需求为出发点，构造满足其需求的最佳逻辑结构。

②全局视图：是全局数据的逻辑组织形式，是数据库管理员所看到的全体数据的逻辑组织形式，又称数据库管理员视图。全局视图是面向全局应用的，仅有一个，其特点是提供对全局应用最佳的逻辑结构形式。

③存储视图：是按照物理存储最优策略设计的针对数据的物理组织形式，是系统管理员所看到的数据结构，又称为系统管理员视图。存储视图是面向存储的，只有一个，其特点是构造物理存储最佳的结构形式。

外部视图是全局视图的逻辑子集，全局视图是外部视图的逻辑汇总和综合，存储视图是全局视图的具体实现。三级视图之间的联系由二级映射实现。外部视图和全局视图之间的映射称为逻辑映射,全局视图和存储视图之间的映射称为物理映射。

（2）三级模式结构

三级视图是用图、表等形式描述的,具有简单、直观的优点。但是,这种形式目前还不能被计算机直接识别。为了在计算机系统中实现数据的三级组织形式,必须用计算机可以识别的语言对其进行描述。DBMS 提供了数据描述语言（Data Description Language,DDL）,用 DDL 精确定义数据视图的程序称为模式（Scheme）。因此,所谓"模式"是指对数据的逻辑或物理的结构、数据特征、数据约束的定义和描述,是对数据的一种抽象表示。模式反映的是数据的本质、核心或者型的方面。模式是静态的、稳定的、相对不变的。数据的模式表示是人们对数据的一种把握和认识手段,数据库系统的三级模式是从三个不同角度对数据的定义和描述,具体含义如下。

①概念模式:又称模式或逻辑模式,是由数据库设计者综合所有用户的数据,按照统一的观点构造的全局逻辑结构,是对数据库中全部数据的逻辑结构和特征的总体描述以及存储视图中文件对应关系的描述,是所有用户的公共数据视图（全局视图）,通过数据库管理系统提供的模式 DDL 来描述、定义。逻辑结构的描述不仅包括记录的型（组成记录的数据项名、类型、取值范围等）,还包含了记录之间的联系、数据的完整性、安全保密要求等。

②外模式:又称子模式,是某个或某几个用户所看到的数据库的数据视图,由对用户数据文件的逻辑结构描述以及全局视图中文件对应关系的描述组成。外模式是从模式导出的一个子集,包含模式中允许特定用户使用的那部分数据。用户可以通过外模式描述语言（外模式 DDL）来描述、定义对应于用户的外模式,也可以利用数据操纵语言（Data Manipulation Language,DML）对这些数据进行操作。一个子模式可以由多个用户共享,而一个用户只能使用一个子模式。

③内模式:又称存储模式,由对存储视图中全体数据文件的存储结构的描述和对存储介质参数的描述组成,它描述了数据在存储介质上的存储方式和物理结构,对应着实际存储在外存介质上的数据库。内模式需用 DBMS 提供的内模式 DDL 来描述、定义,存储结构的描述包括记录值的存储方式（顺序存储、Hash 方法、B 树结构等）、索引的组织方式等。

三级模式所描述的仅仅是数据的组织框架,而不是数据本身。在内模式这个框架填上具体数据就构成物理数据库,它是外部存储器上真实存在的数据集合。模式框架下的数据集合是概念数据库,它仅是物理数据库的逻辑映像。子模式框架下的数据集合是用户数据库,它仅是概念数据库的逻辑子集。在一个数据库系统中,只有唯一的数据库,因而内模式和模式必须是唯一的,而建立在数据库上的应用非常广泛和多样,对应的外模式也不可能是唯一的。图 1-12 所示是关系数据库三级模式的一个示例。

### 1.4.2　数据库系统的二级映像功能与数据独立性

实际上,一个数据库系统只有其物理数据库是客观存在的,而概念级数据库只是物理数据库的一种逻辑、抽象描述（即模式）;用户级数据库是用户与数据库的接口,它是概念级数据库的一个子集（即子模式）。为了能够在数据库管理系统内部实现这 3 个抽象层的联系和转换,数据库管理系统在这三级模式之间提供了两层映像:即外模式—模式映像、模式—内模式映像。这两种映射的转换由 DBMS 实现。关系数据库的三级模式示例如图 1-12 所示。

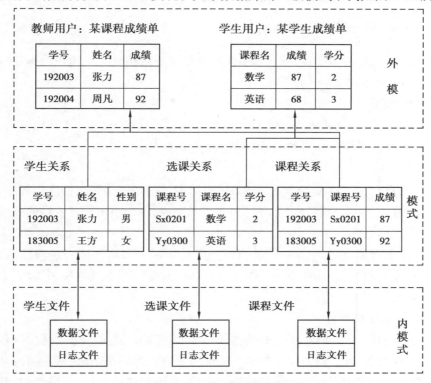

图 1-12　关系数据库的三级模式示例

（1）外模式—模式映像

对于同一个模式，可以有任意多个外模式。用户应用根据外模式进行数据操作，通过"外模式—模式映射"，定义和建立了某个外模式与模式间的对应关系，将外模式与模式联系起来。这些映像定义通常包含在格式外模式的描述中。

当模式发生改变时，由数据库管理员对各个外模式—模式映像做相应改变，可以使外模式保持不变。应用程序是依据外模式编写的，从而使应用程序不必修改，保证了数据与程序的逻辑独立性，简称数据的逻辑独立性。

（2）模式—内模式映像

数据库中只有一个模式，也只有一个内模式，所以模式—内模式映像是唯一的，它定义了数据库全局逻辑结构与存储结构之间的对应关系。该映像定义通常包含在模式的描述中。

当数据库的存储结构（内模式）改变了，由数据库管理员对模式—内模式映像做出相应改变，可以使模式保持不变，从而应用程序不必改变，保证了数据与程序的物理独立性，简称为数据物理独立性。

总之，数据库的二级映像保证了数据库外模式的稳定性，从根本上保证了应用程序的稳定性。

数据库系统的三级模式、两级映像结构使得数据的定义和描述可以从应用程序中分离出去。又由于数据的存取由 DBMS 管理，因此，用户不必考虑存取路径等细节，从而简化了应用程序的编制,大大减少了应用程序的维护和修改。

### 1.4.3　数据库系统的外部体系结构

从数据库最终用户的角度看,数据库系统的外部体系结构分为单用户结构、主从式结构、客户机/服务器结构、浏览器/服务器等。

（1）单用户结构

整个数据库系统（应用程序、DBMS、数据）装在一台计算机上,为一个用户独占,不同机器之间不能共享数据。早期的最简单的数据库系统便是如此。

（2）主从式结构

主从式结构是一台主机带多个终端的多用户结构,数据库系统（包括应用程序、DBMS、数据）都集中存放在主机上,所有处理任务都由主机来完成,各个用户通过主机的终端并发地存取数据库,共享数据资源。

其优点是易于管理、控制与维护。缺点是当终端用户个数增加到一定程度后,主机的负载会过于繁重,成为瓶颈,从而使系统性能下降;同时,系统的可靠性依赖于主机,当主机出现故障时,整个系统都无法使用。

（3）客户机/服务器结构

客户机/服务器（C/S Client/Server）结构如图 1-13 所示。其工作模式是应用程序安装在客户机上,当需要对数据进行操作时,就向数据库服务器发送一个请求;数据库服务器接收到请求后执行相应的数据库操作,并将结果返回给客户机上的应用程序。这种结构的优点是显著减少了数据传输量、速度快、功能完备。缺点是维护和升级不方便,数据安全性差。

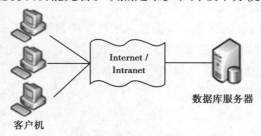

图 1-13　客户机/服务器结构

（4）浏览器/服务器结构

浏览器/服务器（B/S Browser/Server）结构如图 1-14 所示。客户机借助 Web 浏览器处理客户端请求,显示用户界面及服务器端的运行结果。Web 服务器是连接前端客户机与后台数据库服务器的桥梁,负责接收远程或本地的数据查询请求,然后运行服务器脚本,借助中间件把数据发送到数据库服务器上以获取相关数据,最后把数据传回客户的浏览器。数据库服务器负责管理数据库、处理数据更新及完成查询请求、运行存储过程等。

浏览器/服务器结构对表示层、功能层和数据层进行了明确的分割,并在逻辑上使其独立,因此维护和升级方便,数据安全性好。缺点是数据查询响应速度不如客户机/服务器结构。

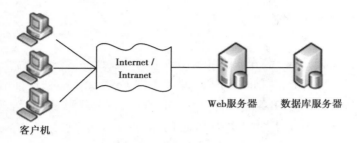

图 1-14　浏览器/服务器结构

## 1.5　数据库技术的研究领域及常见的数据库管理系统简介

### 1.5.1　数据库技术的研究领域

数据库技术的研究领域十分广泛,概括而言包括以下 3 个方面。

(1)DBMS 系统软件的研制

DBMS 是数据库应用的基础,DBMS 的研制包括 DBMS 本身及以 DBMS 为核心的一组互相联系的软件系统,包括工具软件和中间件。研制的目标是提高系统的可用性、可靠性、可伸缩性,提高系统运行性能和用户应用系统开发设计的生产效率。

现在使用的 DBMS 主要是国外的产品。国产的 DBMS 产品或者原型系统,如 GBASE、OpenBASE、OSCAR、iBASE、GaussDB 以及武汉达梦的 DM 系列等,在商品化、成熟度、性能等方面还有待改进,为此,国产 DBMS 系统在软件的研制方面可谓任重而道远。

(2)数据库应用系统设计与开发研制

数据库应用系统设计与开发的主要任务是在 DBMS 的支持下,按照应用的具体要求,为某单位、部门或者组织设计一个结构合理有效、使用方便高效的数据库及其应用系统。研究的主要内容包括数据库设计方法、设计工具和设计理论研究,数据模型和数据建模的研究,数据库及其应用系统的辅助与自动设计研究,数据库设计规范和标准的研究等。

(3)数据库理论的研究

数据库理论的研究主要集中于关系的规范化理论、关系数据库理论等方面。近年来,随着计算机其他领域的不断发展及其与数据库技术的相互渗透与融合,产生了很多新的应用与理论研究方向。如数据库逻辑演绎和知识推理、数据挖掘、并行数据库与并行算法、分布式数据库系统等。

### 1.5.2　常用的数据库管理系统简介

20 世纪 80—90 年代是关系数据库产品发展和竞争的时代,特别是 Internet 的快速发展与应用,SQL Server、Oracle、IBM DB2、MySQL 等一批很有实力的关系数据库管理系统产品成为主流,同时,一些非关系型数据库管理系统如 MongoDB、Cassandra、Redis 等也逐渐显示出强大的功能与广泛的应用前景。

21

### 1）桌面型数据库管理系统

（1）Visual Foxpro

Visual FoxPro 是 Microsoft 公司 Visual Studio 系列开发产品之一，运行于 Windows 平台的桌面关系型数据库管理系统。Visual FoxPro 源于美国 Fox Software 公司推出的、在 DOS 上运行的数据库产品 FoxBase，与 xBase 系列相容。Fox Software 被微软收购后，微软对 FoxBase 加以发展，使其在 Windows 上运行并更名为 Visual FoxPro。目前最新版为 Visual FoxPro 9.0（发布于 2007 年），微软官方网站发布了一份公告，说明未来不再推出新的版本。

（2）Access

Access 是微软公司推出的基于 Windows 的桌面关系数据库管理系统，是 Office 系列应用软件之一。它提供了表、查询、窗体、报表、页、宏、模块 7 种用来建立数据库系统的对象；提供了多种向导、生成器、模板，把数据存储、数据查询、界面设计、报表生成等操作规范化；为建立功能完善的数据库管理系统提供了方便，也使得普通用户不必编写代码就可以完成大部分数据管理的任务。

Access 属于小型的数据库应用软件，其具有操作灵活、转移方便、运行环境简单等优点，适合数据量少的应用，在处理少量数据和单机访问的数据库时效率很高。

### 2）数据库服务器

（1）SQL Server

SQL Server 是由 Microsoft 开发的在 Windows 平台上最为流行的中型关系数据库管理系统。近年来，SQL Server 不断更新版本，从 SQL Server 6.5，7.0，2000 到 SQL Server 2019（发布于 2019 年），功能不断完善。

它的优势是 Microsoft 产品所共有的易用性。SQL Server 是 Microsoft 公司开发的一个全面的、集成的、端到端的数据解决方案，它为企业用户提供了一个安全、可靠和高效的平台，用于企业数据管理和商业智能。SQL Server 大量利用了 Microsoft Windows 操作系统的底层结构，直接面向 Microsoft Windows 操作系统。

（2）Oracle

Oracle 数据库是美国 Oracle（甲骨文）公司的关系型数据库产品，在数据库领域一直处于领先地位，是一个面向 Internet 计算环境的数据库，其系统可移植性好、使用方便、功能强大，适用于各类大、中、小、微机环境，是一种高效率、高可靠性、高适应性、高吞吐量的数据库解决方案。Oracle 数据库产品为财富排行榜上的前 1000 家公司所采用，许多大型网站也选用了 Oracle 系统。Oracle 的关系数据库是世界第一个支持 SQL 语言的数据库。Oracle 的目标定位于高端工作站以及作为服务器的小型计算机。

（3）DB2

DB2 是 IBM 公司研制的一种关系型数据库系统。DB2 主要应用于大型应用系统，具有较好的可伸缩性，可支持从大型机到单用户环境，应用于 OS/2、Linux、UNIX、Windows 等平台上。DB2 提供了高层次的数据利用性、完整性、安全性、可恢复性，以及小规模到大规模应用程序的执行能力，具有与平台无关的基本功能和 SQL 命令。

DB2 技术还与 IBM 服务器部门（Server Group）和其他 IBM 软件品牌（WebSphere、Tivoli、

Lotus 和 Rational）进行合作。WebSphere 集成了 DB2 以管理其所控制的应用程序、数据库、用户和其他资源中的信息。WebSphere Commerce Analyzer 的一个版本包括了 DB2 Intelligent Miner 技术。DB2 与 WebSphere Application Server 一起提供了对基于标准的 Web 服务的支持。Lotus 计划通过集成 DB2 来扩展 Notes 和 Domino 的可伸缩性。DB2 受管于 Tivoli 的系统资源。

从结构化的数据到非结构化的内容，从手持设备到群集服务器配置，以及从事务处理工作负载到数据挖掘，DB2 和 IBM 信息管理软件产品组合随着客户在电子商务方面的发展和成功不断支持他们，IBM 信息管理软件可以为客户准备先进技术和策略。

（4）MySQL

MySQL（目前属于 Oracle 旗下产品）是瑞典 MySQL AB 公司开发的一种小型关系型数据库管理系统。由于其体积小、速度快、总体运营成本低，尤其是开放源码这一特点，许多中小型网站为了降低网站总体成本而选择了 MySQL 作为网站数据库。MySQL 作为一种开放源码数据库，以其简单易用的特点被广大用户采用，虽然 MySQL 是免费的，但同 Oracle、Sybase、Informix、DB2 等商业数据库一样，MySQL 也是关系型的数据库系统，支持标准的结构化查询语言，具有数据库系统的通用性。

**3）非关系型（NoSQL）数据库管理系统**

（1）MongoDB

MongoDB 是一种基于文档模型的数据库管理系统，用 C++ 语言编写。MongoDB 的查询语法功能强大，使用类似 JSON 的 BSON 作为数据存储和传输格式。在对复杂查询要求不高的情况下，MongoDB 可以作为 MySQL 的替代品，它具有分布式的特点，支持海量数据的存储，并对海量数据有良好的读/写性能。据测试，当数据库达到 50 GB 以上时，在访问速度方面 MongoDB 是 MySQL 的 10 倍以上，在并发读/写方面，每秒可以处理 0.5 万~1.5 万次读/写请求。MongoDB 无法管理内存，它把内存大小交给操作系统来管理，在系统运行时必须在操作系统中监控内存的使用情况。

（2）Cassandra

Cassandra 是由 Facebook 公司开发的基于列存储模型的开源数据库，具有模式灵活、扩展性强、多数据中心识别，支持分布式读/写等特点。Cassandra 被 Digg、Twitter 等多家互联网知名公司使用，是目前非常流行的一种 NoSQL 数据库管理系统。用 Cassandra 存储数据，不必提前确定字段，在系统运行时可以随意增加和删除字段。用 Cassandra 扩展系统容量，可以为服务器集群直接指向新的成员，不需要重新启动或者迁移数据。用 Cassandra 布置多数据中心识别，每条记录都会在备用的数据中心复制备份。用 Cassandra 的分布式读/写功能，可以随时随地集中读/写数据，不会有单点失败。

（3）Redis

Redis 是用 C 语言编写的基于 Key-Value 模型的数据库管理系统，具有持久存储、高性能、高并发等优势。Redis 系统在内存中进行操作，通过异步操作定期把数据库输出到硬盘上保存，它能提供每秒超过万次的读/写频率，是目前性能最高的 Key-Value 型数据库。Redis 支持多种数据类型的操作，包括 Strings、Lists、Hashes、Sets 及 OrderedSets，单个 Value 值的最大限制是 1 GB。Redis 数据库不能用于海量数据的高性能读/写,因为 Redis 数据库的容量受到物理内存的限制,所以,它通常局限于较小数据集的高性能操作和运算上。

## 练习题

### 一、选择题

1._____是长期存储在计算机内的有组织的、可共享的数据的集合。

  A.数据库系统                         B.数据库

  C.数据结构                          D.数据库管理系统

2.正常情况下,一个数据库系统的外模式_____。

  A.只能有一个                          B.最多有一个

  C.可以有多个                        D.至少有两个

3.为了保证数据库的逻辑独立性,需要修改的是_____。

  A.三级模式                           B.模式与外模式映像

  C.模式与内模式映像                D.两级映像

4.数据库、数据库管理系统、数据库系统三者之间的关系是_____。

  A.数据库系统包含数据库和数据库管理系统

  B.数据库管理系统包含数据库系统

  C.数据库系统就是数据库管理系统

  D.数据库包含数据库管理系统

### 二、填空题

1.数据管理技术发展的五个阶段分别是_____、文件系统管理阶段、_____、高级数据库系统管理阶段以及新兴数据管理阶段。

2.大数据的 5 个特征是指容量大、_____、_____、_____、_____。

3.数据可以分为结构化数据、_____和_____。HTML 文档属于_____数据。

4. DBMS 是指_____,它是位于_____和_____之间的数据管理软件。

5.数据的独立性分为_____和_____。其中外模式/模式映像保证了数据的_____,模式/内模式映像保证了数据的_____。

6.列举常见的两种数据库管理系统:_____、_____。

### 三、简答题

1.什么是数据? 信息与数据有何关系?

2.大数据有哪些特征?

3.数据库系统有哪些组成部分?

4.简述数据库系统三级模式体系结构。

5.简述超大规模数据库、海量数据、大数据之间的区别。

# 第**2**章
# 数据模型与关系数据库

世界纷繁复杂,那么现实世界中各种复杂的信息及其联系是如何通过数据库中的数据来反映呢? 答案就是数据模型。数据模型是一种表示数据特征的抽象模型,是对现实世界数据的特征与联系的抽象反映。数据库中的数据依据一定的数据模型进行组织、描述和存储,是数据处理的关键和基础。

## 2.1 数据模型

模型是对现实世界特征的模拟和抽象。数据模型也是一种模型,它是现实世界数据特征的抽象。现有的数据库系统均是基于某种数据模型的,数据模型是数据库系统的核心和基础。因此,了解数据模型的基本概念是学习数据库的基础。

### 2.1.1 三个世界及两类模型

现实世界中错综复杂的事物最终能以计算机所能理解和表现的形式反映到数据库中,这是一个逐步转化的过程。通常分为 3 个阶段,称为三个世界,即现实世界、信息世界和机器世界(或计算机世界)。

现实世界存在的客观事物及其联系,经过人脑的认识、分析和抽象后,用符号、图形等表达出来,即得到信息世界的信息,再将信息世界的信息进一步具体描述、规范并转换为计算机所能接受的形式,则成为机器世界的数据表示。三个世界及其关系如图 2-1 所示。

#### 1)三个世界

#### (1)现实世界

现实世界就是客观存在的世界,它由客观存在的事物及其相互之间的联系组成。客观事物可以用对象和性质来描述。例如,客观事物是人,其性质有姓名、性别、出生日期、相貌等;客观事物是课程,其性质有课程名、课程类别、学分等。

图 2-1　三个世界及其关系

（2）信息世界

信息世界是现实世界在人脑中的反映并用文字或者符号记载下来的,是对现实世界的抽象,又称观念世界。信息世界是一种相对抽象和概念化的世界,它介于现实世界和机器世界之间。

（3）机器世界

机器世界又称为数据世界,是将信息世界中的数据描述经过抽象和组织,按照特定的数据结构进行整理、分类和规范存储在计算机中,是信息世界中的信息数据化后对应的产物。

从上述分析看,现实世界中的客观事物是数据之源,是数据库系统的出发点和最终的归宿。信息世界是对现实世界的抽象。

**2) 两类模型**

数据模型就是对现实世界的模拟,应该满足 3 方面的要求。一是能比较真实地模拟现实世界;二是容易为人所理解;三是便于在计算机上实现。

根据应用的不同层次和目的,数据模型可以划分为两类,即概念模型和结构数据模型。

（1）概念模型

按用户的观点对数据和信息建模,即用于信息世界的建模,所建立的是属于信息世界的模型,主要用于数据库的设计。

（2）结构数据模型

按计算机系统的观点对数据进行建模,所建立的是属于机器世界的模型,主要包括网络模型、层次模型、关系模型等,主要用于 DBMS 的实现。结构数据模型通常简称为数据模型,正因如此,常将其与含义更广泛的"数据模型"一词混淆,应根据上下文加以区分。

### 2.1.2　概念模型

概念模型是信息世界的模型,不依赖于具体的计算机系统。其作为从现实世界到数据世界转换的中间模型,是数据库设计人员与用户进行交流描述数据的工具,它不考虑数据的操作,而只是用比较有效的、自然的方式来描述现实世界的数据及其联系。因此,概念模型的描述应具有较强的语义表达能力,同时还应简单、清晰、易于用户理解。目前使用较多的概念模型描述工具主要有 UML、E-R 模型等。本书以 E-R 模型为工具介绍概念模型。

**1) 概念模型中的基本概念**

（1）实体

客观存在并可相互区别的事物称为实体。实体可以是具体的人、事、物,也可以是抽象的概念或联系。例如,在学生选课系统中涉及的"学生""课程""学生选课"等都是实体。在建立实体模型时,实体要逐一命名以示区别,如"学生"实体。

（2）属性与属性的值域

实体（客观事物）所具有的某一特性称为属性。一个实体可以由若干个属性来具体描述。在建立实体模型时,每个属性也要逐一命名。例如,"学生"实体的主要属性有学号、姓名、性别、出生日期、政治面貌、入学日期、专业、简历、照片等。

每个属性都有特定的取值范围,称为属性的值域。例如,"性别"属性的值域是{男,女}。

（3）实体型、实体个体与实体集

用实体名及其属性名集合来表示同类实体的结构组成,称为实体型。例如,"学生"实体的实体型表示为:学生(学号,姓名,性别,出生日期,政治面貌,入学日期,专业,简历,照片)。

在实体型描述的结构下,由若干属性的具体取值（属性值）所组成的集合表征了一个具体的实体,称为实体个体。例如,(200905010026,张伟,男,1990-10-25,团员,2009-9-1,信息安全,,)、(200900020103,王小惠,女,1991-3-2,团员,2009-9-1,经济学,,)为两个实体个体。每一个具体学生的基本信息就是一个"学生"实体的个体。

同型实体个体的集合称为实体集。例如,数据库系统所管理的每一个学生都按照"学生"实体型描述其基本信息,是一个"学生"实体个体。所有"学生"实体个体放在一起,就组成了"学生"实体集（所有学生的基本信息集合）。实体集中的每个成员在每个属性上都有对应的取值,表 2-1 为实体集的一个案例。

表 2-1　"学生"实体集

| sno | sname | ssex | sdept | sifdy | sresume | sbirthday |
|------|-------|------|-------|-------|---------|-----------|
| 2005001 | 张兰 | 女 | 信管系 | true | null | 1990-10-10 |
| 2005002 | 王小惠 | 女 | 工商系 | false | null | 1991-3-12 |
| 2005003 | 李力 | 男 | 信管系 | false | null | 1989-8-18 |
| 2005004 | 胡晨 | 男 | 会计系 | true | null | 1990-1-1 |

（4）码

实体集中的实体个体彼此不相同。如果实体集中的一个属性或若干属性的最小组合的取值能唯一标识其对应的实体个体,则把该属性或属性组合称为码。对于每一个实体集,能够唯一标识实体的码可能会有多个,可指定一个码为主码。例如,在表 2-1 的实体集中,sno(学号)可作为码及主码。

（5）联系

现实世界中事物内部以及事物之间的联系在信息世界中反映为实体内部的联系和实体之间的联系。建立概念模型的另一个主要任务就是要确定实体（型）之间的联系。

在一个应用系统中,两个实体集 A 和 B 之间的联系可能是以下 3 种情况之一。

①一对一联系:如果对于实体集 A 中的每一实体个体,实体集 B 中至多有一个实体个体（也可以没有）与之联系,反之亦然,则称实体集 A 与实体集 B 具有一对一联系,记为 1∶1,如图 2-2 所示。

例如,一个国家有一个首都,一个首都只能对应一个国家,这样,首都和国家之间就具有一对一的联系。

②一对多联系:如果对于实体集 A 中的每一实体个体,实体集 B 中有 $n$ 个实体个体($n \geqslant 0$)与之联系,反之,对于实体集 B 中的每一实体个体,实体集 A 中至多只有一个实体个体与之联系,则称实体集 A 与实体 B 有一对多联系,记为 $1:n$,如图 2-3 所示。

例如,一个学院有多名教师,多名教师属于学院,这样学院与教师之间就存在一对多的联系。

③多对多联系:如果对于实体集 A 中的每一实体个体,实体集 B 中有 $n$ 个实体个体($n \geqslant 0$)与之联系,反之,对于实体集 B 中的每一实体个体,实体集 A 中也有 $m$ 个实体个体($m \geqslant 0$)与之联系,则称实体集 A 与实体 B 具有多对多联系,记为 $m:n$,如图 2-4 所示。

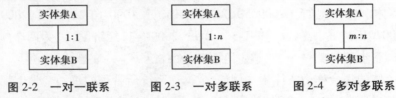

图 2-2　一对一联系　　　图 2-3　一对多联系　　　图 2-4　多对多联系

例如,一个学生可选多门课程,一门课程可被多个学生选。"学生"与"课程"这两个实体集之间存在多对多的联系。

实体集之间的一对一、一对多、多对多联系不仅存在于两个实体集之间,也存在于两个以上的实体集之间。同一个实体集内的各实体个体之间也可以存在一对一、一对多、多对多的联系。

**2)用 E-R 方法描述概念模型**

把客观世界中所涉及的客观事物及其联系抽象出来,反映在信息世界里就是建立概念模型。建立概念模型时,实体要逐一命名以相互区别,提炼出各实体所包含的属性及属性命名,并描述实体间的各种联系。最著名、最实用的概念模型设计方法是 P.P.S.Chen 于 1976 年提出的"实体-联系"方法(Entity-Relationship Approach),简称 E-R 方法。

建立 E-R 图的步骤如下:

(1)确定实体型、属性及主码

E-R 方法用矩形框表示实体型,框内写实体名字;用椭圆表示实体的属性,椭圆内写属性名字;用无向线段连接实体型与属性;用下画线标出作为主码的属性或属性组合。图 2-5 描述了教学系统中所涉及的部分实体型。

(2)确定实体型与实体型之间的联系及其属性(如果有)

概念模型要描述实体之间的联系,E-R 方法用菱形表示联系,菱形框内写明联系名,并用无向直线分别与有联系的实体连接起来,同时在无向边旁标上联系的类型($1:1$、$1:n$ 或 $m:n$)。联系也会有属性,用于描述联系的特征,如果一个联系有属性,那么这些属性也要通过无向边与该联系连接起来。同时,在一个联系中,一个实体可以出现两次或多次,扮演多个不同角色,此种情况称为实体的自身联系。例如,同一学院中,教师与教师之间可以有领导和被领导的关系,如图 2-6 所示。

28

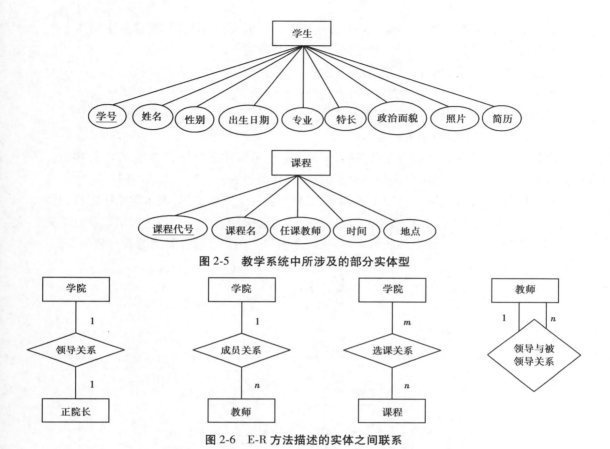

图 2-5　教学系统中所涉及的部分实体型

图 2-6　E-R 方法描述的实体之间联系

（3）连接各个实体型和联系

将各个实体型和联系进行连接，最后组合成最终的 E-R 图。图 2-7 描述了教学系统中实体之间的联系。

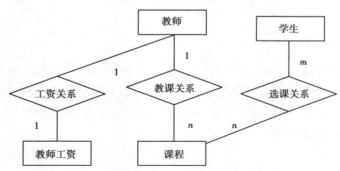

图 2-7　教学系统中实体之间的联系

【例 2.1】　设计某商业集团的 E-R 模型。该商业集团有"商店"：属性有商店号、商店名、地址、经理等；"商品"：属性有编号、名称、单价等；"职工"：属性有工号、姓名、性别等。

每个商店可销售多种商品，每种商品也可放在多个商店销售，有月销售量；同时，每个商店有许多职工，每个职工只能在一个商店工作，商店聘用职工有聘期和月薪。

第一步：首先确定实体型、属性以及主码。

从本例中很容易看出有 3 个实体型:商店、商品、职工。各实体型的属性及主码如下:

商店实体型:商店号、商店名、地址、经理,商店号为主码;

商品实体型:编号、名称、单价,编号为主码;

职工实体型:工号、姓名、性别,工号为主码。

第二步:确定联系及其属性(如果有)。

各实体型之间的联系如下:

销售联系:每个商店可销售多种商品,每种商品也可放在多个商店销售,有月销售量。所以商店实体型与商品实体型之间是多对多的联系,月销售量属于销售联系的属性。

聘用联系:每个商店有许多职工,每个职工只能在一个商店工作,商店聘用职工有聘期和月薪。所以商店实体型与职工实体型之间是一对多的联系,聘期和月薪属于聘用联系的属性。

第三步:连接各个实体型和联系,组合成最终的 E-R 图。某商业集团的 E-R 模型如图 2-8 所示。

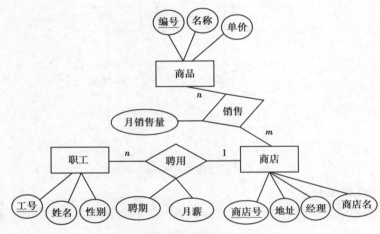

图 2-8　某商业集团的 E-R 模型

### 2.1.3　数据模型

数据模型是描述数据库数据结构的模式,是对客观事物及其联系的数据描述,即概念模型的数据化。数据库设计的核心问题是设计一个好的数据模型。数据模型不同,相应的数据库系统就完全不同,任何一个数据库管理系统都是基于某种数据模型。

**1)数据模型中的基本概念**

(1)记录与数据项

在数据模型中,把描述一个实体的数据称为记录;把描述属性的数据称为数据项或字段。记录是由若干数据项组成。

一般采用属性名作为描述它的数据项名。但用作属性名时表示的是信息世界的信息,而用作数据项名时表示的是机器世界的数据信息,因此,它还包含了数据项的特征——数据类型与数据长度。

（2）型与值

由于实体分为实体型和实体值两个层次，所以在数据模型中表示它的记录与数据项也分为"型"与"值"两个层次。描述某一实体个体的数据是记录的值（简称记录），实体型为记录的型（在数据库系统中称为数据库文件的结构）；属性是数据项的型，每个属性的值是描述该属性的一个数据项的值（某个记录的某个字段的值）。

2) 数据模型的三要素

①数据结构：数据结构是对系统静态特性的描述，是刻画一个数据模型性质最重要的方面。其描述的内容包括两类：一类是与数据类型、内容、性质有关的对象，例如关系数据模型中的域、属性、关系等；另一类是数据之间联系的表示方式，例如关系数据模型中反映实体之间联系的关系。

②数据操作：数据操作是对系统动态特性的描述，是数据库各种对象的实例（值）允许执行的操作的集合，主要有检索和更新（插入、删除、修改）两类操作。数据模型必须定义这些操作的确切含义、操作规则、实践操作的语言。

③数据的完整性约束条件：数据的完整性约束条件是一组完整性规则的集合，给出数据及其联系所具有的制约、依赖和存储规则，用于限定数据库的状态和状态变化，保证数据库中的数据正确、有效、完全和相容。

3) 数据模型的种类

数据库管理系统常用的数据模型有下列 3 种：层次模型、网状模型和关系模型，它们之间的根本区别在于数据结构的不同。层次模型用"树结构"表示实体以及实体与实体之间的联系，网状模型用"图结构"表示实体以及实体与实体之间的联系，关系模型用"二维表（或称关系）"表示实体以及实体与实体之间的联系。

（1）层次模型

层次模型是数据库系统最早使用的一种模型，它是按照层次结构的形式组织数据库中的数据，即实体和实体之间的联系都是用树形结构表示。

层次模型满足下面两个条件：

➤ 有且仅有一个结点无双亲，称为根节点；

➤ 其他结点有且仅有一个双亲。

在层次模型中，每个节点描述一个实体型，也称为记录型。一个记录型可以有很多记录值，简称记录。节点间的有向边表示记录间的联系。如果要存取某一记录型的记录，可以从根节点开始，按照有向树层次逐层向下查找，查找路径就是存取路径。

层次模型提供的数据操作包括查询、插入、删除和修改。

层次模型的完整性约束条件包含以下几方面：

➤ 进行插入操作时，如果没有相应的双亲节点的值，就不能插入子女节点的值。例如在某企业的机构设置的层次模型（图 2-9）中，若新入职一名员工，但又尚未分配到某个部门，这时就不能将新员工插入数据库中。

➤ 进行删除操作时，如果删除双亲节点的值，则相应的子女节点的值也同时被删除。例如在图 2-9 的层次模型中，如删除人事处，则人事处的所有员工也将一起删除。

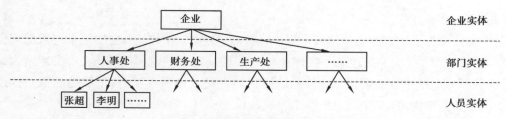

图 2-9　某企业机构设置的层次模型

➤ 进行修改操作时，应修改所有相应记录，以保证数据的一致性。

层次模型的优点是结构清晰，各结点之间联系简单。用层次模型模拟现实世界层次结构的事物及其之间的联系是很自然的选择方式，比如表示行政层次结构、家族关系等都很方便。

层次模型的缺点是只能处理一对一、一对多的实体联系，不能表示两个以上实体之间的复杂联系和实体之间多对多的联系。

支持层次模型的 DBMS 称为层次数据库管理系统，在这种系统中建立的数据库是层次数据库。典型的层次数据库管理系统是 IMS（Information Management System），由 IBM 公司研制成功。IMS 于 1969 年投入运行，它在操作系统 DOS/VS（Disk Operation System/Virtual Storage）支持下运行。

（2）网状模型

如果取消层次模型的两个限制，即两个或两个以上的结点都可以有多个双亲节点，则树结构就变成了图结构。用图结构表示实体及其之间联系的模型称为网状模型。网状模型的特征如下：

➤ 可以有一个以上的数据结点无双亲；
➤ 至少有一个数据结点有多于一个的双亲。

图 2-10 中给出了网状模型的结构示例。

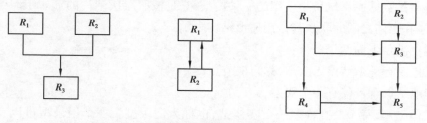

图 2-10　网状模型结构示例

网状模型是一种比层次模型更具有普遍性的模型，即用图结构表示实体以及实体之间的联系。它允许多个结点没有双亲结点，允许结点有多个双亲结点，还允许两个结点之间有多种联系（称为复合联系）。网状模型可以反映实体间存在的更为复杂的联系，而层次模型可视为网状模型的一个特例。与层次模型一样，网状模型中的每个节点表示一个记录型（实体型），节点间的连线表示记录型之间的联系。

网状模型提供的数据操作包括查询、插入、删除和修改。

网状模型没有像层次模型那样有严格的完整性约束条件。

网状模型的优点在于能够更为直观地描述现实世界，具有良好性能，存取效率较高。

网状模型的缺点在于结构复杂,而且随着应用环境的扩大,数据库的结构也变得越来越复杂,不利于终端用户掌握。

图 2-11 给出了学校中"院系""教师""学生""课程""教研室"之间的网状模型。

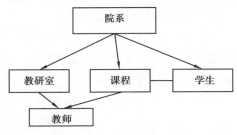

图 2-11　网状模型举例

支持网状模型的 DBMS 称为网状数据库管理系统,在这种系统中建立的数据库是网状数据库。网状模型有很多成功的 DBMS 产品,其典型代表是 DBTG(Database Task Group,数据库任务组)系统。1969 年美国的 CODASYL(Conference On Data System Language,数据系统语言协会)组织提出了一份"DBTG 报告",根据 DBTG 报告实现的系统一般称为 DBTG 系统。20世纪 70 年代的 DBMS 产品大部分是网状数据库系统,大都采用 DBTG 方案。如 Honeywell 公司的 IDS/ Ⅱ、HP 公司的 IMAGE、Univac 公司的 DMS 1 100、Cullinet 公司的 IDMS 等。

由于层次模型和网状模型的天生缺点,因此,从 20 世纪 80 年代中期起其已被关系数据库管理系统取代。

(3)关系模型

1970 年,美国 IBM 公司的研究员 E.F.Codd 在美国计算机学会会刊(Communications of the ACM)上发表了著名的论文"A Relational Model of Data for Large Shared Data Banks",首次系统地提出了关系数据模型的相关理论。之后他又发表了多篇文章,奠定了关系数据模型的理论基础,标志着关系型数据库系统新时代的来临。E.F.Codd 也因其杰出的贡献,于 1981 年获得了 ACM 图灵奖。从 20 世纪 80 年代以来,计算机厂商推出的数据库管理系统几乎都支持关系模型。

关系模型是以关系代数理论为基础的数据模型。在关系模型中,实体和实体间的联系都是用关系表示。关系模型的数据结构是关系,关系可以简单地看成由行和列构成的规范化的二维表,见表 2-2,表中的每一行记录就是一个实体。关系模型中实体与实体之间的联系也是通过关系进行表示,这一点与层次模型、网状模型都不一样。有关关系的形式化定义会在本章后续内容中详细介绍。

表 2-2　规范化的二维表

| 学号 | 姓名 | 性别 | 所在系 | 出生日期 |
|---|---|---|---|---|
| 2005001 | 张兰 | 女 | 信管系 | 1990-10-10 |
| 2005002 | 王小惠 | 女 | 工商系 | 1991-3-12 |
| 2005003 | 李力 | 男 | 信管系 | 1989-8-18 |
| 2005004 | 胡晨 | 男 | 会计系 | 1990-1-1 |

关系模型的数据操作包括:查询、插入、删除和修改。

关系模型的完整性约束条件包括实体完整性、参照完整性、用户自定义的完整性。

关系模型具有以下优点:

➤ 有很强的数据表示能力和坚实的数学理论基础;

➤ 结构单一,数据操作方便,最易被用户接受;

➤ 关系模型的存取路径对用户透明,用户只要说明"干什么",不必说明"怎么干",从而大大提高了数据的独立性,简化了程序员的工作。

关系模型的查询效率不如非关系模型(层次模型、网状模型)高。因此,为了提高查询性能,必须对用户的查询请求进行优化,从而增加了开发数据库管理系统的负担。如今,有强大的查询优化功能,关系模型查询效率低的缺点已经不复存在。

相对层次模型和网状模型,关系模型发展较晚。但由于关系模型的优点,以关系模型建立的关系数据库是目前应用最广泛的数据库。目前绝大多数 DBMS 为关系型数据库管理系统。Microsoft SQL Server 就是一种典型的关系型数据库管理系统。

以上 3 种模数据型的比较见表 2-3。

表 2-3  3 种数据模型的比较

| 比较项目 | 层次模型 | 网状模型 | 关系模型 |
|---|---|---|---|
| 数据结构 | 树形结构 | 有向图结构 | 关系(二维表) |
| 数据操作 | 查询、插入、删除、修改 | 查询、插入、删除、修改 | 查询、插入、删除、修改 |
| 完整性约束条件 | 插入操作时,双亲节点必须有值;<br>删除操作时,如果删除双亲节点的值,则相应的子女节点的值也同时被删除 | 无严格的完整性约束条件 | 实体完整性、参照完整性、用户自定义完整性 |
| 查询语言 | 过程式、一次一记录、方式单一 | 过程式、一次一记录、方式多样 | 非过程式、一次一集合、方式多样 |
| 联系的表示 | 通过指针连接记录型,联系单一 | 通过指针连接记录型,联系多样 | 通过关系(外码),联系多样 |
| 实现难易 | 在计算机中实现较方便 | 在计算机中实现较困难 | 在计算机中实现较方便 |
| 数学基础 | 树 | 有向图 | 关系代数理论 |
| 典型产品 | IMS | IDS/Ⅱ、IMAGE、DMS、IDMS 等 | SQL Server、Oracle、DB2、MySQL 等 |

## 2.2 关系数据结构及其形式化定义

在关系模型中,无论是实体、还是实体与实体之间的联系均是用关系表示。关系可以简单地看成是由行和列构成的规范化的二维表。关系模型是建立在集合代数理论的基础上的,因此本节从集合论的角度讨论关系数据结构的形式化定义。

### 2.2.1 关系的数学定义

**1)域(Domain)**

**【定义2.1】** 域是一组具有相同类型的值的集合,一般用大写字母 $D$ 表示。

例如,自然数、整数、小数、长度小于 20 字节的字符串集合、{男,女}都可以是域。

**2)笛卡尔积(Cartesina Product)**

**【定义2.2】** 给定一组域 $D_1, D_2, \cdots, D_n$,这些域可以有相同的,那么 $D_1, D_2, \cdots, D_n$ 的笛卡尔积为:

$$D_1 \times D_2 \times \cdots D_n = \{(d_1, d_2, \cdots, d_n) \mid d_i \in D_i, i = 1, 2, \cdots, n\}$$

其中每一个元素$(d_1, d_2, \cdots, d_n)$叫作一个 $n$ 元组,简称元组,元组中的每一个值 $d_i$ 叫作分量。若 $D_i(i = 1, 2, \cdots, n)$ 为有限集,其基数为 $m_i(i = 1, 2, \cdots, n)$,则 $D_1 \times D_2 \times \cdots D_n$ 的基数 $M$ 为:
$M = \prod_{i=1}^{n} m_i$

因此,笛卡尔积可以表示成一个形式化的二维表,表中的每行对应一个元组,表中的每列对应一个域。例如,给出如下 3 个域:

$D_1$ = 导师集合 = {张老师,李老师}

$D_2$ = 专业集合 = {计算机专业,大数据专业}

$D_3$ = 学生集合 = {张同学,王同学,孙同学}

则 $D_1, D_2, D_3$ 的笛卡尔积为:$D_1 \times D_2 \times D_3 = \{$(张老师,计算机专业,张同学),(张老师,计算机专业,王同学),(张老师,计算机专业,孙同学),(张老师,大数据专业,张同学),(张老师,大数据专业,王同学),(张老师,大数据专业,孙同学),(李老师,计算机专业,张同学),(李老师,计算机专业,王同学),(李老师,计算机专业,孙同学),(李老师,大数据专业,张同学),(李老师,大数据专业,王同学),(李老师,大数据专业,孙同学)$\}$

其中,(张老师,大数据专业,张同学)、(李老师,大数据专业,王同学),(张老师,大数据专业,孙同学)等都是元组。张老师、计算机专业、孙同学等都是分量。

该笛卡尔积的基数是 2×2×3 = 12,也就是说 $D_1 \times D_2 \times D_3$ 一共有 2×2×3 = 12 个元组。这 12 个元组可以构成一张二维表,见表 2-4。

表 2-4 $D_1$、$D_2$、$D_3$ 的笛卡尔积

| 导师 | 专业 | 学生 |
|------|------|------|
| 张老师 | 计算机专业 | 张同学 |

续表

| 导师 | 专业 | 学生 |
|------|------|------|
| 张老师 | 计算机专业 | 王同学 |
| 张老师 | 计算机专业 | 孙同学 |
| 张老师 | 大数据专业 | 张同学 |
| 张老师 | 大数据专业 | 王同学 |
| 张老师 | 大数据专业 | 孙同学 |
| 李老师 | 计算机专业 | 张同学 |
| 李老师 | 计算机专业 | 王同学 |
| 李老师 | 计算机专业 | 孙同学 |
| 李老师 | 大数据专业 | 张同学 |
| 李老师 | 大数据专业 | 王同学 |
| 李老师 | 大数据专业 | 孙同学 |

3)关系(Relation)

【定义 2.3】 $D_1 \times D_2 \times \cdots D_n$ 的子集称为 $D_1, D_2, \cdots, D_n$ 上的关系,表示为 $R(D_1, D_2, \cdots, D_n)$。

这里的 $R$ 表示关系的名字。

关系中涉及的概念如下:

(1)元组与属性

关系是笛卡尔积的一个子集,所以关系从形式上看是一个二维表,表中的每行对应一个元组,表中的每列对应一个域。由于域可以相同,为了加以区分,必须给每列起一个名字,成为属性,表 2-4 中的"导师""专业""学生"都是属性。

例如,可以在表 2-4 中的笛卡尔积中取出一个子集构造一个关系,可以得到表 2-5 的关系。假定现实世界中有语义约束:一个学生只能师从一个导师、学习一个专业,这样,表 2-5 中的许多元组是没有实际意义。所以在具体的应用中,关系中的元组一定是有实际意义的,满足现实世界语义约束的。

表 2-5　$D_1, D_2, D_3$ 笛卡尔积的子集构造的关系

| 导师 | 专业 | 学生 |
|------|------|------|
| 张老师 | 计算机专业 | 张同学 |
| 张老师 | 大数据专业 | 张同学 |
| 李老师 | 计算机专业 | 张同学 |
| 李老师 | 大数据专业 | 张同学 |

(2)候选码与主码

若关系中的某一个或一组属性能唯一标识一个元组,则称该属性或者属性组为码或者候

选码;若一个关系有多个候选码,则选定其中的一个作为主码,主码对应的属性称为主属性,不包含在任何候选码中的属性称为非主属性。在最简单的情况下,候选码只包含一个属性,在最极端的情况下,关系的所有属性是这个关系的候选码,称为全码。如表 2-4 中的候选码只能是全码。

（3）关系的性质

按照定义 2,关系可以是一个无限集合。由于笛卡尔积不满足交换律,所以按照数学定义,$(d_1,d_2,\cdots,d_n) \neq (d_2,d_1,\cdots,d_n)$。当关系作为关系数据模型的数据结构时,必须给予如下限定和扩充:

无限关系在数据库系统中是无意义的,因此,限定关系数据模型中的关系必须是有限集合;

通过为关系的每列附加一个属性名的方式取消这种有序性,即$(d_1,d_2,\cdots,d_i,d_j,\cdots d_n) = (d_1,d_2,\cdots,d_j,d_i,\cdots d_n)$。

因此,关系具有以下 6 条基本性质:

①列是同质的,即每一列中的分量是同一类型数据,来自同一个域;

②不同的列可以出自同一个域,要用不同的属性名加以区分;

③列的顺序无所谓,可以任意交换;

④行的顺序无所谓,可以任意交换;

⑤任意两个元组不能完全相同;

⑥关系中的每一个分量必须取原子值,即每个分量都是不可再分的数据项。

表 2-6 所示的例子就是不满足基本性质⑥的关系。

表 2-6　不满足基本性质的关系

| 导师 | 专业 | 学生 | |
| --- | --- | --- | --- |
| | | 大一 | 大二 |
| 张老师 | 计算机专业 | 张同学 | 李同学 |
| 李老师 | 大数据专业 | 张同学 | 李同学 |

### 2.2.2　关系模式

在数据库中存在型和值的概念。关系是值,关系模式是型。关系模式是对关系的描述,那么一个关系需要哪些方面的描述呢?

①从形式上看,关系是一张二维表,表的每一行为一个元组,每一列为一个属性,所以一个元组实质上就是该关系所涉及的属性集的笛卡尔积的一个元素,因此,关系模式必须指出这个元组集合的结构,即它由哪些属性构成,这些属性来自哪些域,以及属性与域之间的映像关系。

②一个关系在现实世界的语义通常是由它的元组语义来确定的。元组语义实质上是一个 $n$ 目谓词( $n$ 是属性集中属性的个数)。凡使该 $n$ 目谓词为真的笛卡尔积的元素(或者说凡

符合元组语义的那部分元素)的全体就构成了该关系模式的关系。同时,现实世界随着时间在不断地变化,因而在不同时刻,关系模式也会有所变化。但是现实世界的许多已有事实限定了关系模式所有可能的关系必须满足一定的完整性约束条件。这些约束或者通过对属性取值范围进行限定,例如性别只能取"男"或"女",或者通过属性值间的相互关联(比如是否相等)反映出来。因此,关系模式还应该刻画这些完整性约束条件。

因此,一个关系模式应该由 5 部分组成,即它是一个五元组。

**【定义 2.4】** 关系的描述称为关系模式,它可以形式化地表示为:

$$R(U,D,Dom,F)$$

其中:$R$ 为关系名;$U$ 为组成该关系的属性名集合;$D$ 为属性集 $U$ 中属性所来自的域;$Dom$ 为属性到域的映射集合;$F$ 为属性集 $U$ 的数据依赖集合。

关系模式通常可以简记为

$$R(U) \text{ 或 } R(A_1,A_2,\cdots,A_n)$$

其中,$R$ 为关系名,$(A_1,A_2,\cdots,A_n)$ 为属性名。

关系模式是静态的、稳定的,而关系是关系模式在某一时刻的状态或内容,因此关系是动态的、随时间不断变化的,因为关系操作在不断地更新着数据库中的数据。

### 2.2.3 关系数据库

在关系模型中,实体以及实体间的联系都是用关系表示的。例如导师实体、学生实体、导师实体和学生实体之间的一对多的联系都可以用关系来表示。在一个给定的应用领域中,所有实体及实体间的联系的关系的集合构成一个关系数据库。

# 2.3 关系的完整性约束

关系的完整性是指关系数据库中数据的正确性、一致性和相容性。其中,正确性是指保证进入数据库的数据是符合语义约束的合法数据;一致性是指保证数据之间的逻辑关系是正确的,对数据库更新时,数据库从一个一致状态到另一个一致的状态;相容性是指同一个事实的两个数据应当是一致的。同时,关系的完整性约束是一种语义概念,它包括两个方面:一是数据要满足现实世界特定的应用需求环境中的语义约束;二是数据要满足数据库内部数据之间的约束要求。

数据完整性一般分为实体完整性、参照完整性和用户自定义的完整性。

### 2.3.1 实体完整性

实体完整性规则:若属性 $A$ 是关系 $R$ 的主属性,则属性 $A$ 的值不能为空值(Null)。

实体完整性规则是针对基本关系的,一个基本关系对应的是现实世界中的一个实体集,关系中的每一行(元组)对应着现实世界中的一个个实体,在现实世界中的实体是可区分(具有唯一性),并且是真实存在的,对应到关系模型中,实体完整性规则的具体说明如下:

①因为现实世界中的实体都是互相可区分的,具有唯一性,因此关系中使用主码(主属性)作为实体的唯一性标识,不能取重复值或者无主码值。

②因为现实世界中的实体都是真实存在的,因此主码(主属性)不能取 Null 值。在数据库领域,Null 表示空值,不是空格值,Null 和现实世界的语义对应是“不知道”“不确定”的值。如果主码取 Null 值,表明现实世界中存在“不知道”“不确定”的实体,这显然违背了现实世界。

例如,学生关系模式中包含学号、姓名、性别、所在系、出生日期等属性,“学号”是主码,“学号”作为对现实世界中每个学生实体的唯一标识,对于此关系模式中的每个元组,“学号”不能有重复值,不能无值,也不能是 Null 值。而其他属性,如“性别”可以取 Null 值,则表示某个学生的性别这些值还不知道、不确定,但并不影响该元组所对应的实体的唯一性和存在性。

### 2.3.2  参照完整性

【定义 2.5】 设 $F$ 是基本关系 $R$ 的一个或一组属性,但不是关系 $R$ 的码。如果 $F$ 与基本关系 $S$ 的主码 $K_s$ 相对应($F$ 与 $K_s$ 来自同一个域,并且在现实世界中对应相同的语义),则称 $F$ 是基本关系 $R$ 的外码(Foreign Key),并称基本关系 $R$ 为参照关系,基本关系 $S$ 为被参照关系。

比如,有如下关系模式:

学生(学号,姓名,性别,所在系,出生日期),学号是主码

选课(学号,课程号,成绩),学号,课程号联合是主码

在这两个关系模式中,学生关系的学号与选课关系的学号相对应,学号是学生关系的主码,但不是选课关系的主码,因此,学号是选课关系的外码。同时,选课关系是参照关系,学生关系是被参照关系。

参照完整性规则:若属性(或属性组)$F$ 是基本关系 $R$ 的外码,它与基本关系 $S$ 的主码 $K_s$ 相对应,则对应关系 $R$ 中每个元组在 $F$ 上的取值,只能是以下两种情况之一:

➤ 取空值;

➤ 或者等于关系 $S$ 中某个元组的主码值。

根据参照完整性规则,上述“选课”关系模式中,学号的取值要么取空值,要么等于“学生”关系中某个元组的主码值。

参照完整性属于表与表之间(关系之间)的规则,参照完整性是数据库中表与表之间存在主关键字(主码)与外部关键字(外码)的约束关系,利用这些约束关系可以维护数据的一致性或相容性,即在数据库的多个表之间存在某种参照关系。对于有参照完整性约束的相关表,在修改、插入或删除记录时,如果只改其一不改其二,就会影响数据的完整性:

①当对含有外码的表(参照表)进行插入、修改操作时,必须检查新行中外码的值在被参照表中是否存在,若不存在就不能执行该操作。

②当对被参照表中的行进行删除、修改操作时,必须检查被删除行或被修改行中主关键字的值是否在被一个或多个外码参照引用,若正被参照就不能执行该操作。

### 2.3.3  用户自定义的完整性

用户定义完整性是针对某一具体关系数据库的约束条件。它反映某一具体应用所涉及

的数据必须满足的语义要求。用户定义的完整性也称为域完整性或语义完整性。

域完整性是指数据库数据取值的正确性。它包括数据类型、精度、取值范围以及是否允许空值等。取值范围又可分为静态和动态两种:静态取值范围是指列数据的取值范围是固定的,如年龄小于 150;动态取值范围是指列数据的取值范围由另一列或多列的值决定,或更新列的新值依赖于它的旧值。

实体完整性和参照完整性是关系模型中必须满足的完整性约束条件,只要是关系数据库系统就应该支持实体完整性和参照完整性。根据不同的关系数据库系统应用环境的不同,域完整性一般通过用户定义一些约束条件来实现。例如:选课表(课程号,学号,成绩),可以对成绩这个属性定义必须大于等于 0 的约束条件。

# 2.4 关系代数

关系数据模型是目前应用最广泛的一种数据模型,有着严格的数学理论基础——关系代数。在实际的数据库应用中,查询是最常用的基本操作,通过查询,用户可以从数据库中获取自己感兴趣的数据。而关系代数是施加于关系之上的一组集合代数运算,是通过对关系的运算来表达查询。所以,关系代数就是一种抽象的查询语言,是以集合代数为基础、以关系为运算对象、运算结果也是关系的一种运算。

可将关系代数的运算简称为关系运算。关系运算分为两类:传统的集合运算和专门的关系运算。关系运算的三要素包括运算对象、运算结果和运算符,其中关系运算对象和运算结果都是关系,关系运算的运算符主要包括 4 类(表 2-7)。

表 2-7　关系运算的四类运算符

| 运算符 | | 含义 | 运算符 | 含义 |
|---|---|---|---|---|
| 集合运算符 | ∪<br>∩<br>-<br>× | 并<br>交<br>差<br>笛卡尔积 | 逻辑运算符<br>∧<br>∨<br>¬ | 与<br>或<br>非 |
| 专门的<br>关系运算符 | σ<br>π<br>⋈<br>÷ | 选择<br>投影<br>连接<br>除 | 比较运算符<br>>,>=<br><,<=<br>=<br>≠(<>) | 大于,大于等于<br>小于,小于等于<br>等于<br>不等于 |

## 2.4.1　传统的集合运算

从数学的角度看,关系是一个集合,因此,传统的集合运算是将元组作为集合中的元素进行运算,其运算是从关系的水平方向(行的角度)进行的,包括并、交、差和笛卡尔积运算。

（1）并运算

设关系 $R$ 和关系 $S$ 具有相同的目 $n$（即两个关系都有 $n$ 个属性），并且对应的属性取自同一个域，则：关系 $R$ 和关系 $S$ 的集合并运算可以记为：$R \cup S = \{t | t \in R \lor t \in S\}$。

其中，$\cup$ 为并运算符，$t$ 为关系 $R$ 或关系 $S$ 的元组变量，$\lor$ 为逻辑或运算符，因此可知：关系 $R$ 和关系 $S$ 并运算的结果是仍为 $n$ 目关系，由属于 $R$ 或者属于 $S$ 的元组组成的集合。如果 $R$ 和 $S$ 中有重复的元组，根据关系的性质，只保留一个。并运算主要用于关系数据的增加操作。

【例 2.2】　若关系 $R$ 和关系 $S$ 见表 2-8、表 2-9，则 $R$ 和 $S$ 并运算结果见表 2-10。

表 2-8　关系 $R$

| $A$ | $B$ | $C$ |
| --- | --- | --- |
| a1 | b1 | c1 |
| a1 | b2 | c2 |
| a2 | b2 | c1 |

表 2-9　关系 $S$

| $A$ | $B$ | $C$ |
| --- | --- | --- |
| a1 | b2 | c2 |
| a1 | b3 | c2 |
| a2 | b2 | c1 |

表 2-10　关系 $R \cup S$

| $A$ | $B$ | $C$ |
| --- | --- | --- |
| a1 | b1 | c1 |
| a1 | b2 | c2 |
| a2 | b2 | c1 |
| a1 | b3 | c2 |

（2）交运算

设关系 $R$ 和关系 $S$ 具有相同的目 $n$（即两个关系都有 $n$ 个属性），并且对应的属性取自同一个域，则关系 $R$ 和关系 $S$ 的集合交运算可以记为：$R \cap S = \{t | t \in R \land t \in S\}$。

其中，$\cap$ 为交运算符，$t$ 为关系 $R$ 或关系 $S$ 的元组变量，$\land$ 为逻辑与运算符，因此可知：关系 $R$ 和关系 $S$ 交运算的结果是仍为 $n$ 目关系，由属于 $R$ 并且属于 $S$ 的元组组成的集合。

【例 2.3】　若关系 $R$ 和关系 $S$ 见表 2-8、表 2-9，则 $R$ 和 $S$ 交运算结果见表 2-11。

表 2-11　关系 $R \cap S$

| $A$ | $B$ | $C$ |
| --- | --- | --- |
| a1 | b2 | c2 |
| a2 | b2 | c1 |

（3）差运算

设关系 $R$ 和关系 $S$ 具有相同的目 $n$（即两个关系都有 $n$ 个属性），并且对应的属性取自同一个域，则关系 $R$ 和关系 $S$ 的集合差运算可以记为：$R - S = \{t | t \in R \land t \notin S\}$。

其中，$-$ 为差运算符，$t$ 为元组变量，$\land$ 为逻辑与运算符，因此可知：关系 $R$ 和关系 $S$ 差运算的结果是仍为 $n$ 目关系，由属于 $R$ 但不属于 $S$ 的元组组成的集合。差运算主要用于关系数据的删除操作。

对于关系数据的修改操作，可以看作是并运算和差运算的组合运算。假设修改关系 $R$ 内某个元组的内容，可以用下面的方法实现：首先假设需要修改的元组构成关系 $R1$，则先做删除，得到 $R-R1$；其次设修改后的元组构成关系 $R2$。此时将其插入，得到结果 $(R-R1) \cup R2$。

【例 2.4】　若关系 $R$ 和关系 $S$ 见表 2-8、2-9，则 $R$ 和 $S$ 差运算的结果见表 2-12。

表 2-12　关系 $R-S$

| $A$ | $B$ | $C$ |
|---|---|---|
| $a1$ | $b1$ | $c1$ |

交运算和差运算之间存在如下关系：$R\cap S=R-(R-S)=S-(S-R)$。

设关系 $R$ 中有 $i$ 个元组，关系 $S$ 中有 $j$ 个元组，两者有 $k$ 个相同的元组，则 $R\cap S$ 中的元组数为 $k$，$R\cup S$ 中的元组数为 $i+j-k$，$R-S$ 中的元组数为 $i-k$。

（4）笛卡尔积运算

两个分别为 $m$ 目和 $n$ 目的关系 $R$ 和 $S$ 的笛卡尔积（Cartesian Product）是一个有（$m+n$）个属性的元组的集合，元组的前 $m$ 列是关系 $R$ 中的一个元组，后 $n$ 列是关系 $S$ 的一个元组。若 $R$ 有 $i$ 个元组，$S$ 有 $j$ 个元组，则关系 $R$ 和关系 $S$ 的笛卡尔积有 $i\times j$ 个元组。记作：

$$R \times S = \{t|t = <t^m,t^n> \wedge t^m \in R \wedge t^n \in S\}$$

其中，"$\times$"为笛卡尔积运算符，$<t^m,t^n>$表示笛卡尔积运算所得到的新关系的元组是由两部分组成的有序结构，$t^m$ 表示由含关系 $R$ 的属性的元组构成，$t^n$ 表示由含有关系 $S$ 的属性的元组构成。

说明：

①上述的表示中，虽然把关系 $R$ 的属性放在前面，把关系 $S$ 的属性放在后面，连接成一个有序结构的元组；但在实际的关系操作中，属性间的前后顺序是无关的。

②在做笛卡尔积运算时，可以从 $R$ 的第一个元组开始，与 $S$ 的每一个元组依次组合成一个有序结构，然后对 $R$ 的下一个元组进行同样的操作，直到 $R$ 的最后一个元组也进行完同样的操作为止，即可得到笛卡尔积运算的全部结果。

③通过笛卡尔积操作可以实现关系之间的连接操作。笛卡尔积运算得出的新关系可以将数据库的多个孤立的关系联系在一起，这样使关系数据库中孤立的关系之间有了沟通的渠道。

【例 2.5】　若关系 $R$ 和关系 $S$ 见表 2-8、表 2-9，则 $R$ 和 $S$ 笛卡尔积运算的结果见表 2-13。

表 2-13　关系 $R\times S$

| $R.A$ | $R.B$ | $R.C$ | $S.A$ | $S.B$ | $S.C$ |
|---|---|---|---|---|---|
| $a1$ | $b1$ | $c1$ | $a1$ | $b2$ | $c2$ |
| $a1$ | $b1$ | $c1$ | $a1$ | $b3$ | $c2$ |
| $a1$ | $b1$ | $c1$ | $a2$ | $b2$ | $c1$ |
| $a1$ | $b2$ | $c2$ | $a1$ | $b2$ | $c2$ |
| $a1$ | $b2$ | $c2$ | $a1$ | $b3$ | $c2$ |
| $a1$ | $b2$ | $c2$ | $a2$ | $b2$ | $c1$ |
| $a2$ | $b2$ | $c1$ | $a1$ | $b2$ | $c2$ |
| $a2$ | $b2$ | $c1$ | $a1$ | $b3$ | $c2$ |
| $a2$ | $b2$ | $c1$ | $a2$ | $b2$ | $c1$ |

笛卡尔积运算在理论上要求参加运算的关系没有同名属性。如果有同名属性,通常在结果关系的属性名前面加上"关系名"来进行区分,这样,即使关系 $R$ 和关系 $S$ 中有同名属性,也能保证结果关系中属性名的唯一性。

### 2.4.2 专门的关系运算

和传统的关系运算不同,专门的关系运算不仅涉及关系的行,而且涉及关系的列,以便于实现关系数据库多样的查询条件。

(1)选择运算

选择运算是根据给定的条件对关系进行水平分解,选择出符合条件的元组。选择条件用 $F$ 表示。例如,在关系 $R$ 中找出满足条件 $F$ 的所有元组,组成一个新的关系,这个新的关系是关系 $R$ 的一个子集,记作:

$$\sigma_F(R) = \{t \mid t \in R \wedge F(t) = \text{true}\}$$

其中,$\sigma$ 为选择运算符,$F$ 为选择条件,$R$ 为关系名,$t$ 为元组变量,$\wedge$ 为逻辑与运算符。$F$ 的形式是由算术运算符和逻辑运算符连接起来的逻辑表达式,取值为"true"或"false",只有取值为"true"的元组才会被选择。

选择运算是单目运算符,即运算的对象只有一个关系。选择运算不会改变参与运算的关系模式,它只是根据给定的逻辑条件从所给定的关系中找出符合条件的元组。选择运算本质上是从行的角度进行的水平分解运算,是一种将大关系分解成小关系的运算,如图 2-12 所示。

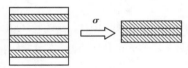

图 2-12 选择运算

【例 2.6】 设关系 $R$(表 2-8),从关系 $R$ 中选择满足 $A=a1$ 条件的元组,对应的关系代数式为 $\sigma_{A='a1'}(R)$,其结果见表 2-14。

表 2-14 选择运算

| $A$ | $B$ | $C$ |
|---|---|---|
| $a1$ | $b1$ | $c1$ |
| $a1$ | $b2$ | $c2$ |

(2)投影运算

投影运算是从一个关系中选择某些感兴趣的属性列,并对这些属性列重新排列,最后从得出的结果中删除重复的元组,从而构成一个新的关系。

设关系 $R$ 为 $n$ 目关系,$A_{i1}, A_{i2}, \cdots, A_{im}(m \leq n)$ 是 $R$ 的第 $i_1, i_2, \cdots, i_m$ 个属性,且 $i_1, i_2, \cdots, i_m$ 为 1 到 $m$ 之间互不相同的整数,可不连续,则关系 $R$ 在 $A_{i1}, A_{i2}, \cdots, A_{im}$ 上的投影定义为:

$$\pi_{i1,i2,\cdots,im}(R) = \{t \mid t = <t_{i1}, t_{i2}, \cdots, t_{im}> \wedge <t_1, \cdots, t_{i1}, \cdots, t_{im}, \cdots, t_n> \in R\}$$

43

其中,$\pi$ 为投影运算符,$R$ 为关系名,$t$ 为元组变量,$\land$ 为逻辑与运算符。投影运算表示按照 $i_1$,$i_2$,$\cdots$,$i_m$ 的顺序从关系 $R$ 中取出所有的元组在指定属性列 $A_{i1}$,$A_{i2}$,$\cdots$,$A_{im}$ 上的值,并删除结果中的重复元组,构成一个以 $i_1$,$i_2$,$\cdots$,$i_m$ 为列顺序的 $m$ 目关系。

投影运算也是单目运算符,它是从列的角度进行的垂直分解运算,可改变关系中列的顺序,如图 2-13 所示。投影运算的结果不仅删除了原关系中的某些列,而且可能删除某些元组,删除了某些列以后会产生重复行,根据关系的基本性质,也应该删除这些重复行。与选择运算一样,投影运算也是一种分解关系的运算。

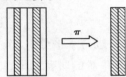

图 2-13  投影运算

【例 2.7】  设关系 $R$(表 2-8),计算 $\pi_{A,C}(R)$ 或 $\pi_{1,3}(R)$ 的结果见表 2-15。

表 2-15  投影运算

| $A$ | $C$ |
| --- | --- |
| $a1$ | $c1$ |
| $a1$ | $c2$ |
| $a2$ | $c1$ |

(3)连接运算

连接运算是从两个关系 $R$ 和 $S$ 的笛卡尔积中,选取 $R$ 的 $A$ 属性值和 $S$ 的 $B$ 属性值之间满足一定条件的元组,这些元组构成的关系是 $R \times S$ 的一个子集,记作:

$$\underset{A\theta B}{R \bowtie S} = \left\{ t \mid t = <t_R, t_S> \land t_R \in R \land t_S \in S \land t_R[A]\theta t_S[B] \right\} = \sigma_{A\theta B}(R \times S)$$

其中,$A$ 和 $B$ 分别为 $R$ 和 $S$ 上可比的属性名(属性名可以不相同),定义在同一个域上,$\theta$ 为比较运算符,可以是 $<$、$\leq$、$\geq$、$>$、$=$、$\neq$。

【例 2.8】  设有关系 $R$(表 2-16)和关系 $S$(表 2-17),计算 $\underset{C<E}{R \bowtie S}$。

思路:从关系 $R$ 和关系 $S$ 的笛卡尔积运算结果中,找出 $R.C<S.E$ 的元组,其结果见表 2-18。

表 2-16  关系 $R$

| $A$ | $B$ | $C$ |
| --- | --- | --- |
| $a1$ | $b1$ | 5 |
| $a1$ | $b2$ | 6 |
| $a2$ | $b2$ | 8 |

表 2-17  关系 $S$

| $B$ | $E$ |
| --- | --- |
| $b1$ | 3 |
| $b2$ | 7 |
| $b2$ | 10 |

表 2-18  $\underset{C<E}{R \bowtie S}$ 运算的结果

| $A$ | $R.B$ | $C$ | $S.B$ | $E$ |
| --- | --- | --- | --- | --- |
| $a1$ | $b1$ | 5 | $b2$ | 7 |
| $a1$ | $b1$ | 5 | $b2$ | 10 |
| $a2$ | $b2$ | 6 | $b2$ | 7 |
| $a2$ | $b2$ | 6 | $b2$ | 10 |
| $a2$ | $b2$ | 8 | $b2$ | 10 |

在连接运算中包括两种最常用也最重要的运算,分别是等值连接和自然连接。

等值连接:当连接表达式 $A\theta B$ 中的比较运算符 $\theta$ 取"="时的连接运算就称为等值连接,也就是说等值连接是从两个关系的笛卡尔积运算中选取 $A$、$B$ 属性集间存在相等关系的元组,记作:

$$\underset{A=B}{R\infty S} = \{t\,|\,t=<t_R,t_S>\wedge t_R\in R\wedge t_S\in S\wedge t_R[A]=t_S[B]\} = \sigma_{A=B}(R\times S)$$

【例 2.9】　设有关系 $R$(表 2-8)和关系 $S$(表 2-9),计算 $\underset{B=B}{R\infty S}$。

思路:从关系 $R$ 和关系 $S$ 的笛卡尔积运算结果中(图 2-14)找出 $R.B=S.B$ 的元组,其结果见表 2-19。

表 2-19　等值连接运算

| R.A | R.B | R.C | S.A | S.B | S.C |
|-----|-----|-----|-----|-----|-----|
| a1 | b1 | c1 | a1 | b2 | c2 |
| a1 | b1 | c1 | a1 | b3 | c2 |
| a1 | b1 | c1 | a2 | b2 | c1 |
| a1 | b2 | c2 | a1 | b2 | c2 |
| a1 | b2 | c2 | a1 | b3 | c2 |
| a1 | b2 | c2 | a2 | b2 | c1 |
| a2 | b2 | c1 | a1 | b2 | c2 |
| a2 | b2 | c1 | a2 | b3 | c2 |
| a2 | b2 | c1 | a2 | b2 | c1 |

图 2-14　关系 $R\times S$

| R.A | R.B | R.C | S.A | S.B | S.C |
|-----|-----|-----|-----|-----|-----|
| a1 | b2 | c2 | a1 | b2 | c2 |
| a1 | b2 | c2 | a2 | b2 | c1 |
| a2 | b2 | c1 | a1 | b2 | c2 |
| a2 | b2 | c1 | a2 | b2 | c1 |

例 2.9 就是一个等值连接的例子。

自然连接:自然连接是一种特殊的等值连接,它是在等值连接的基础上,去掉结果中重复的属性列。

【例 2.10】　设有关系 $R$(表 2-8)和关系 $S$(表 2-9),则 $R$ 和 $S$ 自然连接的结果见表 2-20(去掉重复的属性列)。

表 2-20　自然连接运算

| R.A | B | R.C | S.A | S.C |
|-----|-----|-----|-----|-----|
| a1 | b2 | c2 | a1 | c2 |
| a1 | b2 | c2 | a2 | c1 |
| a2 | b2 | c1 | a1 | c2 |
| a2 | b2 | c1 | a2 | c1 |

(4)除运算

除运算实际上是笛卡尔积的逆运算,是同时从行和列角度进行的运算。给定关系 $R(X,Y)$ 和关系 $S(Y,Z)$,其中 $X$、$Y$、$Z$ 为属性集合。$R$ 中的 $Y$ 和 $S$ 中的 $Y$ 可以有不同的属性名,但必须出自相同的域,则除运算 $R\div S$ 是满足下列条件的最大关系:其中每个元组 $t$ 与 $S$ 中

的各个元组 $s$ 组成的新元组 $<t,s>$ 必在 $R$ 中。其定义形式为：

$$R \div S = \pi_X(R) - \pi_X((\pi_X(R) \times S) - R) = \{t \mid t \in \pi_X(R), 且 \forall s \in S, <t,s> \in R\}$$

从上述定义形式中可以看出，除运算的计算过程如下：

①计算 $R$ 在属性 $X$ 上的投影 $H = \pi_X(R)$；

②计算关系 $H$ 与关系 $S$ 的笛卡尔积，并与关系 $R$ 进行差运算得到关系 $W$，即 $W = H \times S - R$；

③计算关系 $W$ 在属性 $X$ 上的投影 $K$，即 $K = \pi_X(W)$

④最后计算 $H - K$，得到最终结果。

【例 2.11】 设有关系 $R$（表 2-21）和关系 $S$（表 2-22），计算 $R \div S$。

表 2-21　关系 $R$

| $A$ | $B$ | $C$ |
|-----|-----|-----|
| $a$ | 3 | $e$ |
| $a$ | 2 | $d$ |
| $g$ | 2 | $d$ |
| $g$ | 3 | $e$ |
| $c$ | 6 | $f$ |

表 2-22　关系 $S$

| $B$ | $C$ |
|-----|-----|
| 2 | $d$ |
| 3 | $e$ |

表 2-23　$R \div S$ 的结果

| $A$ |
|-----|
| $a$ |
| $g$ |

思路：$Y = \{B,C\}$，$X = \{A\}$，$Z = \{\}$；$H = \pi_X(R)$ 为表 2-21 中的虚线部分；通过计算关系 $H$ 与关系 $S$ 的笛卡尔积，并与关系 $R$ 进行差运算得到关系 $W = \{c,2,d\}$；计算关系 $W$ 在属性 $X$ 上的投影 $K$，即 $K = \{c\}$；最后计算 $H - K$，得到 $R \div S$，其结果见表 2-23。

关系的除运算需要说明的是：

①$R \div S$ 得到的新关系属性是由属于 $R$ 但不属于 $S$ 的所有属性组成。

②$R \div S$ 的任一元组都是 $R$ 中某元组的一部分，但必须符合下列要求：即任取属于 $R \div S$ 的一个元组 $t$，则 $t$ 与 $S$ 的任一元组相连后，结果都为 $R$ 中的一个元组。

### 2.4.3　关系代数综合举例

本例中用到的数据库例子是第 3 章中的学生-课程数据库，其中包含 3 个关系：

学生：Student(Sno,Sname,Ssex,Sbirthday,Sdept)，其中，Sno：学号，Sname：姓名，Ssex：性别，Sbirthday：出生日期，Sdept：所在院系。

课程：Course(Cno,Cname,Cpno,Ccredit)，其中，Cno：课程号，Cname：课程名，Cpno：选修课编号，Ccredit：学分。

学生选课：SC(Sno,Cno,Grade)，其中，Sno：学号，Cno：课程，Grade：成绩。

3 个关系中的部分数据示例将在图 3.2 中已经给出。

【例 2.12】 查询计算机系全体学生。

$\sigma_{Sdept='计算机系'}(Student)$

【例 2.13】 查询性别为女的学生。

$\sigma_{Ssex='女'}(Student)$

【例 2.14】 查询所有学生的姓名和所在系。

$\pi_{\text{Sname,Sdept}}(\text{Student})$

【例 2.15】 查询学生关系 Student 中都有哪些系。

$\pi_{\text{Sdept}}(\text{Student})$

注意:投影结果中,取消重复的元组。

【例 2.16】 查询选修了 5 号课程的学生的学号。

$\pi_{\text{Sno}}(\sigma_{\text{Cno}='5'}(\text{SC}))$

【例 2.17】 查询选修了 4 号课程的学生姓名。

$\pi_{\text{Sname}}(\sigma_{\text{Cno}='4'}(\text{SC} \infty \text{Student}))$

# 练习题

一、选择题

1.关系模型、层次模型、网状模型的划分依据是_____。

　A.记录长度　　　　B.文件大小　　　　C.联系的复杂程度　　D.数据结构

2.数据库中存储的是_____。

　A.数据　　　　　　　　　　　　B.数据及数据之间的联系

　C.数据模型　　　　　　　　　　D.信息

3.关系模型_____。

　A.只能表示实体间 1:1 的联系　　B.只能表示实体间 1:$n$ 的联系

　C.只能表示实体间 $m:n$ 的联系　　D.可以表示 1:1,1:$m$,$m:n$ 联系

4.概念模型是对现实世界的第一次抽象,表示概念模型最常用的模型是_____。

　A.层次模型　　　B.网状模型　　　C.关系模型　　　D.实体—联系模型

5.一个关系只有一个_____。

　A.码　　　　　　B.外码　　　　　C.主码　　　　　D.候选码

6.有两个关系 $R$ 和 $S$,分别包含 15 个元组和 10 个元组,则在 $R \cup S$、$R-S$ 和 $R \cap S$ 中不可能出现的元组数目是_____。

　A.15、5、10　　B.18、7、7　　　C.21、11、4　　　D.25、15、0

7.关系模式的任何属性_____。

　A.都不可再分　　　　　　　　B.可再分

　C.必须来自相同的域　　　　　D.以上都不对

8.学生实体与课程实体之间的联系是_____。

　A.一对一　　　B.一对多　　　C.多对多　　　D.多对一

9.一般情况下,当对关系 $R$ 和 $S$ 进行自然连接时,要求 $R$ 和 $S$ 要含有一个或者多个共同的_____。

　A.行　　　　　　B.主码　　　　　C.属性　　　　　D.元组

10.若关系 $R=\{a,b,c,d\}$,关系 $S=\{1,2,3,4\}$,则 $R \times S$ 的结果中共有元组_____个。

　A.8　　　　　B.6　　　　　C.16　　　　　D.24

11.对关系 $R$ 进行投影运算后,得到关系 $S$,则_____。

    A.关系 $R$ 的元组数大于关系 $S$ 的元组数

    B.关系 $R$ 的元组数等于关系 $S$ 的元组数

    C.关系 $R$ 的元组数小于关系 $S$ 的元组数

    D.以上都不对

12.对关系 $R$ 进行选择运算后,得到关系 $S$,则_____。

    A.关系 $R$ 的属性数大于关系 $S$ 的属性数

    B.关系 $R$ 的属性数等于关系 $S$ 的属性数

    C.关系 $R$ 的属性数小于关系 $S$ 的属性数

    D.以上都不对

二、填空题

1.数据模型是由_____、_____、_____3 个部分组成。

2.两个实体集之间的联系可以分为 3 类,即一对一的联系、_____和_____。

3.关系运算分为两类:传统的集合运算和专门的关系运算,其中传统的集合运算包括并、交、差运算和笛卡尔积,专门的关系运算包括_____、_____、_____、_____。

4.关系模型的完整性包括_____、_____、_____。

5.现有关系:图书(书号,书名,作者,出版日期,出版社),读者(编号,姓名,性别),图书关系和读者关系之间的联系是借阅联系,该联系的类型是_____,生成的借阅关系的外码是_____。

三、简答题

1.在实体-联系模型中,什么是实体? 什么是属性及属性的值域? 实体与实体之间有哪几种联系?

2.什么是关系? 关系有哪些基本性质?

3.简述关系模型的完整性规则。

4.举例说明一个参照完整性,并说明在参照完整性中,外键的属性值为什么可以为空? 空表示的现实世界的语义是什么?

5.设有关系 $R$ 和 $S$ 见表 2-24。

表 2-24 关系 $R$ 和 $S$

关系 $R$

| $A$ | $B$ | $C$ |
| --- | --- | --- |
| 1 | 2 | 5 |
| 2 | 5 | 7 |
| 7 | 6 | 3 |

关系 $S$

| $A$ | $B$ | $C$ |
| --- | --- | --- |
| 3 | 8 | 7 |
| 2 | 5 | 7 |
| 7 | 9 | 3 |

计算 $R \cup S$、$R-S$、$R \cap S$、$R \times S$、$\pi_{A,C}(S)$、$\sigma_{A>2}(R)$。

6.设有关系 $R$ 和 $S$ 见表 2-25。关系 $R$ 的主码为 $A$,关系 $S$ 的主码为 $D$,外码为 $A$,参照于 $R$ 的属性 $A$。找出关系 $S$ 中哪些元组违反了关系完整性规则,哪些元组没有违反关系的完整性规则,并说明原因。

表 2-25　关系 R 和 S

关系 R

| A | B | C |
|---|---|---|
| 1 | 2 | 3 |
| 2 | 1 | 3 |

关系 S

| D | A |
|---|---|
| 1 | 2 |
| 2 | NULL |
| 3 | 9 |
| 4 | 1 |

7.某医院病房管理系统需要如下信息：

科室:科室名、科室地址、科室电话、医生姓名。

病房:病房号、床位数、所属科室名。

医生:姓名、职称、所属科室名、年龄、工作证号码。

病人:病历号、姓名、性别、诊断医生、病房号。

其中,一个科室有多个病房,多个医生;一个病房只能属于一个科室;一个医生只能属于一个科室,但可以负责多个病人的诊治;一个病人的主治医生只能有一个。

设计该病房管理系统的 E-R 图,并将该 E-R 图转换成关系模型,并注明各个关系模式的主码和外码(如果有)。

# 第**3**章
# 关系数据库标准语言 SQL

## 3.1 SQL 概述

结构化查询语言(Structured Query Language,SQL)是关系数据库的标准语言。SQL 语言简洁、易学易用、功能强大,不仅具有强大的查询功能,还具有数据定义、数据操纵和数据控制等功能,可用于存取数据以及查询、更新和管理关系数据库系统。

### 3.1.1 SQL 的发展及其标准化

SQL 语言由 Chamberlin 和 Boyce 于 1974 年提出,并首先在 IBM 公司研制的关系数据库系统 System R 上实现,最初被称为 SEQUEL(Structured English Query Language),后简称为 SQL。作为关系数据库的标准语言,SQL 深受计算机用户和计算机工业界的欢迎,不仅商用数据库产品(如 Oracle、DB2、Sybase、SQL Server 等)支持它,一些开源的数据库产品(如 MySQL、PostgreSQL 等)也支持它,甚至近些年发展迅速的 NewSQL 一般也都使用 SQL 作为其主要的接口。

SQL 自问世以来,随着关系数据库系统和 SQL 应用的日益广泛,SQL 的标准化工作也在不断发展、丰富,迄今为止已经制定了多个 SQL 标准:

➢ 1986 年 10 月,美国国家标准局(American National Standard Institute,ANSI)的数据库委员会批准 SQL 作为关系数据库语言的美国标准,同年公布了 SQL 标准文本,简称 SQL-86。1987 年,国际标准化组织(International Organization for Standardization,ISO)正式采纳SQL-86作为国际标准;

➢ 1989 年,ISO 对 SQL-86 标准进行了补充,推出了 SQL-89 标准;

➢ 1992 年,ISO 推出了 SQL-92 标准,也称 SQL 2;

➢ 1999 年,ISO 推出了 SQL:1999 标准,也称 SQL 3;

> 2003 年,ISO 推出了 SQL:2003 标准;
> 2008 年,ISO 推出了 SQL:2008 标准;
> 2011 年,ISO 推出了 SQL:2011 标准;
> 2016 年,ISO 推出了 SQL:2016 标准。

### 3.1.2　SQL 的特点

SQL 之所以能够成为标准并被业界和用户接受,是因为它是一个综合的、通用的、功能极强的关系数据库语言,它的主要特点有以下 5 个方面。

(1)多功能综合统一

SQL 是一种一体化的语言,集数据定义、数据操纵、数据查询、数据控制等功能于一体,语言风格统一,可以完成数据库活动中的全部工作,如建立数据库、定义关系模式、查询和更新数据、实现数据库安全性与完整性控制等。此外,在关系模型中实体和实体间的联系均用关系表示,这种数据库结构的单一性带来了数据操作符的统一性,查找、插入、删除、修改等每一种操作都只需一种操作符。

(2)高度非过程化

使用 SQL 语言进行数据操作时,用户只需提出"做什么",而无须指明"怎么做",因此不必了解数据的存取路径。用户只需将要求用 SQL 语句提交给系统,系统就会自动完成所需的操作,这不仅极大地减轻了用户负担,而且也有利于提高数据独立性。

(3)面向集合的操作方式

SQL 采用集合的操作方式,不仅操作对象、查找结果可以是元组的集合,而且一次插入、删除、修改操作的对象也可以是元组的集合。通常,用关系(二维数据表)表示数据处理操作更快捷、方便。

(4)以同一种语法结构提供多种使用方式

SQL 既是独立的语言,又是嵌入式语言。作为独立的语言,它能够独立地以联机交互的方式使用,用户可以在终端键盘上直接键入 SQL 语句对数据库进行操作,适用于终端用户、应用程序员和 DBA;作为嵌入式语言,SQL 语句能够嵌入到高级语言程序(如 Java、C 等)中,供程序员开发应用程序。两种方式下,SQL 语言的语法结构基本上是一致的。这种统一的语法结构提供了两种不同的使用方式,为用户带来了极大的灵活性与方便性。

(5)语言简洁,易学易用

SQL 语言功能强大,且十分简洁,只需几个关键词即可完成核心功能,如用于数据定义的 CREATE、DROP、ALTER,用于数据查询的 SELECT,用于数据操纵的 INSERT、UPDATE、DELETE,用于数据控制的 GRANT、REVOKE、DENY 等,SQL 核心关键词见表 3-1。同时,SQL 接近英语口语,语法简单,易于学习和使用。

表 3-1　SQL 核心关键词

| SQL 功能 | 关键词 |
| --- | --- |
| 数据定义语言 DDL(Data Definition Language) | CREATE、DROP、ALTER |

续表

| SQL 功能 | 关键词 |
|---|---|
| 数据操纵语言 DML( Data Manipulation Language) | INSERT、UPDATE、DELETE |
| 数据查询语言 DQL( Data Query Language) | SELECT |
| 数据控制语言 DCL( Data Control Language) | GRANT、REVOKE、DENY |

### 3.1.3  SQL 的三级模式结构

SQL 支持数据库的三级模式结构,如图 3-1 所示。其中,外模式对应于视图和部分基本表,模式对应于基本表,内模式对应于存储文件。

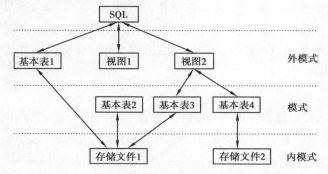

图 3-1  SQL 支持数据库的三级模式结构

➢  基本表:模式的基本内容,是实际存储在数据库中的表,是独立存在的。一个关系对应一个基本表。

➢  视图:是从基本表或其他视图导出的虚表,是数据库外模式的基本单位。数据库中只存放视图的定义而不存放视图对应的数据,这些数据仍存放在导出视图的基本表中。因此,当基本表中的数据发生改变时,从视图查询出来的数据也随之发生改变。

➢  存储文件:一个或多个基本表对应一个存储文件。存储文件是内模式的基本单位,其逻辑结构组成了关系数据库的内模式。存储文件的存储结构对用户来说是透明的。

### 3.1.4  学生-课程数据库

本书以学生-课程数据库为例来讲解 SQL 数据定义、数据查询、数据操纵和数据控制等语句的使用,该数据库中包含以下 3 个关系,关系的主码加下画线表示。

学生表:Student( Sno, Sname, Ssex, Sbirthday, Sdept),其中,Sno:学号,Sname:姓名,Ssex:性别,Sbirthday:出生日期,Sdept:所在院系。

课程表:Course( Cno, Cname, Cpno, Ccredit),其中,Cno:课程号,Cname:课程名,Cpno:选修课编号,Ccredit:学分。

学生选课表:SC( Sno, Cno, Grade),其中,Sno:学号,Cno:课程号,Grade:成绩。

3 个表中的部分数据示例如图 3-2 所示。

| Sno | Sname | Ssex | Sbirthday | Sdept |
|---|---|---|---|---|
| 201812201 | 钱涛 | 男 | 2001-05-04 | 会计 |
| 201812202 | 邹磊 | 男 | 2001-03-20 | 会计 |
| 201812203 | 徐敏霞 | 女 | 2000-07-12 | 会计 |
| 201818101 | 王丽丽 | 女 | 2000-10-01 | 计算机 |
| 201818102 | 刘敏 | 女 | 2001-05-06 | 计算机 |
| 201818103 | 李轩 | 男 | 2000-06-01 | 计算机 |
| 201818104 | 张博闻 | 男 | 2002-11-23 | 计算机 |

（a）学生表 Student

| Cno | Cname | Cpno | Ccredit |
|---|---|---|---|
| C001 | 大学英语Ⅰ | | 3 |
| C002 | 大学英语Ⅱ | C001 | 3 |
| C003 | 程序设计基础 | | 3 |
| C004 | 数据结构 | C003 | 3 |
| C005 | 数据库 | C004 | 2 |

| Sno | Cno | Grade |
|---|---|---|
| 201818101 | C001 | 88 |
| 201818101 | C004 | 90 |
| 201818102 | C001 | 75 |
| 201818102 | C004 | 70 |
| 201818103 | C002 | 63 |

（b）课程表 Course　　　　　　　　　　　　　　　　　（c）学生选课表 SC

**图 3-2　部分数据示例**

## 3.2　数据定义

通过 SQL 的数据定义功能，可以完成数据库、基本表、视图、索引、存储过程、触发器等数据库对象的创建、删除和修改。SQL 数据定义语句（表 3-2）主要有：CREATE、DROP、ALTER。

**表 3-2　SQL 的数据定义语句**

| 操作对象 | 操作方式 | | |
|---|---|---|---|
| | 创建 | 删除 | 修改 |
| 数据库 | CREATE DATABASE | DROP DATABASE | ALTER DATABASE |
| 基本表 | CREATE TABLE | DROP TABLE | ALTER TABLE |
| 索引 | CREATE INDEX | DROP INDEX | |
| 视图 | CREATE VIEW | DROP VIEW | ALTER VIEW |
| 存储过程 | CREATE PROCEDURE | DROP PROCEDURE | ALTER PROCEDURE |
| 触发器 | CREATE TRIGGER | DROP TRIGGER | ALTER TRIGGER |

由于索引、视图的定义与查询操作有关，所以本节只介绍数据库、基本表的定义，对视图、索引、存储过程、触发器的概念及其定义方法将分别在后面的小节介绍。

表 3-3 列出了语法关系图中使用的约定，以便介绍语句的语法格式。

53

表 3-3    语法约定

| 约定 | 用途 |
| --- | --- |
| 大写 | 关键字 |
| 小写 | 用户提供的参数 |
| \|（竖线） | 用于分隔各选项,只能使用其中的一项 |
| ［ ］（方括号） | 其中的内容为可选项,不要键入方括号 |
| ｛｝（大括号） | 其中的内容为必选项,不要键入大括号 |
| ［ ,...n ］ | 指示前面的项可以重复 n 次,各项之间以逗号作为分隔 |
| ［...n ］ | 指示前面的项可以重复 n 次,各项之间以空格作为分隔 |
| ; | 语句终止符,大部分语句都不需要 |
| <label>::= | 语法块的名称。使用此约定,可以对在一条语句中的多个位置使用的过长语法段或语法单元进行分组和标记。可使用语法块的各个位置用括在尖括号内的标签指明: <label> |

### 3.2.1  数据库的定义

数据库是存储数据的重要基础,对于数据库,从逻辑角度看,描述信息的数据存储在数据库中并由 DBMS 统一管理;从物理角度看,描述信息的数据是以文件的方式存储在物理磁盘上,由操作系统进行统一管理。

**1)数据库的逻辑结构**

在 SQL Server 中,创建一个数据库时,SQL Server 会对应地在物理磁盘上创建相应的操作系统文件,数据库中的所有数据、对象和数据库操作日志都存储在这些文件中。一个数据库的所有物理文件,在逻辑上通过数据库名联系在一起,也就是说一个数据库在逻辑上对应一个数据库名,在物理存储上会对应若干存储文件。SQL Server 中的每个数据库至少有两个文件(一个主数据文件和一个事务日志文件)以及一个文件组(主要文件组)。

(1)数据文件

数据文件是存放数据库数据和数据库对象的文件。一个数据库可以有一个或多个数据文件,一个数据文件只能属于一个数据库。当有多个数据文件时,其中只有一个数据文件被定义为主数据文件(扩展名为.mdf),用来存储数据库的启动信息,并指向数据库中的其他文件,是数据库的起点,一个数据库只能有一个主数据文件;次要数据文件(扩展名为.ndf)是可选的,除主数据文件以外的其他所有数据文件都是次要数据文件,一个数据库可以没有次要数据文件,也可以有多个次要数据文件。采用主数据文件和次要数据文件来存储数据,容量可以无限制地扩充而不受操作系统文件的大小限制。另外,通过将数据文件存储在不同的硬盘上,可以同时对几个硬盘进行并行存取,从而可以提高数据处理的效率。

(2)事务日志文件

事务日志文件(扩展名为.ldf)用来记录所有事务以及每个事务对数据库所做的修改。当数据库发生损坏时,可以根据日志文件来分析出错的原因;当数据丢失时,还可以使用事务日志恢复数据库。每个数据库至少拥有一个事务日志文件,当然也可以有多个事务日志文件。

(3)文件组

为了更好地实现数据库文件的组织,从 SQL Server 7.0 开始引入了文件组的概念。文件组是将多个数据文件集合起来形成的一个整体,是文件的逻辑结合。文件组可以对组内的多个数据文件进行统一管理,每个文件组有一个组名。通过设置文件组,可以有效地提高数据库的读写速度。例如,可以分别在 3 个磁盘驱动器(C 盘、D 盘、E 盘)上创建 3 个数据文件:Teach_1.ndf、Teach_2.ndf 和 Teach_3.ndf,然后将这 3 个文件分配给文件组 Group1。当创建 Student 表时,可以指定将表创建在文件组 Group1 上,这样该表的数据就可以分布在 3 个逻辑磁盘上,当对 Student 表中的数据进行查询操作时,可以并行操作,从而可以提高查询性能。

SQL Server 提供了 3 种类型的文件组:主文件组(PRIMARY)、默认文件组、用户自定义文件组。

主文件组:每个数据库有一个主文件组,主文件组包含主数据文件和未指定文件组的所有次要数据文件。数据库的系统表都放在主文件组里。

默认文件组:每个数据库都有一个被指定的默认文件组,在创建数据库对象时,如果没有指定将其放在哪一个文件组中,就会将其放在默认文件组中;如果没有指定默认文件组,则主文件组为默认文件组。

用户自定义文件组:为便于管理、数据分配和放置,用户也可以自己定义文件组。所有在创建数据库 CREATE DATABASE 语句或修改数据库 ALTER DATABASE 语句中 FILEGROUP 关键字所指定的文件组都属于用户自定义文件组。

注意:一个数据文件只能存在于一个文件组中,一个文件组也只能被一个数据库使用;日志文件不分组,它不属于任何文件组。

**2)数据库的物理结构**

数据库创建成功后,会在操作系统的物理介质——硬盘的 NTFS 或者 FAT 分区上生成多个文件( * .mdf 文件、* .ndf 文件或者 * .ldf 文件),数据库的物理存储结构如图 3-3 所示。其中 SQL Server 中的数据文件是以页的形式存储,而日志文件不包含页,只是包含一系列日志记录。

(1)数据页

数据页简称为页,是 SQL Server 中数据存储的基本单位。数据页的大小为 8 KB,这意味着 SQL Server 数据库中每 MB 有 128 页。每页的开头有 96 字节的标头,用于存储有关页的系统信息,如页码、页类型、页的可用空间以及拥有该页的对象的分配单元 ID。磁盘 I/O 操作在页级执行,也就是说,SQL Server 读取或写入所有数据页。

SQL Server 中的页按照顺序从 0 到 $n$ 连续编号,数据库中的每个文件都有一个唯一的文件 ID 号,因此,若要唯一标识数据页,需要同时使用文件 ID 和页码。图 3-4 显示了包含 4 MB 主数据文件(512 页)和 1 MB(128 页)次要数据文件的数据库中的页。

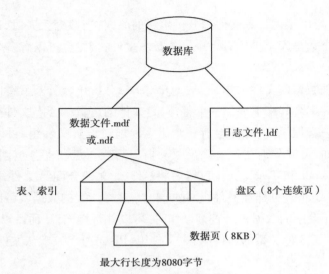

图 3-3　数据库的物理存储结构

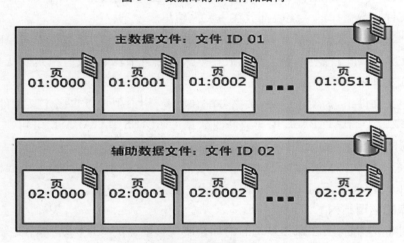

图 3-4　数据库中的数据页示例

（2）扩展盘区

扩展盘区是 8 个物理上连续的页的集合，它是一种文件存储结构，每个区大小为8×8 KB＝64 KB。扩展盘区用来有效地管理页，所有页都存储在区中。

当创建一个数据库对象时，SQL Server 会自动以扩展盘区为单位给它分配空间，同时扩展盘区也是数据检索的基本单位。

（3）事务日志

事务日志文件不包含页，而是包含一系列日志记录，是一种串行化的、顺序的、回绕的文件，一旦到达了物理日志的末尾，SQL Server 将绕回并在物理日志的开头继续写当前日志。

当把数据修改写入日志时，会得到一个日志序列号 LSN，如果日志记录越来越多，日志文件被填满，达到了事务日志的最大容量，那么数据库将不会允许进行数据修改。为了避免事务日志文件被填满，必须定期清理日志中的旧事务，首选的方式是备份事务日志。

**3) 创建数据库**

在使用数据库之前,必须创建数据库。用户可以通过 SQL Server Management Studio 创建数据库,也可以使用 CREATE DATABASE 语句创建数据库。

(1) 使用 SQL Server Management Studio 创建数据库

➢　启动 SQL Server Management Studio。

➢　在左边的"对象资源管理器"窗口中选中"数据库"节点,单击鼠标右键,在出现的快捷菜单中选择"新建数据库"命令,如图 3-5 所示。

图 3-5　选择"新建数据库"命令

➢　进入"新建数据库"窗口,其中包含 3 个选项卡。"常规"选项卡:用于设置新建数据库的名称及所有者;"选项"选项卡:用于设置数据库的排序规则及恢复模式等选项,这里均采用默认设置;"文件组"选项卡:显示文件组的统计信息,这里均采用默认设置。操作方式如图 3-6 所示。

图 3-6　"常规"选项卡

➢　"常规"选项卡中,如果要更改文件的初始大小,可以直接更改文件行中的"初始大小(MB)"值;如果要修改文件的自动增长/最大大小,单击该文件行中的"自动增长/最大大小"按钮,打开如图 3-7 所示的对话框,修改相应值后,再单击"确定"按钮返回即可;"路径"按钮用于设置数据库的物理存储路径。

➢　以上各项设置完成后,单击图 3-6 中的"确定"按钮,即可完成数据库的创建。

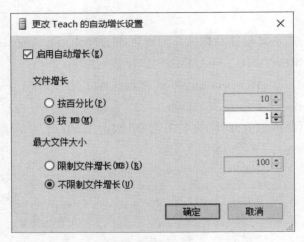

图 3-7　更改"自动增长/最大大小"设置

(2)使用 CREATE DATABASE 语句创建数据库

其基本格式如下：

CREATE DATABASE database_name

[ ON

　　[ PRIMARY ][ <filespec> [ ,…n ] ]

　　[ , <filegroup> [ ,…n ] ]

]

[ LOG ON <filespec> [ ,…n ] ]

[ ; ]

其中，

<filespec>∷=

{

　　( NAME = logical_file_name ,

　　FILENAME = {' os_file_name ' | ' filestream_path ' }

　　[ , SIZE = size [ KB | MB | GB | TB ] ]

　　[ , MAXSIZE = { max_size [ KB | MB | GB | TB ] | UNLIMITED } ]

　　[ , FILEGROWTH = growth_increment [ KB | MB | GB | TB | % ] ]

　　)

}

<filegroup>用于设置文件组：

<filegroup>∷=

{

　　FILEGROUP filegroup_name <filespec> [ ,…n ]

}

说明：

➤ database_name：新建数据库的名称，其在服务器中必须唯一，并且符合标识符的命名规则；

➤ ON：指定显式定义用来存储数据库数据部分的磁盘文件（数据文件）；

➤ PRIMARY：指定关联的<filespec>列表定义主文件。在主文件组的<filespec>项中指定的第一个文件将成为主数据文件，一个数据库只能有一个主文件。如果没有指定PRIMARY，那么 CREATE DATABASE 语句中列出的第一个数据文件将成为主数据文件；

➤ LOG ON：指定显式定义用来存储数据库日志的磁盘文件（日志文件）。如果没有指定 LOG ON，将自动创建一个日志文件，其大小为该数据库的所有数据文件大小总和的 25%或512 KB，取二者之中的较大者；

<filespec>用于设置文件属性，其中，

➤ NAME：指定文件的逻辑名称，logical_file_name 在数据库中必须唯一，并且符合标识符规则；

➤ FILENAME：指定操作系统（物理）文件名；

➤ SIZE：指定文件的初始大小，可以使用 KB、MB、GB 和 TB 后缀，默认值为 MB。如果没有为主数据文件提供 size，数据库引擎将使用 model 数据库中主数据文件的大小；

➤ MAXSIZE：指定文件可增大到的最大大小，可以使用 KB、MB、GB 和 TB 后缀，默认值为 MB。UNLIMITED 指定文件将增长到磁盘充满。max_size 是整数，如果未指定，文件将一直增长到磁盘满为止；

➤ FILEGROWTH：指定文件的自动增量，该设置不能超过 MAXSIZE 设定的值。growth_increment 可以 KB、MB、GB、TB 或百分比（%）为单位，默认值为 MB。

【例 3.1】 创建未指定文件的数据库。

CREATE DATABASE Teach1 ;

说明：创建 Teach1 数据库，并创建相应的主数据文件和事务日志文件。因为上述语句中没有<filespec>项，所以系统会自动为主数据文件和事务日志文件通过向 database_name 追加后缀生成逻辑文件名和物理文件名，并将其放置于默认位置（可使用"服务器属性"→"数据库设置"选项卡查看或更改数据文件和事务日志文件的默认位置）；主数据文件的大小为model 数据库主数据文件的大小，事务日志文件设置为二者（512 KB 或主数据文件大小的25%）中的较大值；因为没有指定 MAXSIZE，文件可以增大到填满所有可用的磁盘空间为止。该数据库的两个文件的设置如图 3-8 所示：

| 逻辑名称 | 文件类型 | 文件组 | 大小(MB) | 自动增长/最大大小 | | 路径 | 文件名 |
|---|---|---|---|---|---|---|---|
| Teach1 | 行数据 | PRIMARY | 8 | 增量为 64 MB，增长无限制 | | C:\Program Files\Microsoft SQL Server\MSSQL13.MSSQLSERVER\MSSQL\DATA | Teach1.mdf |
| Teach1_log | 日志 | 不适用 | 8 | 增量为 64 MB，限制为 2097152 MB | | C:\Program Files\Microsoft SQL Server\MSSQL13.MSSQLSERVER\MSSQL\DATA | Teach1_log.ldf |

图 3-8 Teach1 数据库的数据文件和事务日志文件设置情况

【例 3.2】 创建指定数据文件和事务日志文件的数据库。

CREATE DATABASE Teach2
ON
( NAME = Teach2_dat,

```
        FILENAME = 'D:\data\Teach2_dat.mdf',
        SIZE = 10,
        MAXSIZE = 50,
        FILEGROWTH = 5 )
    LOG ON
    ( NAME = Teach2_log,
        FILENAME = 'F:\data\Teach2_log.ldf',
        SIZE = 5MB,
        MAXSIZE = 25MB,
        FILEGROWTH = 5MB );
```

说明：创建 Teach2 数据库，将数据文件和事务日志文件放置于不同的磁盘上，以便提高性能。由于未使用关键字 PRIMARY，因此第一个文件(Teach2_dat)将成为主数据文件。因为在 Teach2_dat 文件的 SIZE、MAXSIZE 和 FILEGROWTH 参数中没有指定 MB 或 KB，将使用 MB 并按 MB 分配空间。

【例 3.3】 创建具有多个数据文件和事务日志文件的数据库。

```
    CREATE DATABASE Teach3
    ON PRIMARY
    ( NAME = Teach3_1_dat,
        FILENAME = 'D:\data\Teach3_1_dat.mdf',
        SIZE = 100MB,
        MAXSIZE = 200,
        FILEGROWTH = 20),
    ( NAME = Teach3_2_dat,
        FILENAME = 'D:\data\Teach3_2_dat.ndf',
        SIZE = 100MB,
        MAXSIZE = 200,
        FILEGROWTH = 20),
    ( NAME = Teach3_3_dat,
        FILENAME = 'D:\data\Teach3_3_dat.ndf',
        SIZE = 100MB,
        MAXSIZE = 200,
        FILEGROWTH = 20)
    LOG ON
    ( NAME = Teach3_1_log,
        FILENAME = 'F:\data\Teach3_1_log.ldf',
        SIZE = 100MB,
        MAXSIZE = 200,
```

```
      FILEGROWTH = 20),
( NAME = Teach3_2_log,
  FILENAME = 'F:\data\Teach3_2_log.ldf',
  SIZE = 100MB,
  MAXSIZE = 200,
  FILEGROWTH = 20);
```

说明:创建 Teach3 数据库,该数据库有 3 个数据文件和 2 个事务日志文件。主数据文件是数据文件列表中的第一个文件,事务日志文件在 LOG ON 关键字后指定。注意各文件的扩展名:.mdf 用于主数据文件,.ndf 用于次要数据文件,.ldf 用于事务日志文件。

【例 3.4】 创建具有文件组的数据库。

```
CREATE DATABASE Teach4
ON PRIMARY
( NAME = Teach4_1_dat,
  FILENAME = 'D:\data\Teach4_1_dat.mdf',
  SIZE = 10,
  MAXSIZE = 50,
  FILEGROWTH = 15% ),
( NAME = Teach4_2_dat,
  FILENAME = 'E:\data\Teach4_2_dat.ndf',
  SIZE = 10,
  MAXSIZE = 50,
  FILEGROWTH = 15% ),
FILEGROUP Group1
( NAME = Teach4_G1_1_dat,
  FILENAME = 'D:\data\Teach4_G1_1_dat.ndf',
  SIZE = 10,
  MAXSIZE = 50,
  FILEGROWTH = 5 ),
( NAME = Teach4_G1_2_dat,
  FILENAME = 'E:\data\Teach4_G1_2_dat.ndf',
  SIZE = 10,
  MAXSIZE = 50,
  FILEGROWTH = 5 ),
FILEGROUP Group2
( NAME = Teach4_G2_1_dat,
  FILENAME = 'D:\data\Teach4_G2_1_dat.ndf',
  SIZE = 10,
```

```
    MAXSIZE = 50,
    FILEGROWTH = 5 ),
( NAME = Teach4_G2_2_dat,
    FILENAME = 'E:\data\Teach4_G2_2_dat.ndf',
    SIZE = 10,
    MAXSIZE = 50,
    FILEGROWTH = 5 )
LOG ON
( NAME = Teach4_log,
    FILENAME = 'F:\data\Teach4_log.ldf',
    SIZE = 5MB,
    MAXSIZE = 25MB,
    FILEGROWTH = 5MB );
```

说明:创建 Teach4 数据库,该数据库具有如下文件组:

➢ 包含 Teach4_1_dat 和 Teach4_2_dat 的主文件组;

➢ 包含 Teach4_G1_1_dat 和 Teach4_G1_2_dat 的文件组 Group1;

➢ 包含 Teach4_G2_1_dat 和 Teach4_G2_2_dat 的文件组 Group2。

**4) 修改数据库**

在 SQL Server 中,数据库是以 model 数据库为模板创建的,数据库创建后,可以根据用户的需求对数据库进行修改。用户可以通过 SQL Server Management Studio 修改数据库,也可以使用 ALTER DATABASE 语句修改数据库。

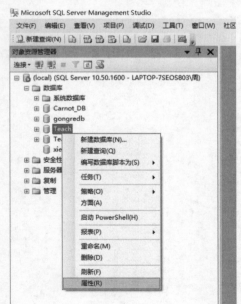

图 3-9 选择"属性"命令

(1)使用 SQL Server Management Studio 修改数据库

➢ 启动 SQL Server Management Studio。

➢ 在左边的"对象资源管理器"窗口中展开"数据库"节点,选中并右击要修改的数据库,在出现的快捷菜单中选择"属性"命令,如图 3-9 所示。

➢ 打开数据库属性对话框,如图 3-10 所示,在左侧窗口中选择相应的选择页,可以添加、删除数据文件以及修改数据文件的属性;可以添加、删除文件组以及修改文件组的属性;可以设置数据库的"只读"属性;可以对数据库进行收缩;可以设置用户对数据库的使用权限等。

(2)使用 ALTER DATABASE 语句修改数据库

其基本格式如下:

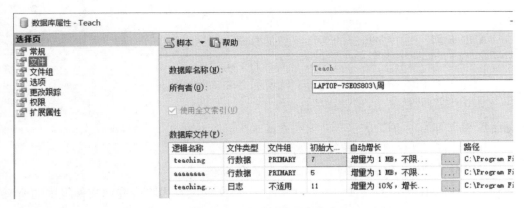

图 3-10　数据库"属性"页

ALTER DATABASE database_name

{

　　MODIFY NAME = new_database_name

　　| COLLATE collation_name

　　| ADD FILE <filespec > ［ ,…n ］ ［ TO FILEGROUP ｛ filegroup_name ｝ ］

　　| ADD LOG FILE <filespec> ［ ,…n ］

　　| REMOVE FILE logical_file_name

　　| MODIFY FILE <filespec>

　　| ADD FILEGROUP filegroup_name

　　| REMOVE FILEGROUP filegroup_name

　　| MODIFY FILEGROUP filegroup_name

}

［ ; ］

其中,

<filespec>::=

( NAME = logical_file_name

　　［ , NEWNAME = new_logical_name ］

　　［ , FILENAME = ｛' os_file_name ' | ' filestream_path ' ｝ ］

　　［ , SIZE = size ［ KB | MB | GB | TB ］ ］

　　［ , MAXSIZE = ｛ max_size ［ KB | MB | GB | TB ］ | UNLIMITED ｝ ］

　　［ , FILEGROWTH = growth_increment ［ KB | MB | GB | TB | % ］ ］

　　［ , OFFLINE ］

)

说明:

➢　database_name:要修改的数据库的名称;

➢　MODIFY NAME = new_database_name:使用指定的名称 new_database_name 重命名
数据库;

➢ COLLATE collation_name：指定数据库的排序规则；

➢ ADD FILE 子句：向指定的文件组添加数据文件；

➢ ADD LOG FILE 子句：添加事务日志文件；

➢ REMOVE FILE 子句：删除逻辑文件说明并删除物理文件；

➢ MODIFY FILE 子句：指定应修改的文件；

➢ ADD FILEGROUP 子句：添加文件组；

➢ REMOVE FILEGROUP 子句：删除文件组；

➢ MODIFY FILEGROUP 子句：修改文件组的属性；

➢ <filespec>用于设置文件属性。OFFLINE：将文件设置为脱机并使文件组中的所有对象都不可访问。注意：仅当文件已损坏但可以还原时，才能使用该选项。<filespec>中其他参数同 CREATE DATABASE。

【例 3.5】 修改例 3.1 中创建的 Teach1 数据库名称为 Teach。

ALTER DATABASE Teach1

MODIFY NAME = Teach ;

【例 3.6】 向例 3.4 中创建的 Teach4 数据库中添加两个事务日志文件。

ALTER DATABASE Teach4

ADD LOG FILE

（ NAME = Teach4_1_log，

　 FILENAME = ' F：\data\Teach4_1_log.ldf '，

　 SIZE = 5MB，

　 MAXSIZE = 100MB，

　 FILEGROWTH = 5MB），

（ NAME = Teach4_2_log，

　 FILENAME = ' F：\data\Teach4_2_log.ldf '，

　 SIZE = 5MB，

　 MAXSIZE = 100MB，

　 FILEGROWTH = 5MB）；

5）删除数据库

用户可以通过 SQL Server Management Studio 删除数据库，也可以使用 DROP DATABASE 语句删除数据库。

（1）使用 SQL Server Management Studio 删除数据库

➢ 启动 SQL Server Management Studio。

➢ 在左边的"对象资源管理器"窗口中选中"数据库"节点，单击鼠标右键，在出现的快捷菜单中选择"删除"命令，如图 3-11 示。

➢ 出现"删除对象"对话框，单击"确定"按钮，即可删除 Teach 数据库，如图 3-12 所示。

图 3-11　选择"删除"命令

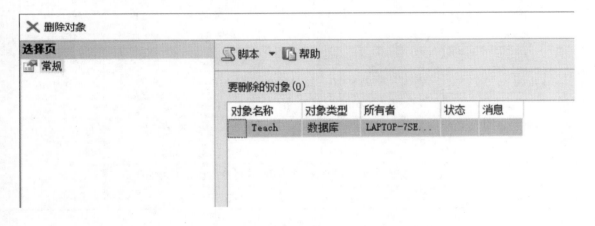

图 3-12　"删除对象对话框"

（2）使用 DROP DATABASE 删除数据库

其基本格式如下：

DROP DATABASE { database_name } [ ,…n ] [ ; ]

说明：

➤ 执行数据库删除操作会从 SQL Server 实例中删除数据库，并删除该数据库使用的物理磁盘文件；

➤ 不能删除当前正在使用的数据库，也不能删除系统数据库。

【例 3.7】 删除例 3.2 和例 3.3 中创建的数据库 Teach2 和 Teach3。

DROP DATABASE Teach2，Teach3；

### 3.2.2 基本表的定义

基本表是数据库中组织和管理数据的基本单位，数据库的数据保存在一个个基本表中。对于关系型数据库系统而言，其数据结构是关系，即由行和列构成的二维结构。

**1）数据类型**

关系模型中一个很重要的概念是域。每一个属性来自一个域，它的取值必须是域中的值。在 SQL 中域的概念用数据类型来实现。

SQL Server 提供了多种数据类型供用户选择，主要包括数字数据类型、字符数据类型、日期和时间数据类型、二进制数据类型等，此外用户还可以自己定义数据类型。

**（1）数字数据类型**

数字数据类型（表 3-4）主要用于存储数值，包括 tinyint、smallint、int、bigint、float、real、decimal、numeric、money 和 smallmoney 等。

表 3-4 数字数据类型

| 数据类型 | 描述 | 存储 |
| --- | --- | --- |
| tinyint | 用于存储 0~255 的整数 | 1 字节 |
| smallint | 用于存储 $-2^{15}$~$2^{15}-1$ 的整数 | 2 字节 |
| int | 用于存储 $-2^{31}$~$2^{31}-1$ 的整数 | 4 字节 |
| bigint | 用于存储 $-2^{63}$~$2^{63}-1$ 的整数 | 8 字节 |
| float([n]) | 范围：$-1.79E+308$~$-2.23E-308,0,2.23E-308$~$1.79E+308$ | 取决于 n |
| real | 范围：$-3.40E+38$~$-1.18E-38,0,1.18E-38$~$3.40E+38$ | 4 字节 |
| decimal[(p[,s])] | 范围：$-10^{38}+1$~$10^{38}-1$，p 指定精度，s 指定小数位数 | 最多 17 字节 |
| numeric[(p[,s])] | 范围：$-10^{38}+1$~$10^{38}-1$，功能上等同于 decimal | 最多 17 字节 |
| money | 范围：$-922337203685477.5808$~$922337203685477.5807$ | 8 字节 |
| smallmoney | 范围：$-214748.3648$~$214748.3647$ | 4 字节 |

tinyint、smallint、int、bigint 是保存整数数据的精确数字数据类型。

decimal[(p[,s])]和 numeric[(p[,s])]是保存带固定精度和小数位数的精确数字数据类型,p 表示精度(Precision),定义了最多可以存储的十进制数字的总位数,包括小数点左、右两侧的位数,范围是 1~38,默认精度为 18;s(Scale)是小数点右侧可以存储的十进制数字的最大位数。当精度为 1~9 时,存储空间为 5 字节,当精度为 10~19 时,存储空间为 9 字节,当精度为 20~28 时,存储空间为 13 字节,当精度为 29~38 时,存储空间为 17 字节。

float 和 real 是用于表示浮点数值数据的近似数字数据类型。float[(n)]中的 n 用于存储该数尾数的位数,SQL Server 对于 n 只使用两个值,如果 n 的范围是 1~24,SQL Server 就使用 24,如果 n 的范围是 25~53,SQL Server 就使用 53,如果未指定 n 的值,即 float(),n 的值默认为 53。real 等价于 float(24)。

money 和 smallmoney 类型用来存储货币型数据,精确到它们所代表的货币单位的万分之一。货币型数据不需要使用单引号括起来,虽然可以指定前面带有货币符号的货币值,但 SQL Server 不存储任何与符号关联的货币信息,而是只存储数值。

(2)字符数据类型

字符数据类型(表 3-5)用于存储各种字母、数字符号和特殊符号,使用时需用单引号将字符串括起来。常用的字符数据类型包括 char、varchar、nchar、nvarchar、text、ntext 等。

表 3-5　字符数据类型

| 数据类型 | 描述 | 存储 |
| --- | --- | --- |
| char[(n)] | 定长字符串,n 为 1~8000 | n 字节 |
| varchar[(n\|max)] | 变长字符串,n 为 1~8000;或使用 max 指明列约束大小上限为最大存储 $2^{31}-1$ 个字节(2 GB) | n 字节 |
| nchar[(n)] | 定长字符串(以双字节为单位),n 为 1~4000 | 2n 字节 |
| nvarchar[(n\|max)] | 变长字符串(以双字节为单位),n 为 1~4000;或 max 指示最大存储大小是 $2^{30}-1$ 个字符(2 GB) | 2n 字节 |
| text | 最多为 $2^{31}-1$ 个字符 | n 字节 |
| ntext | 最多为 $2^{30}-1$ 个 Unicode 字符 | 2n 字节 |

char 和 varchar 类型用来存储 ASCII 编码的字符数据,它们的主要区别在于数据填充。假设有一个表的列名为 name,且数据类型为 varchar(10),此时将"Peter"存储到该列中,物理上只需存储 5 个字节。如果在数据类型为 char(10)的列上同样存储"Peter",则将使用全部的 10 个字节,SQL Server 将在"Peter"后面插入半角空格来填充满 10 个字符,所以,称 char 为定长字符串,varchar 为变长字符串。

nchar 和 nvarchar 类型用于存储 Unicode 编码的字符数据,与 ASCII 编码方式不同,Unicode 采用双字节编码方式,旨在涵盖全球所有语言的所有字符。例如,假设有一个需处理三种主要语言(中文、英语、法语)的客户数据库,采用 Unicode 字符数据,就无须使用不同代码页来处理不同字符集。因此,支持国际化客户端的数据库应始终使用 Unicode 数据类型,而不应使用非 Unicode 数据类型。nchar 与 nvarchar 数据类型的填充方式与对等的 char 与 varchar 数据类型相同。

text 与 ntext 数据类型用于在数据页外存储大量的 ASCII 编码或者 Unicode 编码的变长字符数据,比如很长的个人简历。另外,text 与 ntext 数据类型在 SQL Server 的一些未来版本中将不可用,可以使用 varchar(max)和 nvarchar(max)。

建议使用 char、nchar 或 varchar、nvarchar 数据类型时:

➤ 如果列数据项的大小一致,则使用 char、nchar;

➤ 如果列数据项的大小差异相当大,则使用 varchar、nvarchar;

➤ 如果列数据项的大小相差很大,且字符串长度可能超过 8000 字节,则使用 varchar(max)、nvarchar(max)。

(3)日期和时间数据类型

日期和时间数据类型(表 3-6)主要包括 date、datetime、samlldatetime、time 等。其中,用户以单引号括起来的特定格式的字符串形式输入日期和时间类型数据,系统也以字符串形式输出日期和时间类型数据。

表 3-6　日期时间数据类型

| 数据类型 | 描述 | 精确度 | 存储 |
|---|---|---|---|
| date | 0001-01-01 到 9999-12-31 | 1 天 | 3 字节 |
| datetime | 日期范围:1753-01-01 到 9999-12-31<br>时间范围:00:00:00 到 23:59:59.997 | 舍入到.000、.003 或.007 秒 | 8 字节 |
| samlldatetime | 日期范围:1900-01-01 到 2079-06-06<br>时间范围:00:00:00 到 23:59:59 | 1 分钟 | 4 字节 |
| time | 00:00:00.0000000 到 23:59:59.9999999 | 100 纳秒 | 5 字节 |

(4)二进制数据类型

二进制数据类型(表 3-7)用于存储二进制数据,例如图形文件、Word 文档或者 MP3 文件等,主要包括 bit、image、binary、varbinary。

表 3-7　二进制数据类型

| 数据类型 | 描述 | 存储 |
|---|---|---|
| bit | 用于存储 0,1 或 NULL 的整数 | 1 字节 |
| image | 最多为 $2^{31}-1$ 十六进制数字 | 1 字节/字符 |
| binary[(n)] | 定长二进制数据,n 为 1~8000 | n 字节 |
| varbinary[(n\|max)] | 变长二进制数据,n 为 1~8000;max 指示最大存储大小是 $2^{31}-1$ 个字节 | n 字节 |

(5)其他数据类型

除上述数据类型之外,SQL Server 还提供了 cursor、hierarchyid、table、uniqueidentifier、xml 等数据类型(表 3-8)。

表 3-8　其他数据类型

| 数据类型 | 描述 |
|---|---|
| cursor | 游标数据类型,是变量或存储过程 OUTPUT 参数的一种数据类型,不能用作表中的列数据类型 |
| hierarchyid | 长度可变,表示层次结构中的位置 |
| table | 可用于存储结果集以进行后续处理,可将函数和变量声明为 table 类型 |
| uniqueidentifier | 全局唯一标识符 GUID,可以从 NEWID 或 NEWSEQUENTIALID 函数获得。 |
| xml | 存储 XML 数据的数据类型 |

**2)SQL Server 中的约束**

在本书第 2 章的相关章节中曾介绍过关系模型的完整性约束:实体完整性约束、参照完整性约束、用户自定义的完整性约束。所谓的完整性是指数据库中数据的正确性、有效性和一致性(或相容性),用来防止数据库中存在不合法的数据。为了保证数据的完整性,SQL Server 在创建基本表的时候就需要设置相应的约束。

Microsoft SQL Server 是一款基于关系模型的数据库管理系统,本质上是对关系模型的实现,在 SQL Server 2019 中提供了以下几种约束,用以实现关系模型的实体完整性、参照完整性、用户自定义的完整性。

①主键约束(PRIMARY KEY):用于唯一地标识表中的各行,实现实体完整性。有主键约束的列上不能有重复值,也不能是 NULL,它实际上是唯一性约束和非空约束的合并。一个表上只能有一个主键约束。

②唯一性约束(UNIQUE):有唯一性约束的列上不能有重复值,但可以是 NULL。一个表上可以有多个唯一性约束。

③外键约束(FOREIGN KEY):有外键约束的列上的取值要参考⋯⋯⋯⋯⋯⋯键或 UNIQUE列上的取值,用于实现参照完整性。

④默认值约束(DEFAULT):在有默认值约束的列上输入数据⋯⋯⋯⋯⋯⋯的值,则系统自动用默认值赋予该列。

⑤空/非空约束(NULL/NOT NULL):如果表的某一列上有 NULL⋯⋯⋯⋯⋯据时,可以省略该列的值。反之,如果表的某一列为 NOT NULL,表示不允⋯⋯⋯⋯值约束的情况下省略该列的值。NULL 不等于 0,它对应现实世界的语义是不确定⋯⋯

⑥检查约束(CHECK):用于实现用户自定义的完整性约束。比如约束成绩列的取值范围是[0-100],性别列上的取值只能是"男"或者"女"。

**3)创建基本表**

创建基本表的过程就是定义基本表结构(表中的列数,每列的属性名及类型、长度等)的过程,同时也可以定义各种完整性约束条件。SQL Server 提供了两种方式创建表结构,一种是通过 SQL Server Management Studio,另一种是使用 CREATE TABLE 定义表的结构。

(1)使用 SQL Server Management Studio 创建表

➢　启动 SQL Server Management Studio。

➤ 在左边的"对象资源管理器"窗口中展开"数据库"→"表"节点,单击鼠标右键,在出现的快捷菜单中选择"新建表"命令,如图 3-13 所示。

图 3-13 "新建表"命令

➤ 在出现的表设计器窗口中,"列名"单元格中用于输入要创建的表的字段名,在同一行的"数据类型"单元格中为该列选择恰当的数据类型,并在"允许 Null 值"列选择是否允许该数据列为空值。如果允许,则选中复选框,如果不允许,则取消复选框。由于该表的"Sno"列是主键,选中 Sno 所在的行,单击工具栏上的■按钮,即可将"Sno"设为主键,主键列不允许为空。设置完成后,"Sno"前面会有一个小钥匙图标,如图 3-14 所示。

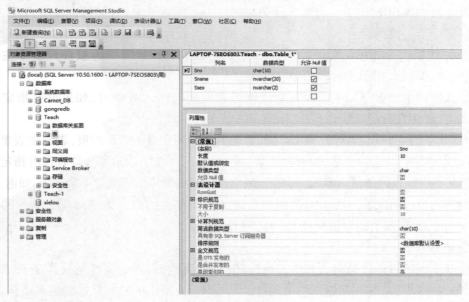

图 3-14 表设计器

➤ 重复以上步骤,为表添加"Sname"列,将"数据类型"设置为 nvarchar(20),并设置允许为空。

➤　重复以上步骤,为表添加"Ssex"列,将"数据类型"设置为 nvarchar(2)。在表设计器的窗口中选中"Ssex"行,在窗口的下半部分显示"Ssex"列的属性。在"列属性"窗口的默认值或绑定选项中输入"男"作为默认值。默认值约束表示这一列没有提供值时,系统会自动给该数据类赋予一个默认设定好的值,如图 3-15 所示。

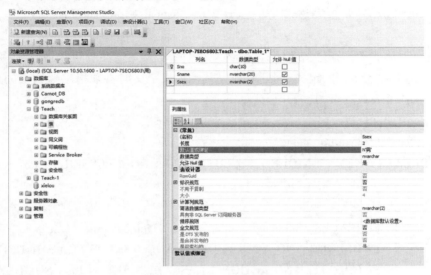

图 3-15　设置默认值/绑定

➤　选择"文件"→"保存"命令,或者单击工具栏上的保存按钮,在出现的对话框中输入新建表的名字,新表就会出现在 SQL Server Management Studio 的"对象资源管理器"中。

(2)使用 CREATE TABLE 创建表

其基本格式如下:

CREATE TABLE{ database_name.schema_name.table_name

　　　　　　 |schema_name.table_name

　　　　　　 | table_name }

( { <column_definition> [ ,…n ] } [ , <table_constraint> [ ,…n ] ] )

[ ; ]

其中,

<column_definition> : : =

column_name { data_type }

　　 [ IDENTITY [ ( seed, increment )] ] [ NULL | NOT NULL ]

　　 [ <column_constraint> [ ,…n ] ]

<column_constraint>用于定义列级完整性约束条件,表中该列的数据必须满足该约束,其展开形式如下:

<column_constraint> : : =

[ CONSTRAINT constraint_name ]

{ { PRIMARY KEY | UNIQUE } [ CLUSTERED | NONCLUSTERED ]

　　　　| [ FOREIGN KEY ]

　　　　　　REFERENCES referenced_table_name [ ( ref_column ) ]

　　　　　　[ ON DELETE { NO ACTION | CASCADE | SET NULL | SET DEFAULT } ]

　　　　　　[ ON UPDATE { NO ACTION | CASCADE | SET NULL | SET DEFAULT } ]

　　　　| [ DEFAULT <常量表达式>] | [ CHECK ( logical_expression ) ]

　　}

　　<table_constraint>用于定义表级完整性约束条件,表级完整性约束为应用到多个列的完整性约束,其定义独立于列的定义,因此表级完整性约束定义时必须指出要约束的列的名称,并用逗号分隔各个表级约束,其展开形式如下:

　　<table_constraint>::=

　　[ CONSTRAINT constraint_name ]

　　{ { PRIMARY KEY | UNIQUE } [ CLUSTERED | NONCLUSTERED ]

　　　　( column [ ASC | DESC ] [ ,…n ] )

　　| FOREIGN KEY ( column [ ,…n ] )

　　　　REFERENCES referenced_table_name [ ( ref_column [ ,…n ] ) ]

　　　　[ ON DELETE { NO ACTION | CASCADE | SET NULL | SET DEFAULT } ]

　　　　[ ON UPDATE { NO ACTION | CASCADE | SET NULL | SET DEFAULT } ]

　　| CHECK ( logical_expression )

　　}

　　说明:

➤ database_name:要在其中创建表的数据库的名称;

➤ schema_name:表所属的架构的名称;

➤ table_name:要定义的基本表的名称;

➤ column_name:组成该表的各个属性(列)的名称,必须唯一;

➤ data_type:指定列的数据类型,可以是系统数据类型,也可以是用户定义的数据类型;

➤ IDENTITY [ ( seed,increment ) ]:标识列,在表中添加新行时,数据库引擎将为该列提供一个唯一的增量值。标识列通常与 PRIMARY KEY 约束一起作用表的唯一行标识符,每个表只能创建一个标识列。seed 是加载到表中的第一行所使用的值,increment 是向加载的前一行的标识值中添加的增量值;

➤ NULL | NOT NULL:确定列中是否允许使用空值;

➤ CONSTRAINT:可选关键字,表示 PRIMARY KEY、NOT NULL、UNIQUE、FOREIGN KEY 或 CHECK 约束定义的开始。constraint_name 是约束的名称,其名称必须在表所属的架构中唯一;

➤ PRIMARY KEY:主键约束,通过唯一索引对给定的一列或多列强制实体完整性的约束,每个表只能创建一个 PRIMARY KEY 约束;

➤ UNIQUE:唯一性约束,该约束通过唯一索引为一个或多个指定列提供实体完整性,一个表可以有多个 UNIQUE 约束;

➢　CLUSTERED｜NONCLUSTERED：指示为 PRIMARY KEY 或 UNIQUE 约束创建聚集索引还是非聚集索引。PRIMARY KEY 约束默认为 CLUSTERED，UNIQUE 约束默认为 NON-CLUSTERED；

➢　ASC｜DESC：指定加入到表约束中的一列或多列的排列顺序，ASC 为升序排列，DESC 为降序排列，默认值为 ASC；

➢　FOREIGN KEY REFERENCES：为列中的数据提供参照完整性的约束。FOREIGN KEY 约束要求列中的每个值在被参照的表中对应的被参照的列中都存在；

➢　referenced_table_name：FOREIGN KEY 约束所参照的表的名称；

➢　ref_column：是 FOREIGN KEY 约束所参照的表中的一列或多列；

➢　ON DELETE｛NO ACTION｜CASCADE｜SET NULL｜SET DEFAULT｝：指定如果已创建表中的行具有引用关系，并且被引用行已从父表中删除，则对这些行所采取的操作。NO AC-TION：禁止删除，CASCADE：级联删除，SET NULL：置空，SET DEFAULT：置为事先设定的默认值。默认选项为 NO ACTION。有关该部分内容的详细介绍，请参阅本书 6.2 节数据库完整性控制；

➢　ON UPDATE｛NO ACTION｜CASCADE｜SET NULL｜SET DEFAULT｝：指定在发生更改的表中，如果行有引用关系且引用的行在父表中被更新，则对这些行所采取的操作。默认选项为 NO ACTION。有关该部分内容的详细介绍，请参阅本书 6.2 节数据库完整性控制；

➢　［DEFAULT <常量表达式>］：设置默认约束，默认值就是常量表达式的值。

➢　CHECK：通过限制输入的一列或多列的可能值来实现域完整性。logical_expression 为返回 TRUE 或 FALSE 的逻辑表达式。

【例 3.8】　创建学生表 Student。

```
CREATE TABLE Student
( Sno CHAR(9)PRIMARY KEY,               --列级完整性约束条件,Sno 是主码
  Sname NVARCHAR(20) NOT NULL,          --Sname 不能取空值
  Ssex NCHAR(1),
  Sbirthday DATETIME,
  Sdept NVARCHAR(20)
);
```

系统执行该 CREATE TABLE 语句后，就在当前数据库中建立一个新表 Student，并将有关 Student 表的定义及有关约束条件存放在数据字典中。

【例 3.9】　创建课程表 Course。

```
CREATE TABLE Course
  (Cno CHAR(4) PRIMARY KEY,       --列级完整性约束条件,Cno 是主码
  Cname NVARCHAR(40)NOT NULL,     --列级完整性约束条件,Cname 不允许取空值
  Cpno CHAR(4)FOREIGN KEY REFERENCES Course(Cno),
  —列级完整性约束条件,Cpno 是外码,被参照表是 Course,被参照列是 Cno
  Ccredit SMALLINT
);
```

本例中参照表和被参照表是同一个表。

【例 3.10】 创建学生选课表 SC。

CREATE TABLE SC

( Sno CHAR(9)FOREIGN KEY REFERENCES Student(Sno),

　　--列级完整性约束条件,Sno 是外码,被参照表是 Student

Cno CHAR(4)FOREIGN KEY REFERENCES Course(Cno),

　　--列级完整性约束条件,Cno 是外码,被参照表是 Course

Grade SMALLINT,

PRIMARY KEY(Sno,Cno) --主码由两个属性构成,必须作为表级约束条件进行定义

);

### 4)修改基本表

在建立好基本表之后,有时需要对表的结构进行修改,包括对属性列的修改和对约束的修改。用户可以通过 SQL Server Management Studio 修改表结构,也可以使用 ALTER TABLE 语句修改表结构。

(1)使用 SQL Server Management Studio 修改表

➢　启动 SQL Server Management Studio。

➢　在左边的"对象资源管理器"窗口中展开"数据库"→"表"节点,选中并右击需要修改的表,在出现的快捷菜单中选择"设计"命令,如图 3-16 所示。

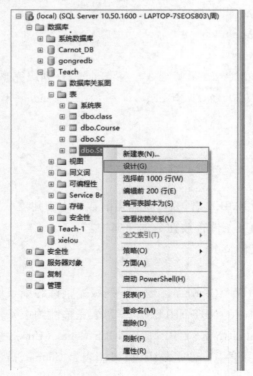

图 3-16　修改表

➤　打开如图 3-14 所示的表设计器窗口,可以为表增加或删除列,修改已有列的列名、数据类型、约束等。

➤　修改完毕后,单击工具栏上的保存按钮,可以将修改保存到表中。

(2)使用 ALTER TABLE 修改表的结构

其基本格式如下:

ALTER TABLE｛database_name.schema_name.table_name

　　　　　　｜schema_name.table_name｜table_name｝

｛　ADD｛<column_defination>｜<table_contraint>｝

　　｜DROP｛［CONSTRAINT］｛constraint_name｝［,…n］

　　　　　　｜COLUMN｛column_name｝［,…n］

　　　　　｝

　　｜ALTER COLUMN column_name｛［type_name］［NULL｜NOT NULL］｜［…n］｝

｝［;］

说明:

➤　table_name:要修改的基本表的名称;

➤　ADD 子句:用于增加新的属性列、新的列级完整性约束条件或新的表级完整性约束条件;

➤　<column_defination>｜<table_contraint>:同 CREATE TABLE 中的<column_defination>｜<table_contraint>;

➤　DROP 子句:用于删除表中的属性列或完整性约束条件;

➤　ALTER 子句:用于修改属性列。

【例 3.11】　为学生表 Student 增加新的属性列:Scome(入学时间),其数据类型为 DATE。

ALTER TABLE Student

ADD Scome DATE ;

【例 3.12】　修改学生表 Student 中属性列 Scome 的数据类型为 DATETIME。

ALTER TABLE Student

ALTER COLUMN Scome DATETIME ;

【例 3.13】　去掉学生表 Student 中的属性列 Scome。

ALTER TABLE Student

DROP COLUMN Scome ;

**5)删除基本表**

当某个基本表不再需要时,用户可以通过 SQL Server Management Studio 删除表,也可以使用 DROP TABL 语句删除表。

(1)使用 SQL Server Management Studio 修改表

➤　启动 SQL Server Management Studio。

➤　在左边的"对象资源管理器"窗口中展开"数据库"→"表"节点,选中并右击想要删除的表,在出现的快捷菜单中选择"删除"命令,如图 3-17 所示。

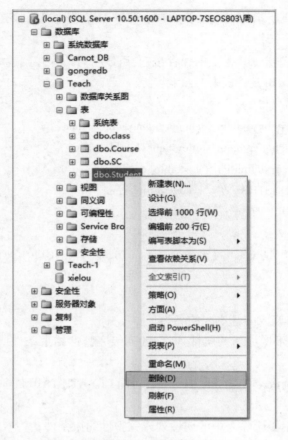

图 3-17　删除表

➤　在弹出的"删除对象"窗口中单击"确定"按钮,即可实现基本表的删除,如图 3-18 所示。

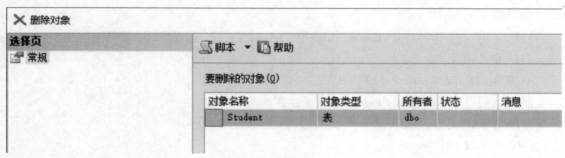

图 3-18　删除对象对话框

(2)使用 DROP TABLE 语句将表删除

其基本格式如下:

DROP TABLE { database_name.schema_name.table_name

　　　　　　| schema_name.table_name | table_name} [ ,…n ] [ ; ]

注意:当一个基本表被删除后,该表的数据、在此表上所建立的索引、与该表关联的任何

约束或触发器都将被自动删除,但建立在该表上的视图不会删除,系统将继续保留其定义,只是无法使用。

【例 3.14】　删除例 3.8、例 3.9 和例 3.10 中创建的表:Student、Course 和 SC。

DROP TABLE Student,Course,SC;

## 3.3　数据操纵

创建基本表以后,接着需要对表中数据进行增删改操作,包括插入数据、删除数据以及修改数据,在 SQL 中,这些操作称为数据操纵。数据操纵可以使用 SQL Server Management Studio 的图形用户界面来完成,也可以使用 SQL 的数据操纵语言的 INSERT、UPDATE、DELETE 来完成。

注意,对基本表进行插入、删除、修改操作时,一定要保证插入、删除、修改操作符合表上已经定义好的完整性约束条件,否则,插入、删除、修改操作可能会无法顺利完成。

### 3.3.1　使用 SQL Server Management Studio 实现数据操纵

使用 SQL Server Management Studio 实现数据操纵,步骤如下:

➢　启动 SQL Server Management Studio。

➢　在左边的"对象资源管理器"窗口中展开"数据库"→"表"节点,找到要进行数据操纵的表,单击鼠标右键,在出现的快捷菜单中选择"编辑前 200 行"命令,如图 3-19 所示。

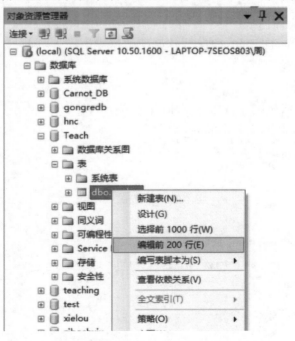

图 3-19　"选择前 200 行"命令

➤ 此时出现如图 3-20 所示的数据编辑窗口,将光标定位到相关位置,用户可以在其中各列的位置直接输入(INSERT)或者编辑(UPDATE)相应的数据。

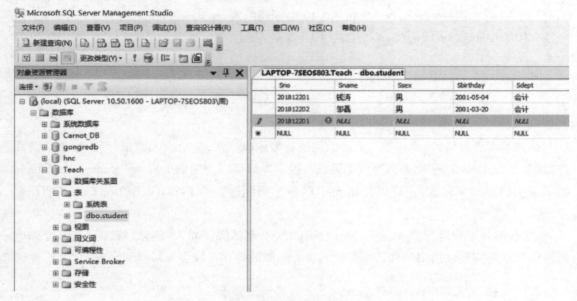

图 3-20    数据编辑窗口

➤ 在数据编辑窗口中,选择一个记录并单击鼠标右键,在出现的快捷菜单中,可以选择"复制""粘贴"和"删除"命令,可以对选中的记录执行对应的操作。其中的"删除"命令对应数据操纵语言(DML)的 DELETE 操作。

### 3.3.2  插入数据

用户可以使用 INSERT 语句,向已创建好的数据表中插入数据,可以插入一个或多个元组,也可以插入子查询结果。

(1)插入一个元组

插入一个元组的 INSERT 语句的基本格式如下:

INSERT INTO <object> [ ( column_list ) ]

VALUES ( value_list ) [ ; ]

其中,

<object> ∷ =

{

[ server_name.database_name.schema_name.

   | database_name.[ schema_name ].| schema_name. ]

table_or_view_name

}

说明:

➤ table_or_view_name:要插入数据的表或视图的名称;

➤　column_list:指定要将数据插入的列。需用括号将其括起来,并且用逗号进行分隔。可选参数,若 column_list 省略,则新插入的元组必须在每个属性列上均有值;

➤　value_list:指定每个列对应插入的数据,需用圆括号将值列表括起来。对 column_list(如果已指定)或表中的每个列,都必须有一个数据值。

【例 3.15】　将一个新的学生元组插入到 Student 表中,学号:"201818123",姓名:"陈东",性别:"男",出生日期:"2001-12-14",所在学院:"计算机"。

INSERT INTO Student(Sno, Sname, Ssex, Sbirthday, Sdept)

VALUES(' 201818123 ', '陈东', '男', ' 2001-12-14 ', '计算机');

在 INTO 子句中指出了表名 Student,并指出了新增加的元组在哪些属性上要赋值,属性的顺序可以与 CREATE TABLE 中的顺序不一样。VALUES 子句对新元组的各属性赋值,字符串常量及日期型常量要用单引号括起来。

如果新元组要在表的所有属性列上都有指定值,且属性列的次序与 CREATE TBALE 中的次序相同,则 INTO 子句中可以只指出表名,没有属性名。上述 SQL 语句可以修改如下:

INSERT INTO Student

VALUES(' 201818123 ', '陈东', '男', ' 2001-12-14 ', '计算机');

(2)插入多个元组

利用 VALUES 子句插入多个元组的 INSERT 语句语法格式如下:

INSERT INTO <object> [ ( column_list ) ]

VALUES ( value_list )[ , ( value_list )…]

【例 3.16】　在 Student 表中插入三个元组。

INSERT INTO Student(Sno, Sname, Ssex, Sbirthday, Sdept)

VALUES(' 201818104 ', '钱壮壮', '男', ' 2001-1-14 ', '大数据'), (' 201818153 ', '陈东与', '男', ' 2001-11-08 ', '会计学'), (' 201818133 ', '任雾', '女', ' 2001-08-14 ', '艺术学');

(3)插入子查询结果

子查询不仅可以嵌套在 SELECT 语句中用以构造父查询的条件,也可以嵌套在 INSERT 语句中用以生成要插入的批量数据。其基本格式如下:

INSERT INTO <object> [ ( column_list ) ]

<subquery> [ ; ]

说明:

➤　<object>同插入一个元组的 INSERT 语句中的<object>;

➤　subquery:子查询。如果 column_list 省略,则子查询所得到的数据列必须和要插入数据的基本表的数据列完全一致。如果 column_list 给出,则子查询结果与其要一一对应。

【例 3.17】　如果已建有课程平均分表 Course_Avg(Cno, AvgGrade),其中 Cno 为课程号,AvgGrade 为每门课程的平均分,假设该表现在是空表。现向 Course_Avg 表中插入每门课程的平均分信息。

INSERT INTO Course_Avg(Cno, AvgGrade)

SELECT Cno, AVG(Grade)

FROM SC

GROUP BY Cno ;

执行该语句时,首先从 SC 表中查询每门课程的课程号及平均成绩,然后将查询结果插入到 Course_Avg 表中。

在向表中添加记录时,无论使用"对象资源管理器",还是使用 INSERT 语句,都应注意以下几个问题:

①表中数据的类型、长度、是否允许为空等属性必须与定义表结构时一致。如:Student 表的 Sbirthday 列是 datetime 类型,应按如"2000-02-06"的格式输入,这样系统才会接受,否则将出现"类型不一致"的提示;

②Course 表的 Cno 列长度是 4 个字节,如果输入超过此长度,如"00000000001",则会出现"与此值列的长度不一致"的提示;

③Course 表中的 Cpno 列允许为空,则可以不输入数据,有些不允许为空的列则必须输入数据;

④主键列的数据不能有重复。如:Ctudent 表的 Sno 列为主键,各记录中的 Sno 不能有重复数据,否则会出现"违反了 PRIMARY KEY 约束"的提示;

⑤SC 表的 Sno 列和 Cno 列一起作为联合主键,各记录中的这两列不能同时相同,但可以一列相同、一列不同;

⑥某些列要遵守其约束的规定。如:SC 表的 Grade 列要遵守 CHECK 约束,即该列的数值必须大于 0,否则将会出现"违反了 CHECK 约束"的提示;

⑦外键列中的数据必须是其参照表(参照列)中已有的数据,因此插入数据时,应先输入其参照表的数据。如:SC 表的 Sno 列、Cno 列是外键,参照表(参照列)分别是 Student 表的 Sno 列和 Course 表的 Cno 列。SC 表的 Sno 列中的数据必须是 Student 表的 Sno 列中已有的数据,Cno 列中的数据必须是 Course 表的 Cno 列中已有的数据。如果输入其他数据,将会出现"FOREIGN KEY 约束冲突"的提示,因此,在这 3 个表中输入数据时,应先输入 Student 表和 Course 表的数据,再输入 SC 表的数据;

⑧ 在 INSERT 语句中使用 SELECT 时,引用的表既可以是相同的,也可以是不同的;要插入数据的表必须已经存在;要插入数据的表必须和 SELECT 语句的结果集兼容,兼容的含义是列的数量和顺序必须相同、列的数据类型兼容等。

### 3.3.3 修改数据

如果需要修改整个表的某些属性列的值,或者是符合条件的某些元组的某些属性列的值,可以使用 UPDATE 语句,其基本格式如下:

UPDATE <object>

SET { column_name = expression } [ ,...n ]

[ WHERE search_condition ] [ ; ]

说明:

➤ <object>同 INSERT 语句中的<object>;

➢ column_name：指定要修改的属性列名；

➢ expression：返回单个值的变量、文字值、表达式或嵌套 SELECT 语句（加括号）。expression返回的值替换 column_name 的现有值；

➢ 如果省略 WHERE 子句，则表示要修改表中的所有元组。

【例 3.18】 将所有的成绩增加 5 分。

UPDATE SC

SET Grade = Grade + 5 ;

由于省略了 WHERE 子句，则 SC 表中的所有记录都将被修改。

【例 3.19】 将选修了"C001"课程的成绩增加 5 分。

UPDATE SC

SET Grade = Grade + 5

WHERE Cno = 'C001' ;

【例 3.20】 将选修了"数据库"课程的全体学生的成绩置零。

UPDATE SC

SET Grade = 0

WHERE Cno =（SELECT Cno

FROM Course

WHERE Cname = '数据库'）；

子查询也可以嵌套在 UPDATE 语句的 WHERE 子句中，用于构造修改的条件。

### 3.3.4 删除数据

当表中某些数据不再需要时，可以使用 DELETE 语句进行删除，其基本格式如下：

DELETE FROM <object>

[ WHERE search_condition ] [ ; ]

说明：

➢ <object>同 INSERT 语句中的<object>；

➢ 如果省略 WHERE 子句，则将删除表中全部元组，但表的定义仍在字典中，即 DELETE 语句删除的是表中的数据，而不是关于表的定义。

【例 3.21】 删除 SC 表中的所有选课记录。

DELETE FROM SC;

由于省略了 WHERE 子句，则 SC 表中的所有记录都将被删除，但表结构还在。

【例 3.22】 删除 SC 表中学号为"201818101"的选课记录。

DELETE FROM SC

WHERE Sno = '201818101' ;

【例 3.23】 删除 SC 表中"计算机"学院的所有学生的选课记录。

DELETE FROM SC

WHERE Sno IN

（SELECT Sno

FROM Student

WHERE Sdept = '计算机'）；

子查询也可以嵌套在 DELETE 语句的 WHERE 子句中，用于构造删除的条件。

用户要注意区分 DELETE 语句和 DROP 语句，二者的区别如下：

➤ DELETE 是数据操纵语句，只是删除表中的相关记录，表的结构、表上建立的约束、索引等数据库对象仍在，并没有被删除。

➤ DROP 是数据定义语句，用来删除表的定义，当删除表定义时，所有和表有关的表的结构、表中的数据、表上建立的约束、索引等数据库对象会被一同删除。

## 3.4　数据查询

建立数据库的主要目的就是存储数据，在需要时进行检索、统计和显示输出。数据查询是数据库中最常用的操作之一，也是 SQL 语言中最重要、最丰富，也是最灵活的操作，可以使用数据查询语言（DQL）中的 SELECT 语句进行数据查询。

关系代数的运算在数据库中主要由数据查询来体现。SELECT 语句从一个或多个表或视图中检索数据，然后以数据集的形式返回给用户，此外，还可以完成数据的统计、分组和排序。

SQL Server 提供了查询编辑器，用于编辑和运行查询代码。

➤ 启动 SQL Server Management Studio。

➤ 在左边的"对象资源管理器"窗口中选中要执行查询任务的数据库，然后单击工具栏中的 新建查询(N) 按钮，打开查询编辑器。

➤ 在查询编辑器中输入完整的查询代码，单击工具栏上的 ✔ 按钮，进行语法分析。有语法错误时，需根据提示修改语法错误；没有语法错误时，单击工具栏上的 ! 执行(X) ▶ ■ ✔ 按钮，查询结果会在查询编辑器下面的窗格中显示，如图 3-21 所示。

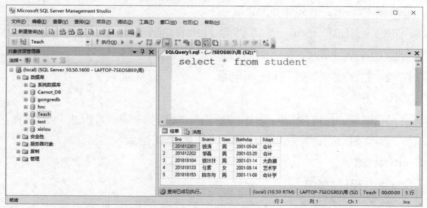

图 3-21　查询编辑器

SELECT 语句的基本格式如下：

SELECT select_list ［ INTO new_table ］

FROM table_source

［ WHERE search_condition ］

［ GROUP BY group_by_ expression ］

［ HAVING search_condition ］

［ ORDER BY order_by_expression ［ ASC ｜ DESC ］ ］

［ ； ］

说明：

➤ SELECT 子句：指定查询返回的列，select_list 是以逗号分隔的一系列表达式；

➤ INTO 子句：可选项，在默认文件组中创建一个新表，并将来自查询的结果行插入该表中；

➤ FROM 子句：指定需要进行查询的数据源，table_source 可以为表、视图、表变量或派生表（有无别名均可）；

➤ WHERE 子句：可选项，指定查询返回的行的搜索条件，search_condition 用于定义要返回的行应满足的条件；

➤ GROUP BY 子句：可选项，将查询结果按照指定列进行分组；

➤ HAVING：可选项，指定组或聚合的搜索条件。HAVING 通常与 GROUP BY 子句一起使用；

➤ ORDER BY 子句：可选项，按指定的列表对查询的结果集进行排序，并有选择地将返回的行限制为指定范围。ASC 为升序，DESC 为降序，默认为 ASC。

SELECT 语句中的子句顺序非常重要，可以省略可选子句，但使用这些子句时须按适当的顺序出现。SELECT 语句的逻辑处理顺序一般如下：首先从 FROM 子句指定的关系（表、视图或派生表）中取出满足 WHERE 子句条件的元组；如果有 GROUP BY 子句，则将满足条件的元组按照指定列进行分组，指定属性列值相等的元组为一组，通常会在每组中作用聚合函数；如果有 HAVING 短语，则只有满足指定条件的组才予以输出；然后再按 SELECT 子句中的 select_list 选出元组中的属性值形成结果表；最后，如果有 ORDER BY 子句，则结果表输出时还需按 order_by_expression 排序输出。

SELECT 语句既可以完成简单的单表查询，也可以完成复杂的连接查询和嵌套查询。

### 3.4.1　单表查询

单表查询是指仅涉及一个表的查询。

（1）选择表中的若干属性列

在很多情况下，用户可能只对表中的部分属性列感兴趣，这时可以通过在 SELECT 子句的 select_list 中指定要查询的属性列。

【例 3.24】　查询所有课程的编号和名称。

SELECT Cno，Cname

FROM Course ；

可能的查询结果为：

| | Cno | Cname |
|---|---|---|
| 1 | C001 | 大学英语I |
| 2 | C002 | 大学英语II |
| 3 | C003 | 程序设计基础 |
| 4 | C004 | 数据结构 |
| 5 | C005 | 数据库 |

【例 3.25】 查询全体课程的详细记录。

SELECT *

FROM Course ;

等价于

SELECT Cno，Cname，Cpno，Ccredit

FROM Course ;

如果要将表中的所有属性列都列出来，且属性列按照定义基本表的顺序显示，则可以简单地将 select_list 指定为星号（ * ）。

【例 3.26】 查询全体学生的姓名、年龄。

SELECT Sname，YEAR( GETDATE( ) ) - YEAR( Sbirthday )，'岁'

FROM Student ;

假设当前年份为 2021 年，则可能的查询结果为：

| | Sname | (无列名) | (无列名) |
|---|---|---|---|
| 1 | 钱涛 | 20 | 岁 |
| 2 | 邹磊 | 20 | 岁 |
| 3 | 徐敏霞 | 21 | 岁 |
| 4 | 王丽丽 | 21 | 岁 |
| 5 | 刘敏 | 20 | 岁 |
| 6 | 李轩 | 21 | 岁 |
| 7 | 张博闻 | 19 | 岁 |

SELECT 子句的 select_list 不仅可以是表中的属性列，也可以是字符串常量、函数等，还可以使用算术运算符或者逻辑运算符。此外，用户还可以通过指定别名来改变查询结果的列标题，这对于含算术表达式、常量、函数名等的目标列表达式尤为有用。例如对于例 3.26 可以定义如下列别名：

SELECT Sname AS 姓名，YEAR( GETDATE( ) ) - YEAR( Sbirthday )AS 年龄，'岁' AS 岁

FROM Student ;

可能的查询结果为：

| | 姓名 | 年龄 | 岁 |
|---|---|---|---|
| 1 | 钱涛 | 20 | 岁 |
| 2 | 邹磊 | 20 | 岁 |
| 3 | 徐敏霞 | 21 | 岁 |
| 4 | 王丽丽 | 21 | 岁 |
| 5 | 刘敏 | 20 | 岁 |
| 6 | 李轩 | 21 | 岁 |
| 7 | 张博闻 | 19 | 岁 |

在某个目标列表达式后,可以使用 AS 关键字为其指定别名,AS 关键字可以省略。

【例 3.27】　查询有学生选修过的课程编号。

SELECT Cno

FROM SC ;

可能的查询结果为:

| | Cno |
|---|---|
| 1 | C001 |
| 2 | C004 |
| 3 | C001 |
| 4 | C004 |
| 5 | C002 |

该查询结果包含了重复的行,如果希望去掉重复的元组,则须指定 DISTINCT 关键字:

SELECT DISTINCT Cno

FROM SC ;

则可能的查询结果为:

| | Cno |
|---|---|
| 1 | C001 |
| 2 | C002 |
| 3 | C004 |

如果没有指定 DISTINCT,则默认为 ALL,即保留结果表中的重复元组。

(2)选择表中的若干元组

一个基本表中往往包含大量数据,可能有时需要查询表中的全部元组或部分元组。查询满足指定条件的元组可以通过 WHERE 子句实现。WHERE 子句常用的查询条件见表 3-9。

表 3-9　WHERE 子句常用的查询条件

| 查询条件 | 关键字 |
|---|---|
| 比较 | =、>、<、>=、<=、! =、<> |
| 确定范围 | BETWEEN AND、NOT BETWEEN AND |
| 确定集合 | IN、NOT IN |
| 字符匹配 | LIKE、NOT LIKE |
| 空值 | IS NULL、IS NOT NULL |
| 多重条件 | AND、OR、NOT |

【例 3.28】　查询"计算机"学院所有学生的姓名。

SELECT Sname

FROM Student

WHERE Sdept = '计算机';

关系数据库管理系统执行该查询的执行过程是:对 Student 表进行全表扫描,依次取出每一个元组,检查该元组在 Sdept 上的值是否等于"计算机",如果相等,则取出 Sname 列的值形成一个新的元组添加到结果关系中,最后输出结果关系。

如果 Student 表中的记录比较多,且已经在 Student 表的 Sdept 属性列上建立了索引的话,系统会利用该索引找出 Sdept 属性列上取值为"计算机"的元组,从中取出 Sname 值形成结果关系。

【例 3.29】 查询成绩为 80~90 分(包括 80 和 90)的学号。

SELECT DISTINCT Sno

FROM SC

WHERE Grade BETWEEN 80 AND 90 ;

注意:BETWEEN AND 前可以加关键字 NOT,表示指定范围之外的值。

【例 3.30】 查询"会计""计算机""金融"学院的学生姓名。

SELECT Sname

FROM Student

WHERE Sdept IN ('会计', '计算机', '金融');

除了可以用"=""!=、<>"实现字符串的精确匹配,实现精确查询以外,在很多情况下,要执行模糊查询的任务,比如不知道学生的全名,只知道学生姓"王"。这种情况下,关键字 LIKE 可以用来进行字符串的模糊匹配,其基本格式如下:

[ NOT ] LIKE '匹配串' [ ESCAPE '换码字符' ]

其含义是查找指定的属性列值与"匹配串"相匹配的元组。"匹配串"可以是一个完整的字符串,也可以包含通配符:百分号(%)和下画线(_):

➤ 百分号(%):代表任意长度(长度可以为 0)的字符串。例如"a%b"表示以 a 开头、以 b 结尾的任意长度的字符串。如 ab、acb、acccb 等都满足该匹配串;

➤ 下画线(_):代表任意单个字符。

如果用户要查询的字符串本身就含有通配符"%"或"_",这时就要使用:ESCAPE '换码字符' 短语对通配符进行转义了。

【例 3.31】 查询所有姓"张"的学生的姓名和性别。

SELECT Sname , Ssex

FROM Student

WHERE Sname like '张%' ;

注意:该例中的 like 执行了模糊查询,此处的 like 不能用"="代替。

【例 3.32】 查询以"DB_"开头,且倒数第 3 个字符为"i"的课程的详细情况。

SELECT *

FROM Course

WHERE Cname LIKE ' DB\_%i__' ESCAPE '\' ;

注意:这里的匹配串为"DB\_%i__"。ESCAPE '\'表示"\"为换码字符。匹配串中紧跟在换码字符"\"后面的字符"_"不再具有通配符的含义,而是转为普通的"_"字符。而"i"后面两个"_"的前面均没有换码字符"\",所以它们仍作为通配符。

【例 3.33】　查询没有选修课的课程编号和名称。

SELECT Cno, Cname

FROM Course

WHERE Cpno IS NULL ;　　　　／＊选修课编号 Cpno 是空值＊／

注意:创建基本表时,可以指定某属性列是否可以取 NULL(空值)。NULL 一般表示数据未知、不适用或将在以后添加,可以使用 IS NULL 或 IS NOT NULL 判断某属性列取值是否为 NULL,IS 不能用"="替换。

【例 3.34】　查询选修了课程号为"C001"且成绩大于等于 60 分的学号。

SELECT Sno

FROM SC

WHERE Cno = 'C001' AND Grade >= 60 ;

注意:逻辑运算符 AND 和 OR 可以用来连接多个查询条件。AND 的优先级高于 OR。

例 3.30 也可以使用下述语句实现:

SELECT Sname

FROM Student

WHERE Sdept = '会计' OR Sdept = '计算机' OR Sdept = '金融';

(3)排序查询

用户可以使用 ORDER BY 子句对查询结果按照一个或多个属性列的升序(ASC)或降序(DESC)排序,默认为 ASC。

【例 3.35】　查询选修了"C001"课程的学号及成绩,查询结果按成绩的降序排序。

SELECT Sno, Grade

FROM SC

WHERE Cno = 'C001'

ORDER BY Grade DESC ;

由于 Grade 是 select_list 中的第二个目标列表达式,因此 ORDER BY 后的 Grade 可以用其在 select_list 中的序号"2"代替,上述语句可以更改为:

SELECT Sno, Grade

FROM SC

WHERE Cno = 'C001'

ORDER BY 2 DESC ;

【例 3.36】　查询选修了"C001"课程,且排名在前 10 的学生的学号及成绩。

SELECT TOP 10 Sno, Grade

FROM SC

WHERE Cno = 'C001'

ORDER BY Grade DESC ;

注意:在 SELECT 语句中使用 TOP n,可以指定只从查询结果集中输出前 n 行;如果使用 TOP n PERCENT,则只从结果集中输出前百分之 n 行。

(4)聚合函数

为了进一步方便用户,增强查询功能,SQL 提供了许多聚合函数,可以对获取的数据进行分析和报告。常用的聚合函数见表 3-10。

表 3-10　常用的聚合函数

| 函数 | 功能 |
| --- | --- |
| COUNT( * ) | 统计元组个数 |
| COUNT([ DISTINCT ∣ ALL ]列名) | 统计某一列中值的个数 |
| SUM([ DISTINCT ∣ ALL ]列名) | 计算一列值的总和(此列必须是数值型) |
| AVG([ DISTINCT ∣ ALL ]列名) | 计算一列值中的平均值(此列必须是数值型) |
| MAX([ DISTINCT ∣ ALL ]列名) | 求一列值中的最大值 |
| MIN([ DISTINCT ∣ ALL ]列名) | 求一列值中的最小值 |

如果指定了 DISTINCT 关键字,则表示在计算时要取消指定属性列中的重复值。如果不指定 DISTINCT 关键字或指定 ALL 关键字(ALL 为默认值),则表示不取消重复值。

注意:WHERE 子句中是不能使用聚合函数作为条件表达式的。聚合函数可以用于 SELECT 子句和 HAVING 子句。

【例 3.37】　查询选修了课程的学生人数。

SELECT COUNT( DISTINCT Sno) AS 选课人数

FROM SC ;

学生每选修一门课程,在 SC 表中都有一条相应的记录。一个学生可以选修多门课程,为避免重复计算学生人数,需在 COUNT 函数中用 DISTINCT 短语。

【例 3.38】　计算选修"C001"课程的最高分、最低分和平均分。

SELECT MAX( Grade) AS 最高分, MIN( Grade) AS 最低分, AVG( Grade) AS 平均分

FROM SC

WHERE Cno = ' C001 ' ;

(5)分组查询

分组查询是对数据按照一个或多个属性列进行分组。SELECT 语句中可以使用 GROUP BY 子句将查询结果进行分组,值相等的为一组。对查询结果分组是为了细化聚合函数的作用对象。分组后聚合函数将作用于每一个组,即每一组都会返回一个函数值。

【例 3.39】　查询每门课程的课程号及该课程的最高分、最低分。

SELECT Cno AS 课程号, MAX( Grade) AS 最高分, MIN( Grade) AS 最低分

FROM SC

GROUP BY Cno ;

该语句对查询结果按 Cno 的值分组,所有具有相同 Cno 值的元组为一组,然后对每一个

组作用聚合函数 MAX 和 MIN 进行计算,以求得该组的最高分和最低分。使用了 GROUP BY 子句后,SELECT 子句中只允许出现聚合函数及作为分组依据的各属性列。

可能的查询结果为:

| | 课程号 | 最高分 | 最低分 |
|---|---|---|---|
| 1 | C001 | 88 | 75 |
| 2 | C002 | 63 | 63 |
| 3 | C004 | 90 | 70 |

【例 3.40】　查询学院人数超过 100 人的学院名称及人数。

SELECT Sdept AS 学院, COUNT( * )AS 人数

FROM Student

GROUP BY Sdept

HAVING COUNT( * )> 100 ;

这里先用 GROUP BY 子句按 Sdept 进行分组,再用聚合函数 COUNT 对每一组计数;HAVING 短语给出了筛选组的条件,只有满足条件( 即元组个数 > 100,表示此学院的人数超过 100 人)的组及人数才会被列出来。

【例 3.41】　查询最低分大于等于 85 分的学生学号。

SELECT Sno

FROM SC

GROUP BY Sno

HAVING MIN( Grade)>= 85 ;

因为 WHERE 子句中不能使用聚合函数作为条件表达式,所以不能使用下面的语句:

SELECT Sno

FROM SC

WHERER MIN( Grade)>= 85

GROUP BY Sno ;

【例 3.42】　查询每个学院男女生的人数,并显示学院名称及男女生人数。

SELECT Sdept 学院名称, Ssex 性别, COUNT( * )人数

FROM Student

GROUP BY Sdept, Ssex ;

作为分组的属性列可以有多个,本例首先按 Sdept 分组,Sdept 取值相同的元组分为一组,然后对分得的每一组再按 Ssex 分组,即学院名称 Sdept 相同的为一大组,每一大组再按性别 Ssex 分为若干小组,最后 COUNT 聚合函数作用于最小的组。

【例 3.43】　查询不及格的课程数量在 3 门及以上的学生学号及不及格课程数,查询结果按学号升序排序。

SELECT Sno AS 学号, COUNT( * )AS 不及格课程数

FROM SC

WHERE Grade < 60

GROUP BY Sno

HAVING COUNT( * )>= 3

ORDER BY Sno ASC ；

其执行过程是：从 FROM 子句指定的 SC 表中，筛选满足 WHERE 子句的元组，然后将元组按 Sno 分组，对于分得的每组应用 COUNT 聚合函数，只有满足 HAVING 短语的组中取 Sno 及 COUNT 函数值输出，输出时按 ORDER BY 子句中的属性列 Sno 的升序输出。

注意：WHERE 子句与 HAVING 短语的区别在于作用对象不同。WHERE 子句作用于基本表或视图，从中选择满足条件的元组；HAVING 短语作用于组，从中选择满足条件的组。

（6）将查询结果生成一个新表

可以使用 INTO 子句将查询结果生成一个新表或存放在一个临时表中。如果要将查询结果存放在临时表中，则临时表名需以"#"为前缀。

【例 3.44】 查询学生表中"计算机"学院的学生信息，并将结果保存到表 Jsj 中。

SELECT * INTO Jsj

FROM Student

WHERE Sdept = '计算机' ；

【例 3.45】 查询学生表中女生的信息并保存到临时表 Temp 中。

SELECT * INTO #Temp

FROM Student

WHERE Ssex = '女' ；

### 3.4.2 连接查询

在通常的查询任务中，用户检索的数据可能不是来源于一个表，例如某用户想要获取某个学生的姓名、课程名以及各科成绩，姓名信息来源于 Student 表，课程名信息来源于 Course 表，而成绩信息来源于 SC 表，这就涉及多个表的连接查询。

#### 1）连接查询概述

连接查询是指通过两个或两个以上的表的连接操作来实现的查询。通常情况下，在进行连接查询时，需要指定连接条件，用来连接两个或多个表的条件称为连接条件或连接谓词。通过连接查询，可以从两个或多个表中根据各个表之间的逻辑关系来检索数据。连接查询是关系数据库中最主要的查询，主要包括内部连接、外部连接和交叉连接。

连接查询的语法可以在 WHERE 或 FROM 子句中指定连接条件，因此连接查询的语法格式包括以下两种：

①在 WHERE 子句中指定连接条件的基本格式为：

[ <first_table>.] <column_name> <比较运算符> [ <seconde_table>.] <column_name>

说明：

➢ 比较运算符主要有：= 、>、<、>= 、<= 、! = 、<>等；

➢ 各连接属性列的数据类型必须是可比的,但名字不必相同；

②在 FROM 子句中指定连接条件的基本格式为：

FROM first_table <join_type> second_table ［　ON ［（　［join_conditon ］）］　］

说明：

➢　join_type：指定执行的连接类型，内部连接：［　INNER　］ JOIN；左外连接：LEFT ［
OUTER　］ JOIN；右外连接：RIGHT ［　OUTER　］ JOIN；完全外部连接：FULL ［　OUTER］ JOIN；交
叉连接：CROSS JOIN；

➢　join_conditon：连接条件。

这两种不同格式的查询效率是一样的，SQL Server 会给出相同的查询计划。

2）内部连接

内部连接是指根据连接条件对两个或多个表的连接属性列进行比较，将符合连接条件的
记录连接起来的一种连接形式。内部连接一般分为等值连接、非等值连接、自身连接等。

（1）等值连接

连接运算符为"＝"时，称为等值连接。

【例 3.46】　查询每个学生及其选修课程的情况，需列出：学号、姓名、课程号、成绩。

SELECT Student.Sno 学号，Sname 姓名，Cno 课程号，Grade 成绩

FROM Student，SC

WHERE Student.Sno ＝ SC.Sno ；

或

SELECT Student.Sno 学号，Sname 姓名，Cno 课程号，Grade 成绩

FROM Student INNER JOIN SC ON Student.Sno ＝ SC.Sno ；

本例中，SELECT 子句和 WHERE 子句中的 Sno 属性名前面加上了表名前缀，这是为了避
免混淆。如果属性名在参加连接的各表中是唯一的，则可以省略表名前缀。

关系数据库管理系统执行连接操作的过程是：首先在 Student 中找到第一个元组，然后从
头开始扫描 SC 表，逐一查找与 Student 表第一个元组的 Sno 相等的 SC 元组，找到后就将
Student 表中的第一个元组与该元组拼接起来，形成结果关系中一个元组。SC 表全部查找完
后，再找 Student 表中第二个元组，然后再从头开始扫描 SC，逐一查找满足连接条件的元组，找
到后就将 Student 表中的第二个元组与该元组拼接起来，形成结果表中一个元组。重复上述
操作，直到 Student 中的全部元组都处理完毕为止。这就是嵌套循环连接算法的基本思想。

如果在 SC 表 Sno 上建立了索引的话，就不用每次全表扫描 SC 表了，而是根据 Sno 值通
过索引找到相应的 SC 元组。用索引查询 SC 中满足条件的元组会比全表扫描快。

【例 3.47】　查询每个学生的姓名、选修的课程名及成绩。

SELECT Sname 姓名，Cname 课程名，Grade 成绩

FROM Student，SC，Course

WHERE Student.Sno ＝ SC.Sno AND SC.Cno ＝ Course.Cno ；

连接操作除了可以是两表连接、一个表与其自身连接外，还可以是两个以上的表进行连
接，一般称为多表连接。执行多表连接时，通常是先进行两个表的连接操作，再将其连接结果
与第三个表进行连接。本例的执行方式：先将 Student 与 SC 表进行连接，得到每个学生的学
号、姓名、性别、出生日期、所在院系、所选课程号和相应的成绩，然后再将其与 Course 表进行

连接,得到最终结果。

(2)自身连接

如果在一个连接查询中,涉及的两个表都是同一个表,这种查询称为表的自身连接。表的自身连接是一种特殊的内部连接,它是指相互连接的表在物理上为同一个表,但在逻辑上是两个表。使用表的自身连接时,需要给表起别名以示区别,且由于所有属性名都是同名属性,因此属性名前必须使用别名前缀。

【例 3.48】 查询每门课程的间接选修课(即选修课的选修课)。

SELECT FIRST.Cno 课程号, SECOND.Cpno 间接选修课号

FROM Course FIRST, Course SECOND

WHERE FIRST.Cpno = SECOND.Cno ;

在 Course 表中只有每门课程的直接选修课信息,而没有选修课的选修课信息。要得到这个信息,必须先对一门课找到其选修课,再按此选修课的课程号查找它的选修课程。这就要将 Course 表与其自身连接。为此,要为 Course 表取两个别名,假设一个是 FIRST,另一个是 SECOND。

FIRST

| Cno | Cname | Cpno | Ccredit |
|------|---------|------|---------|
| C001 | 大学英语Ⅰ | | 3 |
| C002 | 大学英语Ⅱ | C001 | 3 |
| C003 | 程序设计基础 | | 3 |
| C004 | 数据结构 | C003 | 3 |
| C005 | 数据库 | C004 | 2 |

SECOND

| Cno | Cname | Cpno | Ccredit |
|------|---------|------|---------|
| C001 | 大学英语Ⅰ | | 3 |
| C002 | 大学英语Ⅱ | C001 | 3 |
| C003 | 程序设计基础 | | 3 |
| C004 | 数据结构 | C003 | 3 |
| C005 | 数据库 | C004 | 2 |

可能的查询结果为:

| | 课程号 | 间接先修课号 |
|---|------|--------|
| 1 | C002 | NULL |
| 2 | C004 | NULL |
| 3 | C005 | C003 |

(3)非等值连接

在连接条件中使用除"="运算符以外的其他比较运算符时,是非等值连接。

【例 3.49】 查询所有比"刘敏"年龄大的学生姓名、年龄。

SELECT X.Sname 姓名, YEAR(GETDATE( )) – YEAR(X.Sbirthday)年龄

FROM Student X, Student Y

WHERE YEAR(GETDATE( )) – YEAR(X.Sbirthday)>

        YEAR(GETDATE( )) – YEAR(Y.Sbirthday)        /*连接谓词*/

        AND     Y.Sname = '刘敏' ;        /*查找谓词*/

一条 SQL 语句可以同时完成选择和连接查询,这时 WHERE 子句是由连接谓词和查询谓

词组成的复合条件。

### 3) 外部连接

与内部连接不同,外部连接生成的结果集不仅包含符合连接条件的数据记录,还包含左表(左外连接时的表)、右表(右外连接时的表)中所有的数据记录。例如,如果想以 Student 表为主体列出每个学生的基本情况及其选课情况,即使某个学生没有选课,仍把该学生的元组保存在结果集中,而在 SC 表的属性上设为空值 NULL,这时就可以使用外部连接。

外部连接分为左外连接、右外连接和完全外部连接。

➤ LEFT OUTER JOIN(左外连接):用于显示符合条件的数据记录以及左边表中不符合条件的数据记录,此时右边数据记录会以 NULL 来显示。

➤ RIGHT OUTER JOIN(右外连接):用于显示符合条件的数据记录以及右边表中不符合条件的数据记录,此时左边数据记录会以 NULL 来显示。

➤ FULL OUTER JOIN(完全外部连接):用于显示符合条件的数据记录以及左边表和右边表中不符合条件的数据记录,此时缺乏的数据记录会以 NULL 来显示。

【例 3.50】 查询每个学生的选课情况,即使没有选修课程也需列出:学号、姓名、性别、出生日期、所在学院、课程号和成绩。

SELECT S.Sno 学号, Sname 姓名, Ssex 性别, Sbirthday 出生日期, Sdept 学院,
　　　　Cno 课程号, Grade 成绩

FROM Student S LEFT OUTER JOIN SC ON S.Sno = SC.Sno ;

或者使用右外连接实现:

SELECT S.Sno 学号, Sname 姓名, Ssex 性别, Sbirthday 出生日期, Sdept 学院,
　　　　Cno 课程号, Grade 成绩

FROM SC RIGHT OUTER JOIN Student S ON S.sno = SC.sno ;

可能的查询结果为:

| | 学号 | 姓名 | 性别 | 出生日期 | 学院 | 课程号 | 成绩 |
|---|---|---|---|---|---|---|---|
| 1 | 201812201 | 钱涛 | 男 | 2001-05-04 | 会计 | NULL | NULL |
| 2 | 201812202 | 邹磊 | 男 | 2001-03-20 | 会计 | NULL | NULL |
| 3 | 201812203 | 徐敏霞 | 女 | 2000-07-12 | 会计 | NULL | NULL |
| 4 | 201818101 | 王丽丽 | 女 | 2001-10-10 | 计算机 | C001 | 88 |
| 5 | 201818101 | 王丽丽 | 女 | 2001-10-10 | 计算机 | C003 | 90 |
| 6 | 201818101 | 王丽丽 | 女 | 2001-10-10 | 计算机 | C004 | 85 |
| 7 | 201818102 | 刘敏 | 女 | 2001-05-06 | 计算机 | C001 | 30 |

### 4) 交叉连接

交叉连接没有连接条件,对两个表做交叉连接返回两个表的笛卡尔积,结果集中的行数为两表行数的积,结果集中的列数为两个表属性列的和。交叉连接实际中很少应用,一是其结果没有实用价值,二是由于其结果集记录太多,需要花费大量的运算时间和高性能设备的支持,但它是所有连接运算的基础。

【例 3.51】 Student 表和 SC 表进行交叉连接。

SELECT S. * , SC. *

FROM Student S CROSS JOIN SC ;

假设 Student 表中有 m 个记录,SC 表中有 n 个记录,则查询结果集中将包含 m×n 个记录。

注意:CROSS JOIN 可以省略,例 3.46 也可以使用下述语句实现:

SELECT S. * , SC. *

FROM Student S, SC ;

### 3.4.3 嵌套查询

在 SQL 语言中,一个 SELECT…FROM…WHERE 语句称为一个查询块。将一个查询块嵌套在另一个查询块的 WHERE 子句或 HAVING 子句的条件中的查询称为嵌套查询。嵌套查询也是涉及多表的查询,其中外层查询称为父查询,内层查询称为子查询。在子查询中还可以嵌套其他子查询,即允许多层嵌套查询。注意:子查询中不允许使用 ORDER BY 子句。

嵌套查询使用户可以用多个简单查询构造复杂的查询,从而增强 SQL 的功能。

#### 1)单值嵌套查询

单值嵌套查询就是通过子查询返回一个单一的值。当子查询返回的是单值时,可以使用比较运算符(>、<、=、<=、>=、!=或<>等)将父查询的属性与该子查询的结果连接起来参与表达式的相关运算。

【例 3.52】 查询与刘敏在同一个学院的学生姓名、性别、出生日期。

先分步来完成此查询,然后再构造嵌套查询。

①确定"刘敏"所在学院。

SELECT Sdept

FROM Student

WHERE Sname = '刘敏' ;

假设查询结果为"计算机"。

②查找所有在"计算机"学院的学生姓名、性别、出生日期。

SELECT Sname NAME, Ssex SEX, Sbirthday BIRTHDAY

FROM Student

WHERE Sdept = '计算机' ;

可能的查询结果为:

| | NAME | SEX | BIRTHDAY |
|---|---|---|---|
| 1 | 王丽丽 | 女 | 2000-10-01 |
| 2 | 刘敏 | 女 | 2001-05-06 |
| 3 | 李轩 | 男 | 2000-06-01 |
| 4 | 张博闻 | 男 | 2002-11-23 |

将第一步查询嵌入到第二步查询的条件中,构造嵌套查询如下:

SELECT Sname NAME, Ssex SEX, Sbirthday BIRTHDAY

FROM Student

WHERE Sdept =

(SELECT Sdept

FROM Student

WHERE Sname = '刘敏');

本例中,子查询的查询条件不依赖于父查询,子查询可以单独运行,这样的嵌套查询称为不相关子查询。如果子查询的查询条件依赖于父查询,子查询不能单独运行,这样的嵌套查询称为相关子查询。不相关子查询的求解方法是由里向外处理,即先执行子查询,子查询的结果用于建立其父查询的查找条件。

实现同一个查询请求可以有多种方法,例如,本例中的查询也可以用表的自身连接来完成:

SELECT S2.Sname NAME, S2.Ssex SEX, S2.Sbirthday BIRTHDAY

FROM Student S1, Student S2

WHERE S1.Sname = '刘敏' AND S2.Sdept = S1.Sdept ;

【例 3.53】　找出每个学生大于等于他自己所选课程平均成绩的学号、课程号。

SELECT Sno, Cno

FROM SC X

WHERE Grade >=

　　　　( SELECT AVG( Grade )

　　　　FROM SC Y

　　　　WHERE Y.Sno = X.Sno )

X 是 SC 的别名,内层查询是求一个学生所有选修课程平均成绩,至于是哪个学生的平均成绩,要看参数 X.Sno 的值,而该值是与父查询相关的,因此这类查询称为相关子查询。

这个语句的执行过程采用下述步骤:

①从外层查询中取出 SC 一个元组,将该元组的 Sno 值(不妨假设为"201818101")传送给内层查询:

SELECT AVG( Grade )

FROM SC Y

WHERE Y.sno = ' 201818101 ' ;

②执行内层查询,假设得到值 82,用该值代替内层查询,得到外层查询:

SELECT Sno, Cno

FROM SC X

WHERE Grade >= 82

③执行这个查询,可能得到(201818101,C004)。

然后外层查询取出下一个元组重复做上述步骤的处理,直到外层的 SC 中的所有元组全部处理完毕。

#### 2) 多值嵌套查询

如果子查询返回的结果是若干元组的集合,这样的嵌套查询称为多值嵌套查询。多值嵌套查询经常使用 IN、ANY、ALL、SOME 等关键字。

（1）使用 IN 关键字

【例 3.54】 查询计算机学院中选修了课程的学号。

SELECT DISTINCT Sno

FROM SC

WHERE Sno IN

（SELECT Sno

FROM Student

WHERE Sdept = '计算机'）；

由于本例中子查询的查询条件不依赖于父查询，所以是不相关子查询，且子查询返回的是多个 Sno 值，因此该子查询的前面不能用等号（=）。

（2）使用 ANY、ALL 和 SOME 关键字

ANY、ALL 和 SOME 关键字必须与比较运算符同时使用，其基本语法格式如下：

scalar_expression ｛ = ｜ <> ｜ ! = ｜ > ｜ >= ｜ < ｜ <= ｜ !> ｜ !< ｝ ｛ ANY ｜ ALL ｜ SOME ｝（ subquery ）

说明：

➢ scalar_expression：任意有效的表达式；

➢ SOME 和 ANY 是等效的；

➢ subquery：包含某属性列结果集的子查询，所返回属性列的数据类型必须是与 scalar_expression 相同的数据类型；子查询需用括号括起来。

ANY 和 ALL 关键字的用法和功能见表 3-11。

表 3-11 ANY 和 ALL 关键字的用法和功能

| 用法 | 功能 |
| --- | --- |
| > ANY 或 >= ANY | 大于或大于等于子查询结果中的某个值 |
| > ALL 或 >= ALL | 大于或大于等于子查询结果中的所有值 |
| < ANY 或 <= ANY | 小于或小于等于子查询结果中的某个值 |
| < ALL 或 <= ALL | 小于或小于等于子查询结果中的所有值 |
| = ANY | 等于子查询结果中的某个值 |
| != ALL 或 <> ALL | 不等于子查询结果中的任何一个值 |

【例 3.55】 查询非计算机学院中比计算机学院所有学生年龄都小的学生姓名和年龄。

SELECT Sname NAME , YEAR（GETDATE（））- YEAR（Sbirthday）AGE

FROM Student

WHERE YEAR（GETDATE（））- YEAR（Sbirthday）< ALL

（SELECT YEAR（GETDATE（））- YEAR（Sbirthday）

FROM Student

WHERE Sdept = '计算机'）

AND Sdept != '计算机'；　　　/∗注意:这是父查询中的条件∗/

本例也可以用聚合函数来实现,首先用子查询找出计算机学院中的最小年龄(不妨假设为 19),然后在父查询中查找所有非计算机学院且年龄小于 19 岁的学生,语句如下:

SELECT Sname NAME, YEAR(GETDATE())－YEAR(Sbirthday) AGE

FROM Student

WHERE YEAR(GETDATE())－YEAR(Sbirthday)<

　　　　(SELECT MIN(YEAR(GETDATE())－YEAR(Sbirthday))

　　　　FROM Student

　　　　WHERE Sdept = '计算机')

AND Sdept != '计算机'；　　　/∗注意:这是父查询中的条件∗/

事实上,用聚合函数实现子查询通常比直接用 ANY 或 ALL 查询效率高。ANY、ALL 与聚合函数的对应关系见表 3-12。

表 3-12　ANY、ALL 与聚合函数的对应关系

|  | = | <> 或 != | < | <= | > | >= |
|---|---|---|---|---|---|---|
| ANY | IN | -- | < MAX | <= MAX | > MIN | >= MIN |
| ALL | -- | NOT IN | < MIN | <= MIN | > MAX | >= MAX |

### 3) 带有 EXISTS 关键字的子查询

EXISTS 代表存在量词,带有 EXISTS 关键字的子查询不返回任何数据,只产生逻辑真值 TRUE 或逻辑假值 FALSE。EXISTS 关键字后是一个子查询,如果子查询至少返回一行,则 EXISTS 表达式返回逻辑真值,否则返回逻辑假值。因为带 EXISTS 的子查询只返回逻辑真值或逻辑假值,给出列名无实际意义,所以由 EXISTS 引出的子查询,其目标列表达式通常都使用星号(∗)来代替。

【例 3.56】　查询所有选修了"C001"课程的学生姓名。

SELECT Sname

FROM Student

WHERE EXISTS

　　　　(SELECT ∗

　　　　FROM SC

　　　　WHERE Sno = Student.Sno AND Cno = 'C001');

一般情况下,带有 EXISTS 关键字的嵌套查询往往都是相关子查询,因为在内层查询的查询条件中大多会使用外层查询表中的元组的属性值,本例就是一个相关子查询,其内层查询的查询条件中使用了外层查询表 Student 中的元组的 Sno 值。

【例 3.57】　查询没有选修"C001"课程的学生姓名。

SELECT Sname

FROM Student

```
WHERE NOT EXISTS
            (SELECT *
            FROM SC
            WHERE Sno = Student.Sno AND Cno = 'C001');
```

EXISTS 前可以加关键字 NOT。NOT EXISTS 与 EXISTS 使用方法相同,返回的结果正好相反。如果子查询没有返回任何行,则 NOT EXISTS 表达式返回逻辑真值,否则返回逻辑假值。

**【例 3.58】** 查询没有选修课程的女生姓名。

```
SELECT Sname
FROM Student S
WHERE Ssex = '女' AND NOT EXISTS
            (SELECT *
            FROM SC
            WHERES.Sno = SC.Sno);
```

EXISTS 关键字可以和条件表达式一起使用。

**【例 3.59】** 查询选修了全部课程的学生姓名。

```
SELECT Sname
FROM Student S
WHERE NOT EXISTS
        (SELECT *
        FROM Course C
        WHERE NOT EXISTS
            (SELECT *
            FROM SC
            WHERE Sno = S.Sno AND Cno = C.Cno));
```

由于带 EXISTS 谓词的相关子查询只关心内层查询是否有返回值,并不需要查询的具体值,因此其效率并不一定低于不相关子查询,有时是高效的方法。

### 3.4.4 集合查询

SELECT 语句的查询结果是元组的集合,所以多个 SELECT 语句的查询结果可以进行集合操作。集合操作主要包括 UNION(并操作)、INTERSECT(交操作)和 EXCEPT(差操作),其基本格式如下:

<query_expression> UNION [ ALL ] | EXCEPT |INTERSECT <query_expression>

说明:

➤ query_expression:查询表达式;

➤ UNION [ ALL ]:指定合并多个结果集并将其作为单个结果集返回。ALL:将全部行都纳入结果集,包括重复行。如果未指定 ALL,则删除重复行;

&gt;　EXCEPT:返回由 EXCEPT 运算符左侧的查询返回的所有非重复值。返回这些值的前提是右侧查询不返回这些值;

&gt;　INTERSECT:返回由 INTERSECT 运算符左侧和右侧的查询都返回的所有非重复值。

(1)UNION(并操作)

【例 3.60】　查询选修了课程"C001"或者选修了课程"C002"的学号。

SELECT Sno FROM SC WHERE Cno = ' C001 '

UNION

SELECT Sno FROM SC WHERE Cno = ' C002 ' ;

该查询要求也可以使用下述语句:

SELECT Sno

FROM SC

WHERE Cno = ' C001 ' OR Cno = ' C002 ' ;

(2)INTERSECT(交操作)

【例 3.61】　查询既选修了课程"C001"又选修了课程"C002"的学号。

SELECT Sno FROM SC WHERE Cno = ' C001 '

INTERSECT

SELECT Sno FROM SC WHERE Cno = ' C002 ' ;

该查询要求也可以使用下述语句:

SELECT Sno

FROM SC

WHERE Cno = ' C001 ' AND Sno IN

　　　　　　　　　( SELECT Sno

　　　　　　　　　FROM SC

　　　　　　　　　WHERE Cno = ' C002 ') ;

(3)差操作 EXCEPT

【例 3.62】　查询选修课程了"C001"但没有选修课程"C002"的学号。

SELECT Sno FROM SC WHERE Cno = ' C001 '

EXCEPT

SELECT Sno FROM SC WHERE Cno = ' C002 ' ;

该查询要求也可以使用下述语句:

SELECT Sno

FROM SC

WHERE Cno = ' C001 ' AND Sno NOT IN

　　　　　　　　　( SELECT Sno

　　　　　　　　　FROM SC

　　　　　　　　　WHERE Cno = ' C002 ') ;

### 3.4.5 基于派生表的查询

子查询不仅可以出现在 WHERE 子句中,还可以出现在 FROM 子句中,这时子查询生成的临时派生表成为主查询的查询对象。

**【例 3.63】** 找出每个学生大于等于他自己选修课程平均成绩的课程号、成绩及该生的平均分。

SELECT SC.Sno 学号, Cno 课程号, Grade 成绩, Avg_Grade 平均分

FROM SC, (SELECT Sno, AVG(Grade)FROM SC GROUP BY Sno)

　　　　AS Avg_SC(Sno, Avg_Grade)

WHERE SC.Sno = Avg_SC.Sno AND Grade >= Avg_Grade ;

注意:如果子查询中没有聚合函数,派生表可以不指定属性列,子查询 SELECT 子句中的属性列名为其缺省属性。通过 FROM 子句生成派生表时,须为派生表指定一个表别名,表别名前面的 AS 关键字可以省略。

# 3.5 视 图

### 3.5.1 视图概述

**1)视图的概念**

视图(View)是一种常用的数据库对象,是从基本表或视图导出的虚表。数据库中只存放视图的定义,不存放视图对应的数据,这些数据仍存放在原来的基本表中。所以一旦基本表中的数据发生改变,从视图中查询出的数据也就随之改变了。从这个意义上讲,视图就像一个窗口,通过它可以看到数据库中用户感兴趣的数据及其变化。

**2)视图的特点**

①视图是个虚表。数据库中只存放视图的定义,不存放视图对应的数据,因此从这个角度来说,视图是表的抽象和在逻辑意义上建立的一个新的关系。

②视图是个窗口。视图是从一个或多个基本表或视图中导出来的表,数据仍存放在原来的基本表中。

③视图对应于数据库系统中的外模式。从用户的角度看,视图和基本表是一样的。

④视图创建后,用户可以像基本表那样对其进行查询以及增删改操作,也可以在其基础上再定义其他视图。建立或者删除视图不会影响基本表,但对视图的增删改操作最终都会转换为对基本表的操作,会直接影响到基本表。

**3)视图的作用**

(1)视图能简化用户的操作,方便用户使用数据

视图机制使用户可以将注意力集中在所关心的数据上,如果这些数据不是直接来自基本表,则可以通过定义视图使数据库看起来结构简单、清晰。利用视图可以把对基本表(尤其是

多个基本表)的复杂连接操作隐藏起来,从而可以简化用户的操作。在设计视图时,还可对某些属性列重新命名,使用更符合用户习惯的别名,以便用户使用。

（2）视图为数据提供了一定程度的逻辑独立性

当数据库重构时,数据库的整体逻辑结构将发生改变。数据库重构往往是不可避免的,重构数据库最常见的是将一个基本表"水平"或"垂直"地分成多个基本表。这时可以通过定义一个视图将分成的多个基本表合并成为一个基本表。这样尽管数据库的逻辑结构改变了,但应用程序不必修改,因为新建立的视图定义为用户原来的关系,使用户的外模式保持不变,用户的应用程序通过视图仍然能够查找数据。注意,视图只能在一定程度上提供数据的逻辑独立性。

（3）视图有利于数据的保密,提供数据的安全性保护机制

视图使用户能从多个角度看待同一数据,可以对不同级别的用户定义不同的视图,以保证数据的安全性。通过只授予用户访问自己视图的权限,而不授予用户直接访问视图基础表的权限,这样用户就只能查询和修改他们所能见到的数据,而无法看到其他用户的数据。

### 3.5.2　定义视图

**1）创建视图**

SQL Server 提供了两种方式创建视图,一种方式是通过 SQL Server Management Studio 创建视图,另一种方式是使用 CREATE VIEW 创建视图。

（1）使用 SQL Server Management Studio 创建视图

➤　启动 SQL Server Management Studio。

➤　在左边的"对象资源管理器"窗口中展开"数据库"→"视图"节点。

➤　在"视图"节点上单击鼠标右键,在出现的快捷菜单中选择"新建视图"命令,如图3-22所示。

➤　出现"添加表"对话框,如图 3-23 所示,在该对话框中可以按住 Ctrl 键,同时选择创建视图需要的表,单击"添加"按钮。

图 3-22　新建视图

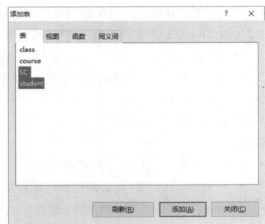

图 3-23　"添加表"对话框

➤ 出现图 3-24 所示的视图设计器界面。在该界面中有 4 个窗格,即关系图窗格、条件窗格、SQL 窗格和结果窗格。关系图窗格显示正在查询的基本表,每个矩形代表一个表,并显示可以用到的数据列,表与表之间的联系用连线表示;条件窗格显示表中的基本列,用户可以在其中设置要显示哪个表的哪些列;SQL 窗格对应系统自动生成的创建视图的语句;结果窗格显示一个网格,用来显示视图中对应的数据。

**图 3-24 "视图设计器"界面**

➤ 视图设计器设置完成后,单击工具栏上的 "验证 SQL 语句"按钮,此时系统会进行语法检查,语法检查无误后,再单击工具栏上的 "执行 SQL 语句"按钮,结果窗格中会显示该视图对应的数据。

➤ 单击工具栏上的 "保存"按钮,出现确定视图名称的对话框,输入视图名称,单击"确定"按钮,即可完成视图的创建。

➤ 在左边的"对象资源管理器"窗口中刷新,就可以看到新建的视图。

(2)使用 CREATE VIEW 语句创建视图

其基本格式如下:

CREATE VIEW[ schema_name. ] view_name [ ( column [ ,…n ] )]

AS select_statement

[ WITH CHECK OPTION ] [ ; ]

说明:

➤ schema_name:视图所属架构的名称;

➤ view_name:视图名称,必须符合标识符的规则;

➤ column:视图中的属性列使用的名称,如果未指定 column,则视图属性列将获得与 SELECT 语句中的列相同的名称;

➤ AS:指定视图要执行的操作;

➤ select_statement：定义视图的 SELECT 语句，该语句可以使用多个表和其他视图；

➤ WITH CHECK OPTION：可选项，强制针对视图执行的所有数据修改语句，都必须符合在 select_statement 中设置的条件。

【例 3.64】 建立计算机学院学生的视图 Jsj1_Student。

CREATE VIEW Jsj1_Student

AS SELECT Sno, Sname, Sbirthday, Sdept

　　FROM Student

　　WHERE Sdept = '计算机' ;

系统执行 CREATE VIEW 语句时只是把视图的定义存入数据字典，并不执行其中的 SE-LECT 语句。只有对视图进行查询、插入、修改或删除操作时，才按视图的定义从基本表中将数据查出。

【例 3.65】 建立计算机学院学生的视图 Jsj_Student，并指定 WITH CHECK OPTION 选项。

CREATE VIEW Jsj_Student

AS SELECT Sno, Sname, Sbirthday, Sdept

　　FROM Student

　　WHERE Sdept = '计算机'

WITH CHECK OPTION ;

加上 WITH CHECK OPTION 选项以后，对该视图进行插入、删除、修改操作时，系统会自动加上视图定义中的条件："Sdept = '计算机'"。

若一个视图是从单个基本表导出的，并且只是取去掉了基本表的某些行和某些列，但保留了主码，则称这类视图为行列子集视图。例 3.64 和例 3.65 中创建的视图就是行列子集视图。

【例 3.66】 基于例 3.65 中定义的视图 Jsj_Student，建立计算机学院选修了课程"C001"的学生的视图：学号、姓名、成绩。

CREATE VIEW Jsj_C001_SC(Sno, Sname, Grade)

AS SELECT S.Sno, Sname, Grade

　　FROM Jsj_Student S, SC

　　WHERE S.Sno = SC.Sno AND Cno = ' C001 ' ;

视图不仅可以建立在单个基本表上，也可以建立在多个基本表上，或者建立在一个或多个已定义好的视图上，或者建立在基本表与视图上。例 3.66 中的视图就是基于基本表和视图创建的。

【例 3.67】 定义一个反映学生年龄的视图。

CREATE VIEW Age_Student(Sno, Sname, Sage)

AS SELECT Sno, Sname, YEAR(GETDATE()) - YEAR(Sbirthday)

　　FROM Student ;

定义基本表时，为了减少数据库中的冗余数据，表中一般只存放基本数据，由基本数据经过各种计算派生出的数据一般是不存储的。由于视图中的数据并不实际存储，所以定义视图时可以根据应用的需要设置一些派生属性列。带派生属性列的视图也称为带表达式的视图。例 3.67 中的视图就是一个带表达式的视图,视图中的年龄是通过计算得到的。

【例 3.68】 将每门课程的不及格人数定义为一个视图。

CREATE VIEW Cno_NoPass( Cno, Num)

AS SELECT Cno, COUNT( * )

    FROM SC

    WHERE Grade < 60

    GROUP BY Cno ;

可以用带有聚合函数和 GROUP BY 子句的查询来定义视图,这种视图称为分组视图。例 3.68 创建的 Cno_NoPass 就是一个分组视图。由于 AS 子句中 SELECT 语句的 select_list 中的人数是通过作用聚合函数得到的,所以 CREATE VIEW 中必须明确定义组成 Cno_NoPass 视图的各个属性列名。

**2) 修改视图**

对于一个已经存在的视图,可以使用 ALTER VIEW 语句进行修改,其基本格式如下:

ALTER VIEW [ schema_name.] view_name [ ( column [ ,...n ] ) ]

AS select_statement

[ WITH CHECK OPTION ] [ ; ]

说明:各参数与 CREATE VIEW 语句中的参数含义相同。

**3) 删除视图**

删除视图即删除视图的定义,可以使用 DROP VIEW 语句,其基本格式如下:

DROP VIEW [ schema_name.] view_name [ ,...n ] [ ; ]

【例 3.69】 删除例 3.67 和例 3.68 中创建的视图 Age_Student 和 Cno_NoPass。

DROP VIEW Age_Student, Cno_NoPass ;

### 3.5.3　查询视图

视图定义后,用户就可以像对基本表一样对视图进行查询操作了。

【例 3.70】 在例 3.65 中建立的 Jsj_Student 视图中查找年龄小于 20 岁的学生。

SELECT Sno SNO, Sname SNAME, YEAR( GETDATE( ) ) - YEAR( Sbirthday) AGE

FROM Jsj_Student

WHERE YEAR( GETDATE( ) ) - YEAR( Sbirthday) < 20 ;

系统执行对视图的查询时,首先进行有效性检查,检查查询中涉及的表、视图是否存在。如果存在,则从数据字典中取出视图的定义,把定义中的子查询和用户的查询结合起来,转换成等价的对基本表的查询,然后再执行修正了的查询。这一转换过程称为视图消解。例 3.70 转换后的查询语句为:

SELECT Sno SNO, Sname SNAME, YEAR( GETDATE( ) ) - YEAR( Sbirthday) AGE

FROM Student

WHERE Sdept = '计算机' AND YEAR( GETDATE( ) ) - YEAR( Sbirthday) < 20 ;

### 3.5.4　更新视图

更新视图是指通过视图来插入、删除和修改数据。和查询视图一样,由于视图是不实际存储数据的虚表,因此对视图的更新也是通过视图消解,最终要转换为对基本表的更新。

为防止用户通过视图对数据进行插入、删除、修改时,有意无意地对不属于视图范围内的基本表数据进行操作,可在定义视图时加上 WITH CHECK OPTION 子句,这样在视图上插入、修改、删除数据时,系统会检查视图定义中的条件,若不满足条件则拒绝执行该操作。

【例 3.71】　利用例 3.65 中创建的计算机学院学生视图 Jsj_Student,修改学号为"201818101"的出生日期,将其修改为"2001-10-10"。

UPDATE Jsj_Student

SET Sbirthday = ' 2001-10-10 '

WHERE Sno = ' 201818101 ';

该语句执行时将转换成对 Student 表的修改:

UPDATE Student

SET Sbirthday = ' 2001-10-10 '

WHERE Sdept = '计算机' AND Sno = ' 201818101 ';

【例 3.72】　利用例 3.65 中创建的计算机学院学生视图 Jsj_Student,插入一个新的学生记录,学号:"201818108",姓名:"赵鑫",学院:"计算机"。

INSERT INTO Jsj_Student( Sno , Sname , Sdept )

VALUES(' 201818108 ', '赵鑫', '计算机');

注意:例 3.65 视图定义中 WHERE 子句中的条件表达式为:Sdept = '计算机',如果插入的记录没有给定 Sdept 属性值,或是给定的 Sdept 属性值不等于"计算机",SQL Server 将不允许插入记录,并将给出如下出错信息:

```
消息 550, 级别 16, 状态 1, 第 1 行
试图进行的插入或更新已失败,原因是目标视图或者目标视图所跨越的某一视图指定了 WITH CHECK OPTION, 而该操作的一个或多个结果行又不符合 CHECK OPTION 约束。
语句已终止。
```

【例 3.73】　删除计算机学院学生视图 Jsj_Student 中学号为"201818108"的记录。

DELETE FROM Jsj_Student

WHERE Sno = ' 201818108 ';

该语句执行时将转换成对 Student 表的删除:

DELETE FROM Student

WHERE Sdept = '计算机' AND Sno = ' 201818108 ';

注意:并不是所有的视图都是可更新的,因为有些视图的更新不能唯一地有意义地转换成对相应基本表的更新。例如,希望把例 3.68 定义的 Cno_NoPass 视图中课程号为"C001"的不及格课程数量更改为 0,但这个对视图的更新无法转换成对基本表 SC 的更新,因为系统无法修改各科成绩,以使 课程 "C001"的不及格数量为 0,所以 Cno_NoPass 视图是不可更新的。

# 3.6 索 引

查询是数据库中最常用的操作,因此,如何在大量的数据块中找到符合条件的数据尤为重要。一般情况下,查询获取数据有以下两种方法:

一种称为全表扫描。基本表创建并存储数据后,会在计算机上形成物理文件,全表扫描的方式就是扫描所有的数据页,扫描开始于数据页的起点,结束于数据页的终点,提取符合查询标准的行,如图 3-25 所示。

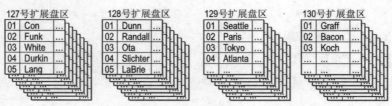

图 3-25 全表扫描

另一种称为索引扫描。使用指向页上数据的索引,遍历索引树结构,找到符合查询标准的行。

### 3.6.1 索引概述

索引是根据表中的一列或若干列按照一定顺序建立的键值与记录行之间的对应关系表,是一个单独的、存储在磁盘上的数据库结构。类似于图书中的目录标注了各部分内容和所对应的页码,数据库中的索引注明了表中的索引行与其所对应的存储位置关系。数据页与索引页的对应关系如图 3-26 所示。

学生信息表

| Sno | Sname | Ssex | Sbirthday | Sdept |
| --- | --- | --- | --- | --- |
| 201818101 | 王丽丽 | 女 | 2000-10-01 | 计算机 |
| 201812203 | 徐敏霞 | 女 | 2000-07-12 | 会计 |
| 201818103 | 李轩 | 男 | 2000-06-01 | 计算机 |
| 201818102 | 刘敏 | 女 | 2001-05-06 | 计算机 |
| 201812202 | 邹磊 | 男 | 2001-03-20 | 会计 |
| 201818104 | 张博闻 | 男 | 2002-11-23 | 计算机 |
| 201812201 | 钱涛 | 男 | 2001-05-04 | 会计 |

数据页

学号索引表

| 索引码 | 指针 |
| --- | --- |
| 201812201 | 3 |
| 201812202 | 1 |
| 201812203 | 5 |
| 201818101 | 4 |
| 201818102 | 7 |
| 201818103 | 2 |
| 201818104 | 6 |

索引页

图 3-26 数据页与索引页的对应关系

### 1) 索引的作用

索引的概念涉及数据库中数据的物理存储顺序,因此属于数据库三级模式中的内模式。它具有如下优点。

①提高查询速度。在查询数据时,首先在索引中找到符合条件的索引值,再通过保存在

索引中的位置信息找到相应的记录,从而可以实现快速查询,提高查询性能。这也是索引最主要的优点。

②强制实施唯一性约束。通过创建唯一索引还可以强制表中的行具有唯一性,从而确保数据的完整性。

③在外键上建立的索引还可以加快表与表之间的连接操作,有益于实现数据的参照完整性。

④通过使用索引可以在查询过程中使用优化隐藏器,提高系统的性能。

**2)索引的类型**

在 SQL Server 中,根据索引记录的结构和存储位置可分为聚集索引、非聚集索引、唯一索引、XML 索引和全文索引等。其中聚集索引和非聚集索引是数据库中最基本的索引。

（1）聚集索引

聚集索引也称为聚簇索引,是指索引项的顺序与表中记录的物理存储顺序完全一致。由于聚集索引基于数据行的键值在表内排序和存储这些数据行,因此一个表只能建立一个聚集索引。在 SQL Server 中,系统会自动在有主键约束（PRIMARY KEY）的列上创建聚集索引。

在 SQL Server 中,索引按 B 树结构组织,索引 B 树中的每一页称为一个索引节点。B 树的顶端节点称为根节点,索引中的底层节点称为叶节点,根节点和叶节点之间的任何索引级别统称为中间级。在聚集索引中,叶节点包含基础表的数据页,根节点和中间级节点包含存有索引行的索引页。每个索引行包含一个键值（也称索引码）和一个指针,该指针指向 B 树上的某一中间级页或叶级索引中的某个数据行。每级索引中的页均被链接在双向链接列表中。聚集索引结构如图 3-27 所示。

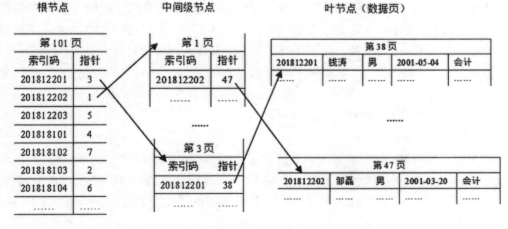

图 3-27　聚集索引结构

（2）非聚集索引

非聚集索引与聚集索引具有相同的 B 树结构,二者之间的显著差别在于:

①基本表的数据行不按非聚集键的顺序排序和存储;

②非聚集索引的叶节点是由索引页而不是数据页组成。由于非聚集索引不影响数据行的物理存储顺序,即数据库行的物理存储顺序与索引键的逻辑（索引）顺序并不一致,所以每

个表可以有多个非聚集索引,最多不超过 999 个。非聚集索引结构如图 3-28 所示。

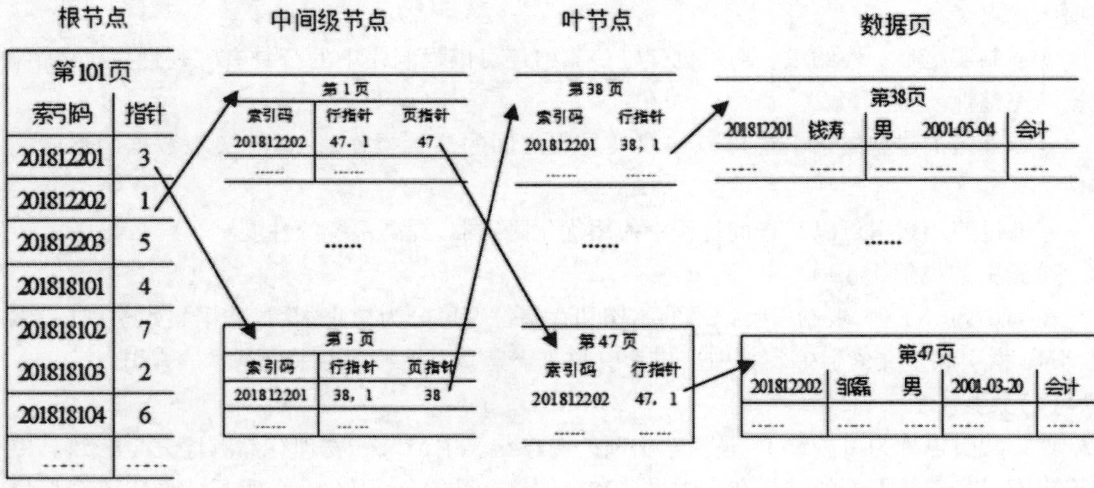

图 3-28　非聚集索引结构

　　如果基本表中包含一个非聚集索引但没有聚集索引,这时候如果往表中插入一条记录,则这条记录将会被插入到基本表的最后一行,然后非聚集索引会被更新。如果该基本表中还包含聚集索引,则先根据聚集索引确定新数据的位置,然后再更新聚集索引和非聚集索引。

　　(3)唯一索引

　　唯一索引能保证索引键中不包含重复的值,从而使表中的每一行在某种方式上具有唯一性。例如,如果要确保课程表 Course 中课程名称 Cname 列的值是唯一的,当主码是课程号 Cno 时,对 Cname 列创建唯一索引,这样当用户尝试在该列中为多门课程输入相同的课程名称时,将显示错误信息并且不能输入重复的值。基于多列创建唯一索引,能够保证索引键中值的每个组合都是唯一的,即表中的任意两行都不会有这些列值的相同组合。

　　聚集索引肯定是唯一的,非聚集索引也可以是唯一的。只要列中的数据是唯一的,就可以为同一个表创建一个唯一聚集索引和多个唯一非聚集索引。在 SQL Server 中,系统会自动在有唯一性约束(UNIQUE)的列上创建唯一索引。

　　(4)XML 索引

　　XML 索引是为 XML 数据类型列创建的索引,它们对列中 XML 实例的所有标记、值和路径进行索引,从而提高查询性能。若需经常对 XML 列进行查询,或 XML 值相对较大,但检索的部分相对较小,则可以考虑创建 XML 索引。XML 索引分为主 XML 索引和辅助 XML 索引。

　　(5)全文索引

　　全文索引是一种特殊类型的基于标记的功能性索引,由 SQL Server 全文引擎生成和维护,用于帮助用户在字符串数据中搜索复杂的词语。

　　3)创建索引的准则

　　虽然使用索引可以提高系统性能,但是索引设计不合理或缺失索引或索引过多都会影响系统的性能,因此设计索引时应考虑以下准则:

　　➤　索引并非越多越好,因为存储索引需要占用一定的物理存储空间,此外大量索引也

会影响 INSERT、UPDATE、DELETE 等语句的性能,当表中的数据更改时,所有索引都须适当调整;

➤ 避免对经常更新的表进行过多的索引,并且索引中的列要尽可能少;

➤ 如果表的数据量比较大且更新操作少,则可以创建多个索引来提高性能;

➤ 如果表的数据量比较小,则最好不要创建索引,因为数据较少,全表扫描花费的时间可能比遍历索引的时间还要短。因此,小表的索引可能从来不用,但仍必须在表中的数据更改时进行维护;

➤ 视图包含聚合、表连接或聚合和连接的组合时,在视图上创建索引可以显著提升性能;

➤ 可以使用数据库引擎优化顾问来分析数据库并生成索引建议;

➤ 可以考虑在经常用于查询中的谓词和连接条件的列上创建非聚集索引;

➤ 建议定义聚集索引时使用的列越少越好,且频繁更改的列不适合建立聚集索引;

➤ 如果索引包含多个列,则应考虑列的顺序。

### 3.6.2　创建索引

SQL Server 提供了两种方式创建索引,一种方式是通过 SQL Server Management Studio 创建索引,另一种方式是使用 CREATE INDEX 创建索引。

(1)使用 SQL Server Management Studio 创建索引

➤ 启动 SQL Server Management Studio。

➤ 在左边的"对象资源管理器"窗口中展开"数据库"→"表"节点,选择要创建索引的表,例如 Student 表。

➤ 在 Student 表上单击鼠标右键,在出现的快捷菜单中选择"设计"命令,右边窗格中出现"表设计器"对话框,如图 3-29 所示。

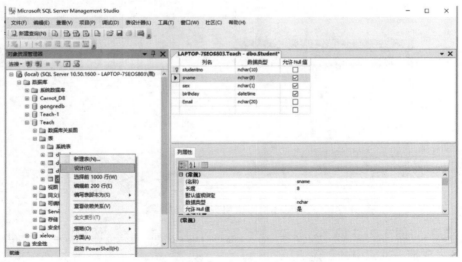

图 3-29　"表设计器"对话框

➤ 在"表设计器"对话框中,选择要建立索引的属性列,单击鼠标右键,在弹出的快捷菜单中选择"索引/键"命令,出现"索引/键"对话框,如图 3-30 所示。

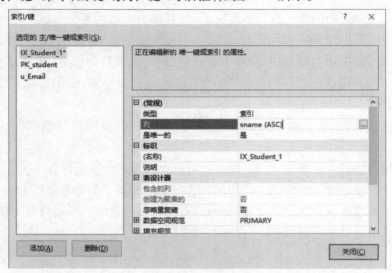

图 3-30 "索引/键"对话框

➤ 在"索引/键"对话框中,单击"添加"按钮,增加一个唯一性索引。选中新建的索引名称,单击"索引/键"对话框右边的"列"按钮,在弹出的"索引列对话框"中选择要建立索引的列以及排序方式(升序 ASC 或降序 DESC),如图 3-31 所示。

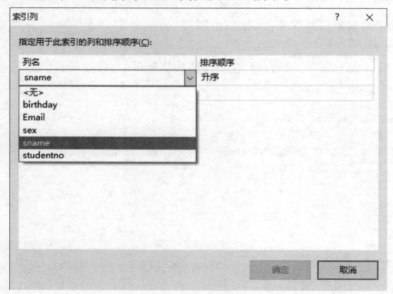

图 3-31 索引列的选择

➤ 最后,将图 3-30 中的"索引/键"对话框右边的"是唯一的",改为"是"。单击"关闭"按钮,即可完成唯一性索引的创建。

➤ 刷新数据库,可以在"对象资源管理器"中看到用户刚刚创建的索引。

（2）使用 CREATE INDEX 语句创建索引

其基本格式如下：

CREATE ［ UNIQUE ］［ CLUSTERED ｜ NONCLUSTERED ］ INDEX index_name

　　ON <object>（ column ［ ASC ｜ DESC ］［ ,…n ］ )［ ; ］

其中，

<object> ∷＝

｛　database_name.schema_name.table_or_view_name

　　｜ schema_name.table_or_view_name ｜ table_or_view_name｝

说明：

➤ UNIQUE：为表或视图创建唯一索引；

➤ CLUSTERED：为表或视图创建聚集索引，若省略 CLUSTERED 则表示默认创建的索引为非聚集索引；

➤ NONCLUSTERED：创建非聚集索引。对于非聚集索引，数据行的物理排序独立于索引排序；

➤ index_name：索引的名称，在表或视图中必须唯一，但在数据库中可以不唯一。索引名称必须符合标识符的规则；

➤ database_name：数据库的名称；

➤ schema_name：表或视图所属架构的名称；

➤ table_or_view_name：要创建索引的基本表或视图的名称；

➤ column：索引可以建立在一个属性列上或多个属性列上，指定两个或多个列名时，可为指定列的组合值创建组合索引，各列名之间用逗号分隔；

➤ ASC ｜ DESC：指定索引列的升序或降序排序方式，默认值为 ASC。

注意：索引一旦创建，将由 DBMS 自动管理和维护，无须用户干预；当插入、删除、修改记录时，DBMS 会自动更新表中的索引。

【例 3.74】　为学生选课表 SC 建立名为 Index1 的索引，按学号升序和课程号降序建立唯一索引。

CREATE UNIQUE INDEX Index1 on SC（Sno ASC，Cno DESC）;

【例 3.75】　为学生表 Student 按 Sname 升序创建名为 Index2 的聚集索引。

CREATE CLUSTERED INDEX Index2 ON Student（Sname）;

注意：一个表最多只能创建一个聚集索引。如果 Student 表中已经创建了聚集索引的话，上述语句将不能正确执行。

### 3.6.3　索引的禁用与重新生成

SQL Server 中，对于已经建立的索引，可以使用 ALTER INDEX 语句，实现索引的禁用、重新生成或重新组织，基本格式如下：

ALTER INDEX index_name ON <object> ｛ REBUILD ｜ DISABLE ｜ REORGANIZE ｝［ ; ］

说明：

➢ &lt;object&gt;同 CREATE INDEX 中的&lt;object&gt;；

➢ REBUILD：重新生成索引。REBUILD 启用已禁用的索引；

➢ DISABLE：将索引标记为已禁用；

➢ REORGANIZE：重新组织索引。

注意：ALTER INDEX 不能用于修改索引定义，如添加或删除列，或更改列的顺序。如要修改索引定义，需先将索引删除，然后再重新定义索引。

【例 3.76】 将例 3.74 中为学生选课表 SC 创建的索引 Index1 禁用。

ALTER INDEX Index1 ON SC DISABLE ；

### 3.6.4 删除索引

建立索引可以减少查询操作的时间，但如果数据插入、删除、修改操作频繁，系统就会花费许多时间来维护索引，从而降低了查询效率。可以使用 DROP INDEX 语句删除一些不必要的索引，其基本格式如下：

DROP INDEX table_or_view_name.index_name〔,…n〕〔；〕

或者：

DROP INDEX ｛ index_name ON &lt;object&gt;｝〔,…n〕〔；〕

说明：

➢ table_or_view_name：表或视图的名称；

➢ index_name 指示要删除的索引名称；

➢ &lt;object&gt;同 CREATE INDEX 中的&lt;object&gt;。

【例 3.77】 删除例 3.74 和例 3.75 中创建的索引 Index1 和 Index2。

DROP INDEX Index1 ON SC, Index2 ON Student ；

删除索引时，系统会从数据字典中删去有关该索引的描述。

## 3.7 Transact-SQL

标准 SQL 是非过程化的查询语言，缺少流程控制能力，难以实现应用业务中的逻辑控制，因此许多商用数据库系统都对标准 SQL 语言进行了扩充，增加了过程化控制等部分。而 Transact-SQL 就是 Microsoft 公司在关系型数据库管理系统 SQL Server 中的 SQL3 标准的实现，是微软对 SQL 的扩展，具有 SQL 的主要特点，同时引入了程序设计的思想，增加了变量、运算符、函数、流程控制等语言元素，使得其功能更加强大。

### 3.7.1 标识符

标识符就是指用来定义服务器、数据库、各种数据库对象（如表、视图、列、索引、触发器、存储过程、约束及规则等）和变量等名称的字符串，不区分大小写。SQL Server 提供了两种类型的标识符：常规标识符和分隔标识符。常规标识符和分隔标识符包含的字符数都必须在

1~128。对于本地临时表,标识符最多可以有 116 个字符。

(1)常规标识符

符合标识符的格式规则,不需要使用分隔标识符进行分隔。常规标识符的格式规则如下:

➤　第一个字符必须是 Unicode 标准 3.2 定义的字母(如 a–z 和 A–Z 以及来自其他语言的字母字符)、下画线(_)、at 符号(@)或数字符号(#);

➤　后续字符可以是 Unicode 标准 3.2 定义的字母、基本拉丁字符或其他国家/地区字符中的十进制数字、at 符号(@)、美元符号($)、数字符号(#)或下画线(_);

➤　标识符不能是 Transact-SQL 保留字;

➤　标识符内不能嵌入空格或特殊字符。

(2)分隔标识符

使用双引号或方括号等起到分隔作用的符号来限定标识符。注意:不符合格式规则的标识符必须由双引号或方括号分隔。例如,下面语句中的 my table 不符合标识符规则,因为 my table 中出现了空格,因此必须使用分隔符进行分隔:

CREATE TABLE[my table](No CHAR(3));

(3)数据库对象命名规则

数据库对象的名称即为其标识符,数据库对象名称由 1~128 个字符组成,不区分大小写。大多数数据库对象要求带有标识符,但有些对象(如约束),标识符是可选的。一个数据库对象名的引用是由 4 部分组成的名称,其基本格式如下:

server_name.[database_name].[schema_name].object_name

|database_name.[schema_name].object_name

|schema_name.object_name

|object_name

其中,

➤　server_name:指定链接的服务器名称或远程服务器名称;

➤　database_name:如果对象驻留在 SQL Server 的本地实例中,则指定 SQL Server 数据库的名称。如果对象在链接服务器中,则 database_name 将指定 OLE(Object Link and Embed)DB 目录;

➤　schema_name:如果对象在 SQL Server 数据库中,则指定包含对象的架构的名称。如果对象在链接服务器中,则 schema_name 将指定 OLE DB 架构名称;

➤　object_name:对象的名称。

在实际使用时,使用全称比较烦琐,因此引用某个特定对象时,不必总是指定服务器、数据库和架构,没有指明的部分则使用默认值。通常,默认服务器为本地服务器,可以使用@@servername 查看正在运行 SQL Server 的本地服务器的名称;默认数据库为当前可用数据库,可以使用标量函数 DB_NAME()查看当前可用数据库,也可以使用 USE 语句更改当前可用数据库;默认架构为 dbo,可以使用标量函数 SCHEMA_NAME()查看默认架构。

### 3.7.2 注 释

注释是指程序代码中不执行的文本字符串。利用注释对程序的结构及功能进行文字说明,不仅使程序易读易懂,而且有助于日后的管理和维护。对于这些注释内容,系统将不进行编译,而且也不执行。SQL Server 支持两种类型的注释:

(1)单行注释

单行注释通常放在一行语句的后面,用于对本行语句进行具体说明,也可以另起一行。单行注释以两个连在一起的短横线"--"开始,直到这一行的结束。

(2)多行注释

多行注释也称为块注释,通常放在程序(块)的前面,用于对程序功能、特性和注意事项等方面进行说明。多行注释以"/*"开始注释,以"*/"结束注释。使用多行注释时,编译器将忽略从"/*"到"*/"之间的全部内容。

### 3.7.3 常 量

常量也称为文字值或标量值,是表示一个特定数据值的符号,其值在程序运行过程中不变。常量的格式取决于它所表示的值的数据类型。根据不同的数据类型,常量可分为数字常量、字符串常量、二进制常量、日期时间常量等

(1)数字常量

数字常量(bit、integer、decimal、float、real、money 等)包括有符号和无符号的整数、定点数和浮点小数。

bit 常量使用数字 0 或 1 表示,并且不括在引号中,如果使用一个大于 1 的数字,则该数字将转换为 1。

integer 常量以没有用单引号括起来,且不包含小数点的数字字符序列表示,例如 2020、-123。

decimal 常量以没有用单引号括起来,且包含小数点的数字字符序列表示,例如 13.14、1894.1204。

float 和 real 常量使用科学计数法表示,例如-1.314E5、0.5E-2。

money 常量以数字字符串表示,其中前缀为可选的小数点和可选的货币符号,货币型常量不使用单引号括起来,例如:￥100、\$200.51。

(2)字符串常量

字符串常量括在单引号内并包含字母数字字符(a-z、A-Z、0-9)以及特殊字符,如感叹号(!)、at 符号(@)和数字符号(#),例如:'sdufe'、'hello china!'。注意:如果单引号中的字符串包含一个嵌入的引号,可以使用两个单引号表示嵌入的单引号,例如:'it'' me.';空字符串用中间没有任何字符的两个单引号表示。

Unicode 字符串的格式与普通字符串相似,只是前面有一个"N"标识符(N 表示 SQL-92标准中的区域语言)。例如:'Michél'是字符串常量,而 N'Michél'是 Unicode 字符串常量。Unicode 常量被解释为 Unicode 数据,并且不使用代码页进行计算。

（3）二进制常量

二进制常量具有前缀 0x，且是不使用引号括起来的十六进制数字字符串，例如 0xAE、0x12EF、0x（empty binary string）。

（4）日期时间常量

日期时间常量使用特定格式的字符日期值来表示，并用单引号括起来。例如' December 5, 2020 '、' 5 December, 2020 '、' 2020/12/05 '、' 14:30:25 '、' 02:30 PM '。

### 3.7.4 变 量

变量是指在程序运行过程中其值可以发生改变的量，可以用于保存查询结果。Transact-SQL 中提供了两种类型的变量：用户自己定义的局部变量和系统定义维护的全局变量。

（1）局部变量

局部变量是可以保存单个特定类型数据值的对象，其作用范围仅在声明它的批处理、存储过程、触发器等内部有效。在程序中通常用来储存从表中查询到的数据，或当程序执行过程中暂存变量使用。局部变量必须先用 DECLARE 语句声明后才可以使用，DECLARE 语句的基本格式如下：

DECLARE

｛ ｛ @ local_variable ［ AS ］ data_ype ［ = value ］｝

   ｜｛ @ cursor_variable_name CURSOR ｝

｝［ ,…n ］

｜｛ @ table_variable_name ［ AS ］ <table_type_defination> ｝

其中，

<table_type_defination> ∷=

TABLE( ｛ <column_defination> ｜ <table_constraint> ｝［ ,…n ］ )

说明：

➢ @ local_variable：变量名称，必须以"@"开头，且符合标识符规则；

➢ data_type：数据类型，可以是系统提供的或用户自己定义的数据类型；

➢ = value：以内联方式为变量赋值。值可以是常量或表达式，但必须与变量声明类型匹配，或者可隐式转换为该类型；

➢ @ cursor_variable_name：cursor 变量名称，必须以"@"开头，并符合标识符的规则；

➢ CURSOR：指定变量是局部游标变量；

➢ @ table_variable_name：表类型的变量名称，必须以"@"开头，并符合标识符的规则；

➢ <table_type_defination>：定义表数据类型，表声明包括列定义、名称、数据类型和约束，允许的约束类型只包括 PRIMARY KEY、UNIQUE、NULL 和 CHECK；

➢ <column_defination> ｜ <table_constraint>：同 CREATE TABLE 中的<column_defination> ｜ <table_constraint>。

局部变量声明后，如果声明过程中没有为其赋值，则默认初值是 NULL。若要为变量赋值，可以使用 SET 语句，也可以使用 SELECT 语句。为变量赋值的 SET 和 SELECT 语句的基本格式如下：

SET ｛@ local_variable = expression ｝［ ；］

SELECT ｛@ local_variable = expression ｝［ ，…n ］［ ；］

说明：

➤ @ local_variable：已声明的局部变量的名称；

➤ expression：任何有效的表达式，此参数可包含一个标量子查询。

【例 3.78】 设有学生表 Student，其各属性的数据类型见例 3.8。

--定义局部变量@ Sdept、@ Ssex 和@ Sbirthday

DECLARE @ SdeptCHAR(20)，@ Ssex CHAR(2)，@ Sbirthday DATE ；

--使用 SELECT 语句为变量@ Sdept 和@ Sbirthday 赋值

SELECT @ Sdept = '计算机'，@ Sbirthday = ' 2001-01-01 ' ；

SET @ Ssex = '女' ； --使用 SET 语句为变量@ Ssex 赋值

／＊从 Student 表中，查找学院名称为@ Sdept、性别为@ Ssex 且出生日期大于@ Sbirthday 的学生的信息＊／

SELECT ＊

FROM Student

WHERE Sdept = @ Sdept AND Ssex = @ Ssex AND Sbirthday > @ Sbirthday ；

【例 3.79】 声明一个表类型的变量。

DECLARE @ MyTableVar TABLE

（ Cno CHAR(4) NOT NULL， --课程号

　MaxGrade SMALLINT， --最高分

　MinGrade SMALLINT， --最低分

　AvgGrade SMALLINT， --平均分

　Num INT ）； --选课人数

INSERT INTO @ MyTableVar

　　SELECT Cno，MAX(Grade)，MIN(Grade)，AVG(Grade)，COUNT( ＊ )

　　FROM SC

　　GROUP BY Cno ；

--查询表变量@ MyTableVar 中的数据

SELECT ＊

FROM @ MyTableVar ；

（2）全局变量

全局变量是 SQL Server 系统提供的内部使用的变量，其作用范围并不局限于某一程序，而是任何程序均可随时调用。全局变量通常存储一些 SQL Server 的配置设定值和统计数据，用户可在程序中用全局变量来测试系统的设定值或 Transact-SQL 命令执行后的状态值。用户只能使用预先说明及定义的全局变量，而不能定义、修改全局变量。引用全局变量时，必须以"@@ "开头。部分常用的全局变量见表 3-13。

表 3-13　部分常用的全局变量

| 变量 | 含义 |
| --- | --- |
| @@ CONNECTIONS | 返回 SQL Server 自上次启动以来尝试的连接数,无论连接成功还是失败 |
| @@ CURSOR_ROWS | 返回在连接上打开的上一个游标中当前拥有的限定行的数目 |
| @@ ERROR | 返回上一个 Transact-SQL 语句产生的错误编号 |
| @@ FETCH_STATUS | 返回最后一条游标 FETCH 语句的状态 |
| @@ ROWCOUNT | 返回受上一语句影响的行数 |
| @@ SERVERNAME | 返回正在运行 SQL Server 的本地服务器的名称 |
| @@ TRANCOUNT | 返回当前连接的有效事务数 |
| @@ VERSION | 返回 SQL Server 的当前安装的系统和生成信息 |

【例 3.80】　查看当前 SQL Server 的版本等信息及服务器名称。

SELECT @@ VERSION AS 版本信息, @@ SERVERNAME 服务器名称 ;

可能的查询结果为:

| 版本信息 | 服务器名称 |
| --- | --- |
| Microsoft SQL Server 2019 (RTM) - 15.0.2000.5 (X6... | DESKTOP-ECU5P98 |

### 3.7.5　运算符及表达式

运算符是一种符号,用来指定要在一个或多个表达式中指定的操作。Transact-SQL 中提供了多种运算符,如:算术运算符、赋值运算符、字符串串联运算符、比较运算符、逻辑运算符、位运算符和一元运算符等。

（1）算术运算符

算术运算符用来在两个表达式上执行数学运算,这两个表达式可以是任意数值数据类型。算术运算符包括:加(+)、减(−)、乘( * )、除(/)、取模(%)。

取模运算返回两数相除后的余数,例如:38%5 = 3。

此外,加(+)和减(−)也可用于对 datetime 和 smalldatetime 值进行算术运算。例如:GET-DATE( )+ 10,运行结果为系统当前日期时间值加 10,注意:此时的“10”对应天数。

（2）赋值运算符

Transact-SQL 只有一个赋值运算符,即等号“ = ”。

【例 3.81】　下面的代码首先声明了局部变量@ MyCount,然后使用赋值运算符为局部变量@ MyCount 赋值。

```
DECLARE @ MyCount INT ;                    --声明局部变量@ MyCount
SET @ MyCount = 10 + 2 ;                    --为局部变量@ MyCount 赋值
```

（3）字符串串联运算符

字符串串联运算符为"+"，可以将两个或多个字符串合并为一个字符串，还可以连接二进制字符串。

例如：' hello ' + ' ' + ' china！'的结果为：' hello china！'。

（4）比较运算符

比较运算符用来测试两个表达式是否相同。除 text、ntext 或 image 数据类型的表达式外，比较运算符可以用于所有其他表达式。比较运算符的符号及其含义见表 3-14。

表 3-14　比较运算符的符号及其含义

| 运算符 | 含义 |
| --- | --- |
| = | 等于 |
| > | 大于 |
| < | 小于 |
| >= | 大于等于 |
| <= | 小于等于 |
| <> | 不等于 |
| != | 不等于（非 ISO 标准） |
| !< | 不小于（非 ISO 标准） |
| !> | 不大于（非 ISO 标准） |

比较运算符的结果是布尔数据类型，它有三个值：TRUE、FALSE 和 UNKNOWN。比较两个空值或将空值与其他任何值进行比较均返回 UNKNOWN，这是因为每个空值都是未知的。当 SET ANSI_NULLS 为 ON 时，带有一个或两个 NULL 表达式的运算符返回 UNKNOWN；当 SET ANSI_NULLS 为 OFF 时，这些运算符将 NULL 视为已知值，且只返回 TRUE 或 FALSE（不会返回 UNKNOWN）。注意：与其他 SQL Server 数据类型不同，布尔数据类型不能被指定为表、列或变量的数据类型，也不能在结果集中返回。

（5）逻辑运算符

逻辑运算符用来对某些条件进行测试，以获得其真实情况。逻辑运算符和比较运算符一样，返回带有 TRUE、FALSE 和 UNKNOWN 值的布尔数据类型。逻辑运算符的符号及其含义见表 3-15。

表 3-15　逻辑运算符的符号及其含义

| 运算符 | 含义 |
| --- | --- |
| ALL | 如果一组的比较值都为 TRUE，那么就为 TRUE |
| AND | 如果两个布尔表达式都为 TRUE，那么就为 TRUE |
| ANY | 如果一组的比较中有一个值为 TRUE，那么就为 TRUE |

| 运算符 | 含义 |
|---|---|
| BETWEEN | 如果操作数在某个范围之内,那么就为 TRUE |
| EXISTS | 如果子查询包含一些行,那么就为 TRUE |
| IN | 如果操作数等于表达式列表中的一个,那么就为 TRUE |
| LIKE | 如果操作数与一种模式相匹配,那么就为 TRUE |
| NOT | 对任何其他布尔运算符的值取反 |
| OR | 如果两个布尔表达式中的一个为 TRUE,那么就为 TRUE |
| SOME | 如果在一组比较中,有些为 TRUE,那么就为 TRUE |

（6）位运算符

位运算符在两个表达式之间执行位操作,这两个表达式可以为整数数据类型类别中的任何数据类型。常用的位运算符的符号及其含义见表 3-16。

表 3-16　位运算符的符号及其含义

| 运算符 | 含义 |
|---|---|
| & | 位与 |
| \| | 位或 |
| ^ | 位异或 |
| ~ | 位非 |

（7）一元运算符

一元运算符只对一个表达式执行操作。正（+）和负（-）运算符可以用于数字数据类型中的任一数据类型的任意表达式,~（位非）运算符只能用于整数数据类型类别中任一数据类型的表达式。一元运算符的符号及其含义见表 3-17。

表 3-17　一元运算符的符号及其含义

| 运算符 | 含义 |
|---|---|
| +（正） | 数值为正 |
| -（负） | 数值为负 |
| ~（位非） | 返回数字的非 |

（8）运算符的优先级

当一个复杂的表达式有多个运算符时,运算符优先级将决定执行运算的先后次序,执行顺序可能对结果值有明显的影响。可以使用括号改变表达式中运算符的优先级。

Transact-SQL 中运算符的优先级别见表 3-18。

表 3-18　SQL Server 运算符的优先级

| 级别 | 运算符 |
|---|---|
| 1 | 位非(~) |
| 2 | 乘(*)、除(/)、取模(%) |
| 3 | 正(+)、负(-)、加(+)、串接(+)、减(-)、位与(&)、位异或(^)、位或(\|) |
| 4 | =、>、<、>=、<=、<>、!=、!>、!<(比较运算符) |
| 5 | NOT |
| 6 | AND |
| 7 | ALL、ANY、BETWEEN、IN、LIKE、OR、SOME |
| 8 | =(赋值) |

当一个表达式中的两个运算符有相同的运算符优先级别时,将按照它们在表达式中的位置对其从左到右进行求值。如果无法确定优先级,可以使用圆括号"()"来改变优先级。

(9)表达式

表达式是符号和运算符的组合,该组合将返回单个数据值。简单表达式可以是一个常量、变量或标量函数,也可以用运算符将两个或更多的简单表达式连接起来组成复杂表达式。简单表达式的数据类型取决于它所引用的元素(常量、变量或标量函数)的数据类型,而复杂表达式的数据类型由进行组合的表达式决定,表达式中元素组合的顺序由表达式中运算符的优先级决定。

根据连接表达式的运算符进行分类,可以将表达式分为算术表达式、比较表达式、逻辑表达式、字符串表达式等。例如:GETDATE()-10 是一个算术表达式,'hello'+'china'是一个字符串表达式,YEAR(GETDATE())-YEAR(Sbirthday)<20 AND Ssex='女'则是一个逻辑表达式。

### 3.7.6　流程控制

通过使用流程控制语句,用户可以完成功能较为复杂的操作,并使程序可以获得更好的逻辑性和结构性。Transact-SQL 提供了称为流程控制的关键字,可以用于控制程序执行的流程,主要的流程控制语句有:BEGIN…END、IF…ELSE、CASE、WHILE、WAITFOR、RETURN 等。

1)BEGIN…END 语句

BEGIN…END 语句可以将多个 Transact-SQL 语句组合成一个语句块,并将它们视为一个单元处理,其基本格式如下:

```
BEGIN
    { sql_statement | statement_block }
END
```

说明：

➤　BEGIN 和 END 是关键字,分别表示语句块的开始和结束,必须成对使用;

➤　sql_statement | statement_block:任何有效的 Transact-SQL 语句或语句组;

➤　BEGIN…END 语句块可以嵌套,嵌套层数没有限制。

BEGIN…END 通常包含在其他流程控制语句中,用来完成不同流程中的代码段,例如,IF 子句、ELSE 子句或 WHILE 循环如果需要包含语句块,需用到 BEGIN…END 语句块。

2) IF…ELSE **语句**

IF…ELSE 语句用于在执行一组代码之前进行条件判断,根据判断的结果执行不同的代码,常用于批处理或存储过程等。IF…ELSE 语句对 IF 后的布尔表达式进行判断,如果布尔表达式返回 TRUE,则执行 IF 关键字及其条件之后的语句或语句块;如果布尔表达式返回 FALSE,则执行 ELSE 后面的语句或语句块。其基本格式如下:

IF boolean_expression

　　　{ sql_statement | statement_block }

[ ELSE

　　　{ sql_statement | statement_block } ]

说明：

➤　boolean_expression:返回 TRUE 或 FALSE 的表达式,如果 boolean_expression 中含有 SELECT 语句,则必须用圆括号将 SELECT 语句括起来;

➤　sql_statement | statement_block:任何有效的 Transact-SQL 语句或用 BEGIN…END 语句定义的语句块,除非使用语句块,否则 IF 或 ELSE 条件只能影响一个 Transact-SQL 语句的性能;

➤　IF…ELSE 语句可以嵌套使用,且嵌套层数没有限制。不过建议嵌套层数不要太多,否则会降低程序的可读性。

【例 3.82】　从学生选课表 SC 中求出学号为"201818103"同学的平均成绩,如果该生平均成绩大于或等于 60 分,则输出"Congratulate! Pass!"信息,否则输出"Sorry! No Pass!"。

IF ( SELECT AVG( Grade ) FROM SC WHERE Sno = ' 201818103 ' ) >= 60

BEGIN

　　PRINT ' Congratulate! ' ;

　　PRINT ' Pass! ' ;

END

ELSE

　　PRINT ' Sorry! No Pass! ' ;

3) CASE **语句**

CASE 语句是多条件分支语句,相比 IF…ELSE,CASE 语句进行分支流程控制可以使代码更加清晰,易于理解。CASE 语句通过计算条件列表,返回多个可能的结果表达式之一,因此 CASE 可用于允许使用有效表达式的任意语句或子句。例如,可以在 SELECT、UPDATE、DELETE 等语句以及 select_list、WHERE、ORDER BY 和 HAVING 等子句中使用 CASE。

按照使用形式的不同，CASE 语句分为简单 CASE 和搜索 CASE。

（1）简单 CASE

简单 CASE 将表达式与一组简单的表达式进行比较以确定结果，其基本格式如下：

```
CASE input_expression
    WHEN when_expression THEN result_expression [ …n ]
    [ ELSE else_result_expression ]
END
```

说明：

➤ input_expression、when_expression 和 result_expression：任何有效的表达式，input_expression 及每个 when_expression 的数据类型必须相同或必须是隐式转换的数据类型；result_expression 是当 input_expression ＝ when_expression 的计算结果为 TRUE 时，返回的表达式；

➤ else_result_expression：比较运算计算结果不为 TRUE 时返回的表达式；

➤ 该语句的执行过程是：将 input_expression 与每个 WHEN 关键字后的 when_expression 进行比较，如果相等，则返回相应的 THEN 关键字后的 result_expression，然后跳出 CASE 语句；否则，返回 ELSE 关键字后的 else_result_expression；

➤ ELSE 子句是可选项。当 CASE 语句中不包含 ELSE 子句，且 input_expression 与每个 when_expression 都不相等时，CASE 语句将返回 NULL。

【例 3.83】 从学生表 Student 中，选取每个学生的学号和性别输出，若性别为"男"，则输出"M"；若性别为"女"，则输出"F"；否则输出"性别未知"。

```
SELECT Sno AS 学号,
    CASE Ssex
        WHEN '男' THEN ' M '
        WHEN '女' THEN ' F '
        ELSE '性别未知'
    END AS 性别
FROM Student ;
```

可能的查询结果为：

| | 学号 | 性别 |
|---|---|---|
| 1 | 201812201 | M |
| 2 | 201812202 | M |
| 3 | 201812203 | F |
| 4 | 201818101 | F |
| 5 | 201818102 | F |
| 6 | 201818103 | M |
| 7 | 201818104 | M |
| 8 | 201818123 | M |

（2）搜索 CASE

搜索 CASE 语句计算一组布尔表达式以确定返回的结果，其基本格式如下：

CASE

    WHEN boolean_expression THEN result_expression〔…n〕

    〔 ELSE else_result_expression 〕

END

说明:

➢　boolean_expression:任何有效的布尔表达式;

➢　该语句的执行过程是:首先测试第一个 WHEN 关键字后的 boolean_expression 的值,如果其值为 TRUE,则返回相应的 THEN 关键字后的 result_expression;否则测试下一个 WHEN 关键字后的 boolean_expression。如果所有 WHEN 关键字后的 boolean_expression 的值都为 FALSE,则返回 ELSE 关键字后的 else_result_expression,如果没有 ELSE 子句,则返回 NULL。

【例3.84】　根据百分制成绩输出等级制成绩。

SELECT Sno AS 学号, Cno AS 课程号,

    CASE

        WHEN Grade IS NULL THEN '未考'

        WHEN Grade < 60 THEN '不及格'

        WHEN Grade < 70 THEN '及格'

        WHEN Grade < 80 THEN '中等'

        WHEN Grade < 90 THEN '良好'

        ELSE '优秀'

    END AS 成绩等级

FROM SC ;

可能的查询结果为:

| | 学号 | 课程号 | 成绩等级 |
| --- | --- | --- | --- |
| 1 | 201818101 | C001 | 良好 |
| 2 | 201818101 | C004 | 优秀 |
| 3 | 201818102 | C001 | 中等 |
| 4 | 201818102 | C004 | 中等 |
| 5 | 201818103 | C002 | 及格 |
| 6 | 201818103 | C004 | 不及格 |

【例3.85】　在学生选课表 SC 中,统计每门课程选修的男女生数量。

SELECT Cno AS 课程号,

    SUM( CASE WHEN Ssex = '男' THEN 1 ELSE 0 END) AS 男生数,

    SUM( CASE WHEN Ssex = '女' THEN 1 ELSE 0 END) AS 女生数

FROM Student join SC ON Student.Sno = SC.Sno

GROUP BY Cno ;

可能的查询结果为:

| | 课程号 | 男生数 | 女生数 |
|---|---|---|---|
| 1 | C001 | 0 | 2 |
| 2 | C002 | 1 | 0 |
| 3 | C004 | 1 | 2 |

【例 3.86】 为使学生的成绩更符合正态分布且方差尽可能小,现假设需修改学生选课表 SC 中的数据,将高于 90 分的成绩降低 5%,将成绩低于 70 分的提高 5%。

```
UPDATE SC
SET Grade = CASE
            WHEN Grade >= 90 THEN Grade * 0.95
            WHEN Grade <= 70 THEN Grade * 1.05
            ELSE Grade
        END
```

### 4) WHILE 语句

如有需要重复执行的 Transact-SQL 语句或语句块,可以使用 WHILE 语句。只要指定的条件为真,就重复执行语句或语句块。可以使用 BREAK 和 CONTINUE 关键字在循环内部控制 WHILE 循环中语句的执行。WHILE 语句的基本格式如下:

```
WHILE boolean_expression
    { sql_statement | statement_block | BREAK | CONTINUE }
```

说明:

➢ boolean_expression:返回 TRUE 或 FALSE 的表达式,如果布尔表达式中含有 SELECT 语句,则必须用圆括号将 SELECT 语句括起来;

➢ sql_statement | statement_block:Transact-SQL 语句或语句块,若要使用语句块,需使用 BEGIN…END 语句;

➢ BREAK:将从最内层的 WHILE 循环中退出;

➢ CONTINUE:使 WHILE 循环重新开始执行,忽略 CONTINUE 关键字后面的语句;

➢ WHILE 语句可以嵌套。如果嵌套了两个或多个 WHILE 循环,则内层的 BREAK 将退出到下一个外层循环。退出后将首先运行内层循环结束之后的所有语句,然后重新开始下一个外层循环。

【例 3.87】 WHILE 示例。

```
WHILE (SELECT AVG(Grade) FROM SC) < 75
BEGIN
    UPDATE SC SET Grade = Grade * 1.05 ;
    SELECT MAX(Grade) FROM SC ;
    IF (SELECT MAX(Grade) FROM SC) > 95
        BREAK
    ELSE
        CONTINUE
```

END

PRINT ＇Finished！＇；

本例中,如果平均分低于 75 分,则 WHILE 循环将成绩提高 5%,然后查询最高分;如果最高分小于等于 95 分,则 WHILE 循环重新开始,并再次将成绩提高 5%;该循环不断地将成绩提高 5%,直到最高分超过 95 分或平均分不再低于 75 分,才退出 WHILE 循环,并输出一条消息。

5）WAITFOR 语句

使用 WAITFOR 语句,可以阻止执行批处理、存储过程或事务,直到已过指定的时间或时间间隔,其基本格式如下:

WAITFOR ｛ DELAY ＇time_to_pass＇ ｜ TIME ＇time_to_execute＇ ｝ ［ ； ］

说明:

➢ DELAY:指定可以继续执行批处理、存储过程或事务之前必须经过的时段,最长可为 24 小时;

➢ TIME:指定运行批处理、存储过程或事务的时间点。

【例 3.88】　两个小时后执行存储过程 sp_helpdb。

WAITFOR DELAY ＇02：00＇；

EXEC sp_helpdb ；

6）RETURN 语句

RETURN 语句用于从查询或过程中无条件退出。RETURN 的执行是即时且完全的,可在任何时候用于从过程、批处理或语句块中退出,RETURN 之后的语句不再执行。其基本格式如下:

RETURN ［ integer_expression ］

说明:

➢ integer_expression:返回的整数值。存储过程可向执行调用的过程或应用程序返回一个整数值。除非另外说明,否则所有系统存储过程都将返回一个 0 值。0 值表示成功,非 0 值表示失败。

### 3.7.7　批处理

批处理是指一次性地执行包含一条或多条 Transact-SQL 语句的语句组,批处理的所有语句被整合成一个执行计划,执行计划中的语句每次执行一次,这种批处理方式有助于节省执行时间。

在书写批处理时,GO 语句作为批处理的结束标志,当编译器读取到 GO 语句时会将 GO 语句前的所有语句当作一个批处理,并将这些语句打包发送给服务器。GO 不是 Transact-SQL 语句,它只是一个表示批处理结束的前端指令。

【例 3.89】　批处理示例。

SELECT ＊ FROM Student ；

GO

```
DECLARE @ MyMsg VARCHAR(50) ;                    --声明变量
SET @ MyMsg = ' Hello, World.' ;                 --为变量赋值
GO                        -- @ MyMsg is not valid after this GO ends the batch
```

### 3.7.8　其他基本语句

为更好地让用户完成一系列任务,Transact-SQL 还提供了许多语句,如 PRINT、SHUTDOWN、USE 等。

(1)PRINT 语句

PRINT 语句用于向客户端返回用户定义信息,其基本格式如下:

PRINT msg_str | @ local_variable | string_expr

说明:

➢ msg_str:字符串或 Unicode 字符串常量;

➢ @ local_variable:任何有效的字符数据类型的变量。@ local_variable 的数据类型必须为 char、nchar、varchar 或 nvarchar,或者必须能够隐式转换为这些数据类型;

➢ string_expr:字符串表达式。可包括串联的文字值、函数和变量。

(2)SHUTDOWN 语句

SHUTDOWN 语句可以立即停止 SQL Server,其基本格式如下:

SHUTDOWN [ WITH NOWAIT ]

说明:

➢ WITH NOWAIT:可选项,在不对每个数据库执行检查点操作的情况下关闭 SQL Server。SQL Server 在尝试终止全部用户进程后退出服务器。重新启动时,将针对未完成事务执行回滚操作。

【例 3.90】　立即停止 SQL Server。

SHUTDOWN

可能的执行结果为:

```
消息
使用登录名 LENOVO\lenovo 的 request 已将服务器关闭。
SQL Server 正在终止此进程。
```

(3)USE 语句

USE 语句可更改数据库上下文为指定数据库,其基本格式如下:

USE { database_name } [ ; ]

说明:

➢ database_name:用户上下文要切换到的数据库的名称。

注意:USE 在编译和执行期间均可执行,并且立即生效。因此,出现在批处理中 USE 语句之后的语句将在指定数据库中执行。

### 3.7.9　函　数

函数是能够完成特定功能并返回处理结果的一组 Transact-SQL 语句,处理结果称为"返回值",处理过程称为"函数体"。SQL Server 提供了丰富的内置函数,用户可以利用这些函数完成特定的运算和操作,从而使程序设计过程更加方便。SQL Server 提供的函数包括很多类型,主要有数学函数、字符串函数、日期和时间函数、转换函数、聚合函数、排名函数、分析函数等。此外,用户还可以根据需要自己定义函数。

**1) 数学函数**

数学函数用于对数字表达式进行处理,并返回一个数值,常用的数学函数见表 3-19。

表 3-19　常用的数学函数

| 函数 | 描述 |
| --- | --- |
| ABS( numeric_expression ) | 返回指定数值表达式的绝对值 |
| CEILING( numeric_expression ) | 返回大于或等于指定数值表达式的最小整数 |
| FLOOR( numeric_expression ) | 返回小于或等于指定数值表达式的最大整数 |
| PI( ) | 返回 PI 的常量值 |
| POWER( float_expression , y ) | 返回指定表达式的指定幂的值 |
| RAND( [ seed ] ) | 返回 0 到 1(不包括 0 和 1)之间的伪随机 float 值 |
| ROUND( numeric_expression , length[ , function ] ) | 返回一个数值,舍入到指定的长度或精度 |
| SQRT( float_expression ) | 返回指定浮点值的平方根 |

【例 3.91】　CEILING、FLOOR、RAND 示例。

SELECT CEILING( PI( ) ) AS CEILING, FLOOR( PI( ) ) AS FLOOR,
　　　　ROUND( PI( ) , 2 ) AS ROUND, RAND( ) AS RAND ;

运行结果为:

| | CEILING | FLOOR | ROUND | RAND |
| --- | --- | --- | --- | --- |
| 1 | 4 | 3 | 3.14 | 0.0731454772322456 |

**2) 字符串函数**

字符串函数用于对字符串输入值执行操作,并返回字符串或数值,常用的字符串函数见表 3-20。

表 3-20　常用的字符串函数

| 函数 | 描述 |
| --- | --- |
| ASCII( character_expression ) | 返回字符串表达式中最左侧字符的 ASCII 代码值 |
| CHAR( integer_expression ) | 将整数类型的 ASCII 值转换为对应的字符 |
| LEFT( character_expression , integer_expression ) | 返回字符串中从左边开始指定个数的字符 |

续表

| 函数 | 描述 |
| --- | --- |
| LEN(string_expression) | 返回指定字符串表达式的字符个数,其中不包含尾随空格 |
| LOWER(character_expression) | 返回大写字符数据转换为小写的字符表达式 |
| LTRIM(character_expression) | 用于去除字符串左边多余的空格 |
| REVERSE(string_expression) | 返回字符串值的逆序排序形式 |
| RIGHT(character_expression, integer_expression) | 返回字符串中从右边开始指定个数的字符 |
| RTRIM(character_expression) | 用于去除字符串右边多余的空格 |
| STR(float_expression[, length[, decimal]]) | 返回由数字数据转换来的字符数据 |
| SUBSTR(expression, start, length) | 返回字符、二进制、文本或图像表达式的一部分 |
| UPPER(character_expression) | 返回小写字符数据转换为大写的字符表达式 |

【例 3.92】 使用函数 RTRIM 和 LTRIM 分别删除两个字符串右侧和左侧的空格,然后将两个字符串串联形成新的字符串。

```
DECLARE @S1 CHAR(6), @S2 CHAR(10);              --声明变量
SELECT @S1 = '山东  ', @S2 = '  财经大学';      --为变量赋值
SELECT @S1 + @S2 AS '字符串简单连接',
       RTRIM(@S1) + LTRIM(@S2) AS '去掉空格后的字符串连接';
```

运行结果为:

| | 字符串简单连接 | 去掉空格后的字符串连接 |
| --- | --- | --- |
| 1 | 山东    财经大学 | 山东财经大学 |

### 3) 日期和时间函数

日期和时间函数用于处理输入的日期和时间值,并返回字符串、数字或者日期时间值,常用的日期和时间函数见表 3-21。

表 3-21　常用的日期和时间函数

| 函数 | 描述 |
| --- | --- |
| DATEDIFF(datepart, startdate, enddate) | 返回 startdate 与 enddate 之间差异的单位,常用 datepart 单位包括 month 或 second |
| DAY(date) | 返回指定 date 的日期(某月的一天)的整数 |
| GETDATE() | 获取当前系统的日期和时间 |
| MONTH(date) | 返回指定 date 的月份的整数 |
| YEAR(date) | 返回指定 date 的年份的整数 |

**【例 3.93】** GETDATE、YEAR、MONTH、DAY 函数示例。

SELECT YEAR(GETDATE())AS 年, MONTH(GETDATE())AS 月,

　　　DAY(GETDATE())AS 日 ;

可能的运行结果为:

| | 年 | 月 | 日 |
|---|---|---|---|
| 1 | 2021 | 3 | 1 |

#### 4)转换函数

在同时处理不同数据类型的值时,SQL Server 一般会自动进行隐式类型转换,但当数据类型无法自动转换时,用户可以使用 SQL Server 提供的转换函数来实现,常用的转换函数见表 3-22。

表 3-22　转换函数

| 函数 | 描述 |
|---|---|
| CAST(expression AS data_type[(length)]) | 将 expression 表达式转换为 data_type 类型的数据 |
| CONVERT(data_type[(length)], expression[,style]) | 将 expression 表达式转换为 data_type 类型的数据,还允许把日期转换成不同的样式 |

**【例 3.94】** 使用 CONVERT 函数将系统当前日期转化为某种特定的格式。

PRINT '今天的日期是:' + CONVERT(VARCHAR(12), GETDATE(), 101);

PRINT '今年是:' + CONVERT(VARCHAR(12), YEAR(GETDATE()))+ '年';

可能的运行结果:

今天的日期是: 03/01/2021
今年是: 2021年

#### 5)聚合函数

聚合函数用于对一组值执行计算,并返回单个值。除了 COUNT 函数外,聚合函数都会忽略 NULL 值。聚合函数经常与 SELECT 语句的 GROUP BY 子句一起使用。常用的聚合函数除 3.3 节介绍的 AVG、COUNT、MAX、MIN、SUM 之外,还有 GROUPING、STDEV、STDEVP、VAR、VARP 等,其他的常用的聚合函数的含义见表 3-23。

表 3-23　常用的聚合函数

| 函数 | 描述 |
|---|---|
| GROUPING(column_expression) | 指示是否聚合 GROUP BY 列表中的指定列表达式 |
| STDEV([ALL ∣ DISTINCT]expression) | 返回指定表达式中所有值的标准偏差 |
| STDEVP([ALL ∣ DISTINCT]expression) | 返回指定表达式中所有值的总体标准偏差 |
| VAR([ALL ∣ DISTINCT]expression) | 返回指定表达式中所有值的方差 |
| VARP([ALL ∣ DISTINCT]expression) | 返回指定表达式中所有值的总体统计方差 |

【例 3.95】 GROUPING 示例。

```
SELECT CASE WHEN GROUPING(Cno)= 1 THEN '课程合计'
              ELSE Cno
     END AS Cno,
     COUNT( * )AS 选课人数
FROM SC
GROUP BY ROLLUP(Cno);                    --或者:GROUP BY Cno WITH ROLLUP;
```

例 3.95 在统计每门课程的选课人数的同时,还统计了所有课程的选课人数的合计。通过 GROUPING 函数的返回值,来指定"课程合计"字符串或返回通常的属性列的值。GROUP BY ROLLUP 可以一次计算出不同聚集属性列的组合结果,例 3.95 就是一次计算出了如下 2 种组合的聚集结果:

➢ GROUP BY(Cno):Cno 作为分组属性列,此时会得到每门课程的选课人数;
➢ GROUP BY():没有聚集属性列,此时会得到全部课程的选课人数,即总计。

例 3.95 可能的查询结果为:

| | Cno | 选课人数 |
|---|---|---|
| 1 | C001 | 2 |
| 2 | C002 | 1 |
| 3 | C004 | 3 |
| 4 | 课程合计 | 6 |

注意:GROUP BY ROLLUP 为每个列表达式的组合创建一个组,此外,它将结果"汇总"到小计和总计;为此,它会从右向左减少创建的组和聚合的列表达式的数量。例如,GROUP BY ROLLUP(col1,col2,col3)为以下列表中的每个列表达式组合创建组:

➢ col1、col2、col3
➢ col1、col2、NULL
➢ col1、NULL、NULL
➢ NULL、NULL、NULL

【例 3.96】 STDEV 和 VAR 函数示例。

```
SELECT STDEV(Grade)AS 标准偏差, VAR(Grade)方差, AVG(Grade)平均分
FROM SC
WHERE Cno = 'C001';
```

可能的运行结果为:

| | 标准偏差 | 方差 | 平均分 |
|---|---|---|---|
| 1 | 9.19238815542512 | 84.5 | 81 |

## 6)排名函数

排名函数可为分区中的每一行返回一个排名值,常用的排名函数见表 3-24。

表 3-24    排名函数

| 函数 | 描述 |
|---|---|
| DENSE_RANK（） | 返回结果集分区中每行的排名,排名值没有间断,如 1,2,2,3,… |
| NTILE（integer_expression） | 将有序分区中的行分发到指定数目的组中, integer_expression 用于指定每个分区必须被划分成的组数。各个组有编号,编号从 1 开始;对于每一个行, NTILE 将返回此行所属的组的编号 |
| RANK（） | 返回结果集的分区内每行的排名,如 1,2, 2,4,… |
| ROW_NUMBER（） | 对结果集的输出进行唯一的连续编号,如 1,2,3,4,… |

【例 3.97】  排名函数示例。

SELECT Sno 学号, Cno 课程号, Grade 成绩,

　　RANK（）OVER（PARTITION BY Cno ORDER BY Grade DESC）AS Rank_名次,

　　DENSE_RANK（）OVER（PARTITION BY Cno ORDER BY Grade DESC）AS Dense_名次,

　　ROW_NUMBER（）OVER（PARTITION BY Cno ORDER BY Grade DESC）AS Row_Num_名次,

　　NTILE(2)OVER（ORDER BY Grade DESC）AS Ntile_组号

FROM SC

ORDER BY Cno, Grade DESC ;

可能的查询结果为:

| | 学号 | 课程号 | 成绩 | Rank_名次 | Dense_名次 | Row_Num_名次 | Ntile_组号 |
|---|---|---|---|---|---|---|---|
| 1 | 201818101 | C001 | 88 | 1 | 1 | 1 | 1 |
| 2 | 201818102 | C001 | 75 | 2 | 2 | 2 | 2 |
| 3 | 201818103 | C002 | 63 | 1 | 1 | 1 | 2 |
| 4 | 201818102 | C004 | 90 | 1 | 1 | 1 | 1 |
| 5 | 201818101 | C004 | 90 | 1 | 1 | 2 | 1 |
| 6 | 201818103 | C004 | 50 | 3 | 2 | 3 | 2 |

本例中用到了 OVER 子句。OVER 子句用于在应用关联的开窗函数前确定行集的分区和排序,即 OVER 子句定义查询结果集内的窗口或用户指定的行集,然后开窗函数将计算窗口中每一行的值。常用的开窗函数有排名函数、聚合函数、分析函数等,用户可以将 OVER 子句和这些函数一起使用,以便计算各种聚合值,例如移动平均值、累积聚合、运行总计或每组结果集的前 N 个结果等。OVER 子句的使用基本格式如下:

OVER(

　　［PARTITION BY value_expression ［ ,…n ］］

　　［ORDER BY order_by_expression ［ ASC | DESC ］［ ,…n ］］

)

说明:

> PARTITION BY:将查询结果集分为多个分区,开窗函数分别应用于每个分区,并为每个分区重新启动计算。如果未指定 PARTITION BY,则将查询结果集的所有行视为单个分区;

> ORDER BY:定义结果集的每个分区中行的逻辑顺序,即指定按其执行开窗函数计算的逻辑顺序。如果未指定 ORDER BY,则将对分区中的所有行应用开窗函数。

注意:通过 PARTITION BY 分区后的记录集合称为"窗口",代表的是"范围",这也是"开窗函数"名称的由来。各个窗口在定义上绝对不会包含共通的部分。PARTITON BY 可以将表中的数据分为多个窗口。如果不指定 PARTITION BY 子句,这和使用没有 GROUP BY 子句的聚合函数时的效果是一样的,也就是将整个表作为一个大的窗口来使用。

【例 3.98】 作为开窗函数使用的聚合函数。

SELECT Sno, Cno, Grade,

　　AVG(Grade)OVER(PARTITION BY Cno)AS Avg_Grade,

　　MAX(Grade)OVER(PARTITION BY Cno)AS Max_Grade,

　　MIN(Grade)OVER(PARTITION BY Cno)AS Min_Grade

FROM SC

ORDER BY Sno, Cno ;

可能的查询结果为:

| | Sno | Cno | Grade | Avg_Grade | Max_Grade | Min_Grade |
|---|---|---|---|---|---|---|
| 1 | 201818101 | C001 | 88 | 81 | 88 | 75 |
| 2 | 201818101 | C004 | 90 | 76 | 90 | 50 |
| 3 | 201818102 | C001 | 75 | 81 | 88 | 75 |
| 4 | 201818102 | C004 | 90 | 76 | 90 | 50 |
| 5 | 201818103 | C002 | 63 | 63 | 63 | 63 |
| 6 | 201818103 | C004 | 50 | 76 | 90 | 50 |

### 7) 分析函数

分析函数基于一组行计算聚合值,与聚合函数不同,分析函数可能针对每个组返回多行。用户可以使用分析函数来计算移动平均线、运行总计、百分比或一个组内的前 N 个结果等。常用的分析函数见表 3-25。

表 3-25　分析函数

| 函数 | 描述 |
|---|---|
| CUME_DIST( ) | 返回某指定值在一组值中的相对位置,CUME_DIST 的返回值大于 0 且小于或等于 1 的值 |
| FIRST_VALUE([scalar_expression]) | 返回有序值集中的第一个值 |
| LAST_VALUE([scalar_expression]) | 返回有序值集中的最后一个值 |
| PERCENT_RANK( ) | 返回某指定值在查询结果集或分区中的相对位置,PERCENT_RANK 的返回值大于等于 0 并小于或等于 1 |

**【例 3.99】** CUME_DIST 函数返回同一门课程内低于或等于当前学生成绩的百分比的值,使用 PERCENT_RANK 函数计算学生的成绩在同一门课程内的百分比排名。

SELECT Cno, Sno, Grade,

　　　CUME_DIST( )OVER( PARTITION BY Cno ORDER BY Grade ) AS CumeDist,

　　　PERCENT_RANK( )OVER( PARTITION BY Cno ORDER BY Grade ) AS PctRank

FROM SC

ORDER BY Cno, Grade DESC ;

本例中为了按课程号对结果集行进行分区,指定 PARTITION BY 子句。OVER 子句中的 ORDER BY 子句在逻辑上对每个分区中的行进行排序;而 SELECT 语句中的 ORDER BY 子句确定结果集的输出顺序。

可能的查询结果为:

| | Cno | Sno | Grade | CumeDist | PctRank |
|---|---|---|---|---|---|
| 1 | C001 | 201818101 | 88 | 1 | 1 |
| 2 | C001 | 201818102 | 75 | 0.5 | 0 |
| 3 | C002 | 201818103 | 63 | 1 | 0 |
| 4 | C004 | 201818101 | 90 | 1 | 0.5 |
| 5 | C004 | 201818102 | 90 | 1 | 0.5 |
| 6 | C004 | 201818103 | 50 | 0.333333333333333 | 0 |

**8) 用户定义函数**

用户可以使用 Transact-SQL 语句创建、修改或删除用户定义函数。与程序设计语言中的函数类似,SQL Server 用户定义函数可以接受参数、执行操作(例如复杂计算),并将操作结果以值的形式返回,返回值可以是标量(单个)值或表。根据函数返回值的类型,可以把用户定义函数分为标量函数和表值函数。标量函数返回结果为单个值,表值函数返回结果集(TABLE 数据类型),表值函数又分为:内联表值函数和多语句表值函数。

(1)标量函数

标量函数返回一个确定类型的标量值,其函数体由一条或多条 Transact-SQL 语句组成,这些语句以 BEGIN 开始,以 END 结束。可以使用 CREATE FUNCTION 或 ALTER FUNCTION 语句创建或修改标量函数,其基本格式如下:

CREATE| ALTER FUNCTION [ schema_name.] function_name

( [ { @ parameter_name [ AS ] parameter_data_type [ = default ] [ READONLY ] }

　　[ ,...n ] ] )

RETURNS return_data_type

[ WITH ENCRYPTION ]

[ AS ]

BEGIN

　　function_body

　　RETURN scalar_expression

END

[ ; ]

说明：

➤ CREATE：创建用户定义函数；

➤ ALTER：修改函数，只有函数已存在时，才可以进行修改；

➤ schema_name：用户定义函数所属的架构的名称；

➤ function_name：用户定义函数的名称，必须符合标识符规则，且在数据库及架构中唯一；

➤ @ parameter_name：参数，可声明一个或多个参数，一个函数最多可以有 2100 个参数，即使未指定参数，函数名称后也需要加上括号；

➤ parameter_data_type：参数的数据类型；

➤ [ = default ]：参数的默认值，执行函数时，如果未定义参数的默认值，则用户必须提供每个已声明参数的值；

➤ READONLY：指示不能在函数定义中更新或修改参数；

➤ return_data_type：标量用户定义函数的返回值类型；

➤ WITH ENCRYPTION：指示数据库引擎会将 CREATE FUNCTION 语句的原始文本转换为加密格式，加密代码的输出在任何目录视图中都不能直接显示；

➤ function_body：指定一系列定义函数值的 Transact-SQL 语句；

➤ scalar_expression：指定标量函数返回的标量值。

【例 3.100】 创建标量函数 Fun1，用于计算某门课程的平均分，课程名作为参数传递。

```
CREATE FUNCTION Fun1 (@ Cname CHAR(40))
RETURNS SMALLINT
AS
BEGIN
    DECLARE @ AvgGrade SMALLINT ;          --声明变量@ AvgGrade
    SELECT @ AvgGrade = AVG(Grade)         --将查询到的平均分赋值给@ AvgGrade
    FROM SC
    WHERE Cno = (SELECT Cno
                 FROM Course
                 WHERE Cname = @ Cname)
    RETURN @ AvgGrade ;
END
GO
                                          --调用标量函数 Fun1
SELECT dbo.Fun1('数据库') AS 平均分 ;
```

可能的执行结果为：

134

| | 平均分 |
|---|---|
| 1 | 76 |

（2）内联表值函数

内联表值函数返回数据类型为 TABLE，其返回的表值是单个 SELECT 语句查询的结果，内联表值函数没有由 BEGIN…END 括起来的函数体。可以使用 CREATE FUNTION 或 ALTER FUNCTION 语句创建或修改内联表值函数，其基本格式如下：

CREATE|ALTER FUNCTION［schema_name.］function_name

（［｛@parameter_name［AS］parameter_data_type［=default］［READONLY］｝

［,…n］］）

RETURNS TABLE

［WITH ENCRYPTION］

［AS］

　　RETURN［（［select_stmt］）］

［;］

说明：

➢　TABLE：指定表值函数的返回值类型为 TABLE；

➢　select_stmt：定义内联表值函数返回值的单个 SELECT 语句。

【例 3.101】　创建内联表值函数 Fun2，用于查询某门课程的选修情况：学号、姓名、成绩，课程名作为参数传递。

CREATE FUNCTION Fun2（@Cname CHAR（40））

RETURNS TABLE

AS

　　RETURN

　　　　（SELECT S.Sno，Sname，Grade

　　　　FROM Student S，SC，Course C

　　　　WHERES.Sno = SC.Sno AND SC.Cno = C.Cno AND Cname = @Cname）

GO

　　　　　　　　　　　　　　　　　　　　　　　　　--调用内联表值函数 Fun2

SELECT ＊ FROM dbo.Fun2（'数据库'）；

可能的执行结果为：

| | Sno | Sname | Grade |
|---|---|---|---|
| 1 | 201818101 | 王丽丽 | 90 |
| 2 | 201818102 | 刘敏 | 90 |
| 3 | 201818103 | 李轩 | 50 |

（3）多语句表值函数

多语句表值函数返回数据类型为 TABLE，返回值表中的数据是由函数体中的语句插入的，多语句表值函数的函数体由 BEGIN…END 括起来。可以使用 CREATE FUNTION 或 ALTER FUNCTION 语句创建或修改多语句表值函数，其基本格式如下：

CREATE| ALTER FUNCTION ［ schema_name.］function_name

（［｛@ parameter_name ［ AS ］ parameter_data_type ［ = default ］［ READONLY ］｝
　　［,…n ］］）

RETURNS @ return_variable TABLE <table_type_definition>

［ WITH ENCRYPTION ］

［ AS ］

BEGIN

　　function_body

　　RETURN

END

［ ; ］

说明:

➤　@ return_variable:TABLE 类型变量,用于存储和汇总应作为函数值返回的行;

➤　<table_type_definition>:定义表数据类型,表声明包含列定义和列约束(或表约束),其语法格式同 CREATE TABLE 语句中的<table_type_definition>。

【例 3.102】　创建多语句表值函数 Fun3,用于查询某学生不及格的课程名及成绩,学号作为参数传递。

```
CREATE FUNCTION Fun3(@ Sno CHAR(9))
RETURNS @ Sno_Grade TABLE(Cname CHAR(40), Grade SMALLINT)
AS
BEGIN
    INSERT INTO @ Sno_Grade
        SELECT Cname, Grade
        FROM SC, Course C
        WHERE SC.Cno = C.Cno AND Sno = @ Sno AND Grade < 60
    RETURN
END
GO
—调用多语句表值函数 Fun3
SELECT * FROM dbo.Fun3('201818103')
```

可能的执行结果为:

| | Cname | Grade |
|---|---|---|
| 1 | 数据结构 | 50 |

## 3.8 存储过程

### 3.8.1 存储过程概述

存储过程(Stored Procedure)是为了实现特定任务,而将一些需要多次调用的固定 Transact-SQL 语句编写成程序段,这些程序段存储在服务器上。存储过程经过第一次编译后再次调用时不需要重新编译,用户只需通过使用存储过程并给定参数即可进行操作。存储过程可以包含用于在数据库中执行操作的编程语句,比如流程控制、数据查询等语句,还可以嵌套调用;存储过程可以接受输入参数并以输出参数的格式向调用程序返回多个值。

(1)存储过程的优点

与单纯的 Transact-SQL 语句相比,存储过程具有如下优点:

➢ 减少网络流量。一个需要数百行 Transact-SQL 语句的操作由一条执行存储过程代码的单独语句就可以实现,不需要在网络中发送数百行代码。

➢ 可实现模块化的程序设计。创建好的存储过程存储在数据库中,可以在应用程序中多次调用。存储过程一般由数据库编程技术人员创建,并可独立于程序源代码而单独修改。

➢ 执行速度快,改善系统性能。默认情况下,存储过程只需在创建时编译,以后每次执行时不需要重新编译。

➢ 存储过程可以封装复杂的数据库操作,简化操作流程。例如对多个表的更改和删除等操作可以定义成一个存储过程。

➢ 提供更强的安全性。多个用户和客户端程序可以通过存储过程对基础数据库对象执行操作,这消除了单独的对象级别授予权限的要求,并且简化了安全层。另外,通过网络调用过程时,只有对执行过程的调用是可见的,因此,恶意用户无法看到表和数据库对象名称,嵌入自己的 Transact-SQL 语句或搜索关键数据。

(2)存储过程的分类

在 SQL Server 中存储过程分为:系统存储过程、用户定义存储过程、临时存储过程、扩展存储过程等。

➢ 系统存储过程:系统存储过程是由 SQL Server 系统提供的存储过程,用户可以使用系统存储过程来执行许多管理和信息活动,如管理服务器、查看各数据库对象信息。系统存储过程物理上存储在内部隐藏的 Resource 数据库中,但逻辑上出现在每个系统定义数据库和用户定义数据库的 sys 架构中。系统存储过程以"sp_"开头,在调用时不必在存储过程名前加上数据库名。

➢ 用户定义存储过程:为了完成某特定的功能,用户可以在用户数据库中创建存储过程。用户定义存储过程有两种类型:Transact-SQL 存储过程和 CLR 存储过程。Transact-SQL 存储过程是指保存 Transact-SQL 语句的集合,可以接收和返回用户提供的参数;CLR 存储过程是指针对 Microsoft.NET Framework 公共语言运行时(Common Language Runtime,CLR)方法的引用,可以接收和返回用户提供的参数,它们在.NET Framework 程序集中是作为类的公共静态方法实现的。

➤ 临时存储过程:临时存储过程是用户定义存储过程的一种形式,与普通存储过程相似,只是临时存储过程存储于临时数据库 tempdb 中。临时存储过程有两种类型:本地临时存储过程和全局临时存储过程。本地临时存储过程名称以单个符号"#"开头,仅对当前的用户连接是可见的,当用户关闭连接时被删除;全局临时存储过程的名称以两个符号"##"开头,创建后对任何用户都是可见的,并且在使用该过程的最后一个会话结束时被删除。

➤ 扩展存储过程:扩展存储过程是 SQL Server 数据库的实例可以动态加载和运行的动态链接库(Dynamic Link Library,DLL),扩展了系统的性能,常以"xp_"开头。

(3)常用的系统存储过程

SQL Server 系统提供了许多系统存储过程,主要包括用于 SQL Server 数据库引擎的常规维护的数据库引擎存储过程,用于实现游标变量功能的游标存储过程,用于设置管理数据库性能所需的核心维护任务的数据库维护计划存储过程等多种类型,常用的系统存储过程见表3-26。

表 3-26  常用的系统存储过程

| 名称 | 描述 |
| --- | --- |
| SP_ADDLOGIN | 创建新的 SQL SERVER 登录名 |
| SP_ADDROLE | 在当前数据库中创建新的数据库角色 |
| SP_ADDROLEMEMBER | 为当前数据库中的数据库角色添加数据库用户、数据库角色等 |
| SP_ADDTYPE | 创建别名数据类型 |
| SP_ADDUSER | 向当前数据库中添加新的用户 |
| SP_CONFIGURE | 显示或更改当前服务器的全局配置设置 |
| SP_HELPDB | 报告有关指定数据库或所有数据库的信息 |
| SP_HELPTEXT | 用于显示规则、默认值、未加密的存储过程、用户定义函数、触发器或视图等的文本 |
| SP_RENAMEDB | 更改数据库的名称 |
| SP_RENAME | 在当前数据库中更改用户创建对象的名称,此对象可以是表、索引等 |
| SP_HELPLOGINS | 提供有关每个数据库中的登录名以及与其相关的用户的信息 |

【例 3.103】 使用系统存储过程 SP_HELPTEXT 查看例 3.102 中创建的函数 Fun3 的定义文本。

EXEC SP_HELPTEXT Fun3 ;

可能的执行结果为:

| | Text |
|---|---|
| 1 | CREATE FUNCTION Fun3(@Sno CHAR(9)) |
| 2 | RETURNS @Sno_Grade TABLE(Cname CHAR(40), Grade SMALLINT) |
| 3 | AS |
| 4 | BEGIN |
| 5 | INSERT INTO @Sno_Grade |
| 6 | SELECT Cname, Grade |
| 7 | FROM SC, Course C |
| 8 | WHERE　SC.Cno = C.Cno AND Sno = @Sno AND Grade > 60 |
| 9 | RETURN |
| 10 | END |

【例 3.104】　使用系统存储过程 SP_RENAME 重命名例 3.74 中创建的索引 Index1。

EXEC SP_RENAME Index1,Index1_1;　　　　　　　　--将索引 Index1 重命名为 Index1_1。

### 3.8.2　创建存储过程

SQL Server 提供了两种方式创建存储过程,一种是通过 SQL Server Management Studio,另一种方法是使用 CREATE PROCEDURE 创建存储过程。

(1)使用 SQL Server Management Studio 创建存储过程

➤　启动 SQL Server Management Studio。

➤　在左边的"对象资源管理器"窗口中展开要创建存储过程的"数据库""可编程性"节点,右击"存储过程"项,在出现的快捷菜单中选择"新建存储过程"命令,如图 3-32 所示。

图 3-32　"新建存储过程"命令

➤　此时,在"对象资源管理器"右边的窗口中出现了 CREATE PROCEDURE 语句的框架,可以修改要创建的存储过程的名称,然后加入实现存储过程功能的 SQL 语句,如图 3-33 所示。

➤　在模板中输入完成后,单击工具栏上的✓按钮,进行语法分析。有语法错误时,根据提示修改语法错误;没有语法错误时,单击工具栏上的 执行(X) 按钮,可以立即执行 SQL 语句,以创建存储过程。

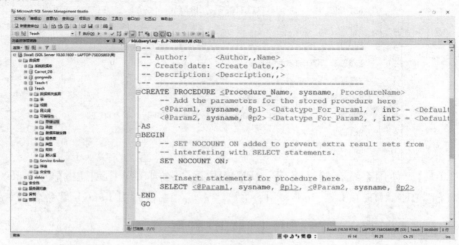

图 3-33　新建存储过程

➢ 此时用户在"对象资源管理器"中刷新数据库,就可以看到刚才创建的存储过程。用户也可以单击工具栏上的保存按钮,保存创建存储过程的 SQL 语句。

(2)使用 CREATE PROCEDURE 语句创建存储过程

其基本格式如下:

CREATE PROCEDURE[ schema_name. ] procedure_name

　　[ { @ parameter data_type }

　　　　[ VARYING ] [ = default ] [ OUT ∣ OUTPUT ] [ READONLY ]

　　] [ ,…n ]

[ WITH { RECOMPILE ∣ ENCRYPTION ∣ RECOMPILE, ENCRYPTION } ]

[ FOR REPLICATION ]

AS

{[ BEGIN ] sql_statement [ ; ] […n ] [ END ] }

[ ; ]

说明:

➢ procedure_name:新建存储过程的名称,必须符合标识符规则且在架构中必须唯一。命名时应避免使用"sp_"开头。

➢ @ parameter:存储过程的参数。通过将"@"用作第一个字符来指定参数名称,参数名称须符合标识符规则。可有多个参数,多个参数间用逗号隔开。用户必须在调用过程时为每个声明的参数提供值(除非定义了该参数的默认值)。

➢ data_type:参数的数据类型。注意,如果指定参数类型为游标数据类型,则还必须指定 VARYING 和 OUTPUT 关键字。

➢ VARYING:指定作为输出参数支持的结果集,仅适用于游标参数。

➢ default:参数的默认值。如果为参数定义了默认值,则无须指定此参数的值即可执行过程。默认值必须是常量或 NULL。

➢ OUT | OUTPUT:指示参数是输出参数。使用 OUTPUT 参数将值返回给过程的调用方。

➢ READONLY:指示不能在过程的主体中更新或修改参数。如果参数类型为表值类型,则必须指定 READONLY。

➢ RECOMPILE:指示数据库引擎不缓存此过程的查询计划,将会强制在每次执行过程时都对该过程进行编译。

➢ ENCRYPTION:指示系统将 CREATE PROCEDURE 语句的原始文本转换为加密格式。加密代码的输出在 SQL Server 的任何目录视图中都不能直接显示,即使使用系统存储过程 SP_HELPTEXT 也无法看到存储过程的定义语句。

➢ FOR REPLICATION:指定为复制创建该过程。

➢ AS:指定过程要执行的操作。

➢ { [ BEGIN ] sql_statement [ ; ] [ ...n ] [ END ] }:组成过程主体的一个或多个 Transact-SQL 语句,可以使用可选的 BEGIN 和 END 将这些语句括起来。

【例 3.105】　创建不带参数的存储过程 P1,用于从学生表 Student 中查询所有男同学的信息。

```
CREATE PROCEDURE P1
AS
    SELECT *
    FROM Student
    WHERE Ssex = '男' ;
GO
```

【例 3.106】　创建带输入参数的存储过程 P2,用于查询某学院的所有学生信息,学院名称作为参数传递,如未指定学院名称,则参数取默认值"计算机"。

```
CREATE PROCEDURE P2
    @ Sdept CHAR(20)= '计算机'
AS
    SELECT *
    FROM Student
    WHERE Sdept = @ Sdept
GO
```

【例 3.107】　创建带输出参数的存储过程 P3,用于从学生表 Student 中根据学号查询该学生的姓名和院系,学号作为参数传递,查询的结果由输出参数@ Sname 和@ Sdept 返回。

```
CREATE PROCEDURE P3
    @ Sno CHAR(9),
    @ Sname CHAR(20)OUTPUT,
```

@Sdept CHAR(20)OUTPUT

AS

SELECT @Sname = Sname, @Sdept = Sdept

FROM Student

WHERE Sno = @Sno

GO

根据上述例子可以看到,创建存储过程时,需要确定存储过程的4个组成部分:

➢ 存储过程的名称。

➢ 存储过程的输入参数。

➢ 存储过程执行后传给调用者的输出参数。

➢ 存储过程功能语句,即针对数据库的操作语句,包括调用其他存储过程的语句。

### 3.8.3 执行存储过程

存储过程创建成功后,会在服务器上生成一个存储过程的数据库对象。如果想看存储过程的执行结果,必须执行存储过程。

执行已创建的存储过程可以使用 EXECUTE 语句,其基本格式如下:

[EXEC | EXECUTE] [@return_status = ] procedure_ name

　　　　[[@parameter = ] {value | @variable [OUTPUT]}] [,...n]

[WITH RECOMPILE] [;]

说明:

➢ 在执行存储过程时,如果语句是批处理中的第一个语句,则不一定要指定 EXECUTE 关键字。

➢ @return_status:可选的整型变量,存储过程的返回状态。该变量在使用前,必须先声明。

➢ procedure_ name:存储过程名。

➢ @parameter:参数名,与在过程中定义的相同,参数名称前必须加上"@",在与@parameter = value | @variable 格式一起使用时,参数名和常量可以不必按它们在过程中定义的顺序提供。

➢ value:传递给过程的参数值。如果参数名称没有指定,参数值必须以在过程中定义的顺序提供。

➢ @variable:用来存储参数或返回参数的变量。

➢ OUTPUT:指定存储过程返回一个参数。该存储过程的匹配参数也必须使用关键字 OUTPUT 创建。

注意:存储过程不返回取代其名称的值,因此不能直接在表达式中使用。

【例3.108】 执行例3.105中创建的存储过程 P1。

EXEC P1;

可能的执行结果为:

142

| | Sno | Sname | Ssex | Sbirthday | Sdept |
|---|---|---|---|---|---|
| 1 | 201812201 | 钱涛 | 男 | 2001-05-04 | 会计 |
| 2 | 201812202 | 邹磊 | 男 | 2001-03-20 | 会计 |
| 3 | 201818103 | 李轩 | 男 | 2000-06-01 | 计算机 |
| 4 | 201818104 | 张博闻 | 男 | 2002-11-23 | 计算机 |
| 5 | 201818123 | 陈东 | 男 | 2001-12-14 | 计算机 |
| 6 | 201818124 | 陈东 | 男 | 2001-12-14 | 计算机 |

【例 3.109】　执行例 3.106 中创建的带输入参数的存储过程 P2。

EXEC P2 @ sdept = '会计' ;　　　　　　　　　　　　--为参数@ Sdept 赋值"会计"

或者：

EXEC P2 '会计' ;

可能的执行结果为：

| | Sno | Sname | Ssex | Sbirthday | Sdept |
|---|---|---|---|---|---|
| 1 | 201812201 | 钱涛 | 男 | 2001-05-04 | 会计 |
| 2 | 201812202 | 邹磊 | 男 | 2001-03-20 | 会计 |
| 3 | 201812203 | 徐敏霞 | 女 | 2000-07-12 | 会计 |

例 3.109 也可以使用如下语句：

EXEC P2 ;　　　　　　　　　　　　--未给参数@ Sdept 赋值，则使用默认值"计算机"

可能的查询结果为：

| | Sno | Sname | Ssex | Sbirthday | Sdept |
|---|---|---|---|---|---|
| 1 | 201818101 | 王丽丽 | 女 | 2001-10-10 | 计算机 |
| 2 | 201818102 | 刘敏 | 女 | 2001-05-06 | 计算机 |
| 3 | 201818103 | 李轩 | 男 | 2000-06-01 | 计算机 |
| 4 | 201818104 | 张博闻 | 男 | 2002-11-23 | 计算机 |
| 5 | 201818123 | 陈东 | 男 | 2001-12-14 | 计算机 |
| 6 | 201818124 | 陈东 | 男 | 2001-12-14 | 计算机 |

【例 3.110】　执行例 3.107 中创建的带输出参数的存储过程 P3。

--利用输出参数@ Sname，@ Sdept 将查询结果传出

DECLARE @ Sname CHAR( 20 )，@ Sdept CHAR( 20 ) ;　　　　　--声明局部变量

EXEC P3 ' 201818102 '，@ Sname OUTPUT，@ Sdept OUTPUT ;　--执行存储过程 P3

SELECT @ Sname 姓名，@ Sdept 学院 ;

可能的查询结果为：

| | 姓名 | 学院 |
|---|---|---|
| 1 | 刘敏 | 计算机 |

### 3.8.4　修改存储过程

可以使用 ALTLER PROCEDURE 语句修改已经存在的存储过程，其基本格式如下：

ALTER PROCEDURE [ schema_name. ] procedure_name

　　[ { @ parameter data_type }

　　　　[ VARYING ] [ = default ] [ OUT | OUTPUT ] [ READONLY ]

　　] [ ,...n ]

［WITH｛RECOMPILE｜ENCRYPTION｜RECOMPILE，ENCRYPTION｝］
［FOR REPLICATION］
AS
｛［BEGIN］sql_statement［；］［…n］［END］｝
［；］
说明：

➤ 使用 ALTER PROCEDURE 语句修改存储过程时，会覆盖以前定义的存储过程。

➤ 各参数与 CREATE PROCEDURE 语句中的参数含义相同。

### 3.8.5 删除存储过程

不再需要的存储过程可以使用 DROP PROCEDURE 语句删除，其基本格式如下：
DROP｛PROC｜PROCEDURE｝｛［scheme_name.］procedure_name｝［,…n］［；］
【例 3.111】 删除例 3.105、例 3.106 和例 3.107 中创建的存储过程 P1、P2 和 P3。
DROP PROCEDURE P1, P2, P3；

## 3.9 触发器

### 3.9.1 触发器概述

触发器(Trigger)是一类特殊的存储过程，是一个在增删改表中的数据时执行的存储过程，它的执行不是由程序显式地调用或执行，也不是手工启动，而是通过事件触发时被执行。例如，当对一个表进行增删改操作时，就会激活触发器的执行。

触发器通常可以完成一定的业务规则，如用于约束、规则和默认值的完整性检查，实施完整性和强制执行业务规则等。当某特定事件发生时，如用户向表中插入、修改、删除数据时，触发器内设定的 Transact-SQL 语句将会被自动执行，从而确保对数据的处理必须符合由这些 Transact-SQL 语句所定义的规则。触发器可以嵌套，例如，一个触发器可以触发第二个触发器，第二个触发器又可以触发第三个触发器等。默认情况下，系统允许触发器最多嵌套 32 层。

(1)触发器的优点
使用触发器主要有以下优点：

➤ 触发器是自动执行的，在数据库中定义了某个对象之后，或对表中的数据做了某种修改之后立即被激活。

➤ 触发器可以评估数据修改前后表的状态，并根据其差异采取相应的措施。

➤ 触发器可以通过数据库中的相关表进行层叠更改。

➤ 触发器可以防止恶意的或错误的 INSERT、UPDATE 以及 DELETE 操作，并强制执行比 CHECK 约束定义更为复杂的完整性要求。CHECK 约束中不能引用其他表中的属性列，而触发器可以引用。

➤ 一个表中的多个同类 DML 触发器(INSERT、UPDATE 或 DELETE)允许采取多个不同的操作来响应同一个修改语句。

➤ 触发器可以确保数据规范化。使用触发器可以维护数据库中记录级数据的完整性。

(2)触发器的分类

按照触发事件的不同,SQL Server 提供了 3 种类型的触发器:DML 触发器、DDL 触发器和登录触发器。

①DML 触发器:当数据库服务器中有数据操纵(DML)事件(如 INSERT、UPDATE 或 DE-LETE)发生时,触发器中的代码被执行。按照触发器代码执行的时机不同,DML 触发器可以分为:AFTER 触发器和 INSTEAD OF 触发器。

AFTER 触发器在执行 INSERT、UPDATE 或 DELETE 语句的操作之后被激活,如果违反了约束,则永远不会执行 AFTER 触发器,因此,AFTER 触发器不能用于任何可能防止违反约束的处理。AFTER 触发器只能在表上定义,不能在视图上定义。

INSTEAD OF 触发器替代激活触发器的 DML 操作执行,即 INSERT、DELETE、UPDATE 操作不再执行,取而代之的是 INSTEAD OF 触发器中的代码,INSTEAD OF 触发器可以定义在表上,也可以定义在视图上。

②DDL 触发器:DDL 触发器将为了响应各种数据定义语言事件而激活,这些事件主要与关键字 CREATE、ALTER、DROP、GRANT、DENY、REVOKE 等开头的 Transact-SQL 语句对应。执行 DDL 式操作的系统存储过程也可以触发 DDL 触发器。使用 DDL 触发器可以防止对数据库架构进行的某些更改或记录数据库架构中的更改或事件。

③登录触发器:登录触发器是为了响应 LOG ON 事件而激活的触发器,与 SQL Server 实例建立用户会话时将触发该事件。登录触发器在登录的身份验证阶段完成之后且用户会话实际建立之前触发。因此,所有源自触发器内部且通常会传递给用户的信息(如错误消息和来自 PRINT 语句的消息)会传送到 SQL Server 错误日志。如果身份验证失败,登录触发器将不会被触发。可以使用登录触发器来审核和控制服务器会话,例如通过跟踪登录活动,限制 SQL Server 的登录名或限制特定登录名的会话数。

(3)DELETED 表和 INSERTED 表

在 DM 触发器执行的时候会产生两个临时表——DELETED 表(删除的表)和 INSERTED 表(插入的表)。它们的结构和触发器所在的表(此表有时称为"触发器表")的结构相同,由 SQL Server 自动创建和管理。用户可以使用这两种驻留在内存的临时表来测试特定数据修改的影响以及设置 DML 触发器操作条件。对于这两个表中的数据,用户可以读取但是不能修改,触发器执行完成后,系统自动删除这两个表。

DELETED 表用于存储 DELETE 和 UPDATE 语句所影响的行的副本。在执行 DELETE 或 UPDATE 语句的过程中,行从触发器表中删除,并传输到 DELETED 表中。DELETED 表和触发器表通常没有相同的行。

INSERTED 表用于存储 INSERT 和 UPDATE 语句所影响的行的副本。在执行 INSERT 或 UPDATE 语句的过程中,新行会同时添加到 INSERTED 表和触发器表中。INSERTED 表中的行是触发器表中的新行的副本。

UPDATE 操作类似于先执行 DELETE 操作,然后再执行 INSERT 操作。因此,首先旧行被复制到 DELETED 表中;然后,新行被复制到触发器表和 INSERTED 表中。

因此,在对具有触发器的表进行 INSERT、UPDATE 和 DELETE 操作时,其操作过程如下:

➢ 执行 INSERT 操作:插入触发器表中的新行被插入 INSERTED 表中。

➢ 执行 DELETE 操作:从触发器表中删除的行被插入 DELETED 表中。

➢ 执行 UPDATE 操作:先从触发器表中删除旧行,该旧行被插入 DELETED 表中,然后再插入新行,插入的新行被插入 INSERTED 表中。

### 3.9.2 创建 DML 触发器

可以使用 CREATE TRIGGER 创建 DML 触发器,其基本格式如下:

```
CREATE TRIGGER[ schema_name.] trigger_name
ON { table | view }
[ WITH ENCRYPTION ]
{ FOR | AFTER | INSTEAD OF }
{ [ INSERT ] [ , ] [ UPDATE ] [ , ] [ DELETE] }
AS
      { sql_statement [ ; ] [ ,…n ] }
```

说明:

➢ trigger_name:触发器的名称,必须遵循标识符规则。

➢ table | view:对其运行 DML 触发器的表或视图,此表或视图有时称为"触发器表"或"触发器视图"。视图上不能定义 FOR 或 AFTER 触发器,只能定义 INSTEAD OF 触发器。

➢ WITH ENCRYPTION:指示系统将 CREATE TRIGGER 语句的原始文本转换为加密格式,使用 WITH ENCRYPTION 可以防止将触发器作为 SQL Server 复制的一部分进行发布。

➢ FOR | AFTER:指定仅当触发器 SQL 语句中指定的所有操作都已成功启动时,触发器才触发。如果仅指定 FOR 关键字,则 AFTER 是默认设置。

➢ INSTEAD OF:指定执行触发器,而不是执行触发 SQL 语句,从而替代触发语句的操作。

➢ [INSERT ] [ , ] [ UPDATE ] [ , ] [ DELETE]:用于指定在表或视图上执行哪些数据修改语句时,将激活触发器的关键字。必须至少指定一个选项,如果指定的选项多于一个,需要用逗号分隔。

➢ sql_statement:触发条件和操作。触发器可以包含若干 Transact-SQL 语句,通常包含流程控制语句,旨在根据数据修改或定义语句来检查或更改数据,一般不向用户返回数据。

【例 3.112】 定义 AFTER 触发器 T1,实现:当修改学生选课表 SC 中的成绩时,如果成绩增加了 10%及以上,则将此次修改操作记录到另一个表 SC_Update(Sno, Cno, OldGrade, NewGrade)中。

首先,创建 SC_Update 表:

146

```
CREATE TABLE SC_Update
( Sno CHAR(9) ,
  Cno CHAR(4) ,
  OldGrade SMALLINT,
  NewGrade SMALLINT
);
```

然后创建触发器 T1:

```
CREATE TRIGGER T1
ON SC
AFTER UPDATE
AS
    IF UPDATE( Grade)
    BEGIN
        DECLARE @ OldGrade SMALLINT, @ NewGrade SMALLINT,
            @ Sno CHAR(9) , @ Cno CHAR(4) ;
        SELECT @ OldGrade = D.Grade, @ NewGrade = I.Grade,
            @ Sno = I.Sno, @ Cno = I.Cno
        FROM inserted I, deleted D
        WHERE I.Sno = D.Sno AND I.Cno = D.Cno
        IF @ NewGrade * 1.0 / @ OldGrade >= 1.1
            INSERT INTO SC_Update( Sno, Cno, OldGrade, NewGrade)
            VALUES( @ Sno, @ Cno, @ OldGrade, @ NewGrade)
    END
GO
```

【例 3.113】　定义 INSTEAD OF 触发器 T2,实现:当用户向学生选课 SC 表中插入的记录的成绩超过 100 分或低于 0 分时,拒绝插入,并给出"错误! 成绩必须在 0~100 取值!!"的提示信息。

```
CREATE TRIGGER T2
ON SC
INSTEAD OF INSERT
AS
    DECLARE @ Grade SMALLINT, @ SnoCHAR(9) , @ Cno CHAR(4) ;
    SELECT @ Sno = Sno, @ Cno = Cno, @ Grade = Grade
    FROM inserted
    IF @ Grade > 100 OR @ Grade < 0
        PRINT '错误! 成绩必须在 0~100 取值!! ' ;
    ELSE
```

```
        INSERT INTO SC VALUES(@ Sno, @ Cno, @ Grade);
GO
```

【例 3.114】 定义 AFTER 触发器 T3,实现:当用户向学生选课 SC 表中插入的记录的成绩超过 100 分或低于 0 分时,拒绝插入,并给出"错误! 成绩必须在 0~100 取值!!"的提示信息。

```
CREATE TRIGGER T3
ON SC
AFTER INSERT
AS
    DECLARE @ Grade SMALLINT ;
    SELECT @ Grade = Grade
    FROM inserted
    IF @ Grade > 100 OR @ Grade < 0
    BEGIN
        PRINT '错误! 成绩必须在 0~100 取值!! ';
        ROLLBACK ;
    END
GO
```

【例 3.115】 利用触发器实现级联删除:定义 AFTER 触发器 T4,当删除学生表 Student 中某个学生记录时,为保证参照完整性,触发器代码用于删除该生在学生选课表 SC 中的选课记录。

```
CREATE TRIGGER T4
ON Student
AFTER DELETE
AS
    DELETE
    FROM SC
    WHERE Sno IN (SELECT Sno
                FROM deleted)
GO
```

### 3.9.3　修改 DML 触发器

当 DML 触发器不满足需求时,可以使用 ALTER TRIGGER 语句修改触发器,其基本格式如下:

```
ALTER TRIGGER [ schema_name.] trigger_name
ON { table | view }
[ WITH ENCRYPTION ]
```

{ FOR ∣ AFTER ∣ INSTEAD OF }

{ [ INSERT ] [ , ] [ UPDATE ] [ , ] [ DELETE] }

AS

　　{ sql_statement [ ; ] [ ,…n ] }

其中,各参数的含义和 CREATE TRIGGER 语句中的参数含义相同。

### 3.9.4  启用或禁用触发器

触发器创建之后便启用了,如果暂时不需要使用某个触发器,可以将其禁用。触发器被禁用后并没有被删除,仍然作为对象存储在当前数据库中。已禁用的触发器可以被重新启用。

禁用或启用触发器,可以使用 ALTER TABLE 语句,其基本格式如下:

ALTER TABLE { database_name.schema_name.table_name

　　　　　　　　∣schema_name.table_name ∣ table_name }

{ DISABLE ∣ ENABLE } TRIGGER { ALL ∣ trigger_name [ ,…n ] }

说明:

➢ DISABLE ∣ ENABLE:禁用或启用触发器;

➢ ALL:指定启用或禁用表中的所有触发器;

➢ trigger_name:指定要启用或禁用的触发器的名称。

也可以使用 DISABLE TRIGGER 或 ENABLE TRIGGER 语句禁用或启用触发器,其基本格式如下:

{DISABLE ∣ ENABLE } TRIGGER { [ schema_name.] trigger_name [ ,…n ] ∣ ALL }

ON{ object_name } [ ; ]

说明:

➢ trigger_name:要禁用或启用的触发器的名称;

➢ ALL:指示禁用或启用在 ON 子句作用域中定义的所有触发器;

➢ object_name:表或视图的名称。

【例 3.116】 禁用例 3.115 中定义的触发器 T4。

DISABLE TRIGGER T4 ON Student

### 3.9.5  删除触发器

当触发器不再使用时,可以使用 DROP TRIGGER 语句将其删除,删除触发器不会影响其操作的数据表,而当某个表被删除时,该表上的触发器也同时被删除。DROP TRIGGER 语句的基本格式如下:

DROP TRIGGER [ schema_name.] trigger_name [ ,…n ] [ ; ]

【例 3.117】 删除例 3.113 和例 3.114 中定义的触发器 T2 和 T3。

DROP TRIGGER T2, T3 ;

# 练习题

## 一、填空题

1.SQL 的中文全称是_____。

2.SQL 语言支持关系数据库的三级模式结构,其中外模式对应于_____,模式对应于_____,内模式对应于_____。

3.删除数据表 Student 的语句是_____TABLE Student。

4.一个基本表中最多可创建_____个聚集索引。

5.视图是从基本表或视图导出的_____表,数据库中只存储视图的定义,而不存储视图对应的数据,这些数据仍存储在原来的基本表中。

6.SQL 语句中用于消除重复元组的关键字是_____。

7.使用空值查询时,表示一个属性列 Grade 不是空值的表达式是:Grade_____NULL。

8.若要计算表中数据的平均值,可以使用的聚合函数是_____。

9.Transact-SQL 中,局部变量使用之前须先使用_____语句声明,且局部变量名称应以_____开头。

10.在嵌套查询中,如果子查询的查询条件引用了父查询表中的属性值,则称之为_____子查询。

11.SQL Server 为每个触发器创建的两个临时表是_____和_____。

12.可以使用_____语句执行存储过程。

## 二、简答题

1.试述 SQL 的特点。

2.什么是索引? 聚集索引和非聚集索引有什么区别?

3.试述视图的作用。

4.试述视图和基本表的区别与联系。

5.哪类视图是可以更新的? 哪类视图是不可更新的? 各举一例说明。

6.什么是存储过程? 存储过程分为哪几类? 使用存储过程有什么好处?

7.什么是触发器? 其主要功能是什么?

8.AFTER 触发器和 INSTEAD OF 触发器有什么不同?

## 三、操作题

1.请利用本章使用的 3 个基本表:Student(Sno, Sname, Ssex, Sbirthday, Sdept)、Course(Cno, Cname, Cpno, Ccredit)和 SC(Sno, Cno, Grade)

完成下述操作要求:

①使用 CREATE DATABASE 语句创建 Teach 数据库,该数据库包含一个事务日志文件和以下文件组:

➤ 包含文件 Teach_dat1 和 Teach_dat2 的主文件组;

150

➢ 名为 TeachGroup 的文件组,其中包含文件 Teach_G1_dat 和 Teach_G2_dat。各文件请自行设置。

②使用 CREATE TABLE 语句创建本章使用的 3 个表:Student、Course、SC,创建时需定义基本的完整性约束条件。

③使用 INSERT 语句分别向 Student 表、Course 表和 SC 表插入部分记录。

④查询"计算机"学院的所有女生信息。

⑤查询姓名中第 2 个字为"敏"字的学生的学号和姓名。

⑥查询与"刘敏"在同一个学院的学生的姓名。

⑦查询考试成绩不及格的学生的姓名和课程名。

⑧查询"刘敏"同学没有选修的课程名。

⑨查询选修了"数据库"课程的学生的学号和成绩,并按成绩的降序排序。

⑩查询年龄大于男学生平均年龄的女学生的姓名和年龄。

⑪查询同时选修了"数据库"和"数据结构"课程的学生姓名。

⑫查询选修了"数据库"或"数据结构"课程的学生姓名。

⑬查询选修了"数据库"但没选修"数据结构"课程的学生姓名。

⑭统计每个学生选修课程的数量,要求选修课程数有 3 门及以上的才输出。

⑮查询每门课程每个学院的选课人数。

⑯查询每个学生超过其所选课程平均分的信息,要求列出:学号、课程号、成绩。

⑰在 Student 表的 Sdept 属性列上创建一个非聚集索引,按照 Sdept 降序排列。

⑱将选修"数据库"课程的学生成绩提高 5%。

⑲删除 SC 表中"刘敏"的选课记录。

⑳创建一个视图,其包括每个学生的学号、姓名、所选课程的名称及成绩。要求,没有选修课程的学生也要列出来。

㉑创建一个标量函数,实现:查询某个学生的不及格课程数量,学生姓名作为参数传递。

㉒创建一个内联表值函数,实现:查询某个学生的选课信息。课程名称、成绩,学生姓名作为参数传递。

㉓创建一个存储过程,实现:查询某个学生的选课信息。包括:选修课程的最高分、最低分及平均分,学生姓名作为输入参数,查询到的所选修课程的最高分、最低分及平均分作为输出参数传出。

㉔创建一个 AFTER 触发器,实现:向 Student 表插入数据时,确保插入记录的 Ssex 属性取值为"男"或"女"。

㉕创建一个 INSTEAD OF 触发器,实现:向 Student 表插入数据时,确保插入记录的 Ssex 属性取值为"男"或"女"。

2.创建一个名为"图书管理"的数据库,具体要求如下:

(1)创建数据库

使用 CREATE DATABASE 语句创建一个数据库,命名为"图书管理",初始容量为 5 M,最大容量为 50 M,文件每次增容的容量为 1 M,存放路径为"D:\图书管理",其他属性选系统默认值。

（2）创建数据表

使用 CREATE TABLE 语句创建"图书管理"数据库的 3 个表：book（图书信息）、reader（读者信息）、borrow（借阅信息）。3 个表的表结构见表 3-27—表 3-29。

book 表：bno 为主键；

reader 表：rno 设为主键，gender 只能取值"男"或"女"，phone 取值唯一；

borrow 表：bno 和 rno 一起作为联合主键，bno 为外键，其对应的参照表、列是 book 表及其 bno 列，rno 为外键，其对应的参照表、列为 reader 表及其 rno 列；

给 book 表增加一列，用于记录图书的定价：列名 price，类型 money，长度 8，值大于 0，允许空；

修改 reader 表中 depart 列的宽度为 50；

创建默认值 20，将其绑定到 book 表的 price 列上；

建立规则 R_category，条件是取值只能是"计算机、数学、管理、经济、英语"这 5 种图书类别，将其绑定到 book 表的 category 列上；

删除 R_category 规则。

表 3-27　book 表结构

| 列名 | 数据类型 | 长度 | 允许空 | 描述 |
| --- | --- | --- | --- | --- |
| bno | char | 10 | | 书号 |
| category | nvarchar | 20 | 是 | 图书类别（如计算机、数学等） |
| publisher | nvarchar | 50 | | 出版社 |
| author | nvarchar | 20 | 是 | 作者 |
| name | nvarchar | 50 | | 书名 |

表 3-28　reader 表结构

| 列名 | 数据类型 | 长度 | 允许空 | 描述 |
| --- | --- | --- | --- | --- |
| rno | nvarchar | 10 | | 读者号 |
| name | nvarchar | 12 | | 姓名 |
| depart | nvarchar | 20 | 是 | 所在院系 |
| gender | nchar | 1 | 是 | 性别 |
| phone | char | 15 | 是 | 电话 |

表 3-29　borrow 表结构

| 列名 | 数据类型 | 长度 | 允许空 | 描述 |
| --- | --- | --- | --- | --- |
| bno | nvarchar | 10 | | 书号 |
| rno | nvarchar | 10 | | 读者号 |
| bdate | datetime | 8 | | 借阅日期 |

（3）数据的增删改

➤ 使用 INSERT 语句为以上 3 个表添加记录，数据内容见表 3-30—表 3-32；

➤ 使用 UPDATE 语句将所有"机械工业出版社"出版的书的定价加 10 元；

➤ 使用 DELETE 语句删除 borrow 表中图书号为"0009"的借阅信息。

表 3-30　book 表数据

| bno | category | publisher | author | name | price |
| --- | --- | --- | --- | --- | --- |
| 0001 | 计算机 | 机械工业出版社 | 王民 | 数据结构 | 50 |
| 0002 | 计算机 | 机械工业出版社 | 张建平 | 计算机应用 | 35 |
| 0003 | 数学 | 高等教育出版社 | 王敏 | 线性代数 | 60 |
| 0004 | 计算机 | 电子工业出版社 | 谭强 | 数据库技术 | 20 |
| 0005 | 英语 | 中国人民大学出版社 | 孙锦 | 应用文写作 | 15 |
| 0006 | 管理 | 清华大学出版社 | 吴刚 | 管理学概论 | 25 |
| 0007 | 计算机 | 机械工业出版社 | 李立 | C 语言 | 40 |
| 0008 | 经济 | 北京大学出版社 | 李平 | 微观经济学 | 56 |
| 0009 | 英语 | 复旦大学出版社 | 魏有清 | 大学英语 | 28 |
| 0010 | 数学 | 高等教育出版社 | 徐新国 | 统计学 | 18 |

表 3-31　reader 表数据

| rno | name | depart | gender | phone |
| --- | --- | --- | --- | --- |
| 0001 | 丁宜 | 数学院 | 男 | 80000001 |
| 0002 | 赵天 | 经济学院 | 男 | 80000002 |
| 0003 | 张珊 | 数学院 | 女 | |
| 0004 | 李思 | 管理学院 | 男 | 80000003 |
| 0005 | 王武 | 数学院 | 女 | 80000004 |
| 0006 | 孙沛 | 管理学院 | 女 | 80000005 |
| 0007 | 张琦 | 文学院 | 女 | 80000006 |
| 0008 | 徐述 | 历史文化学院 | 女 | 80000007 |
| 0009 | 宋朝 | 历史文化学院 | 男 | |
| 0010 | 刘勇 | 生命科学院 | 男 | 80000008 |

表 3-32　borrow 表数据

| bno | rno | bdate |
| --- | --- | --- |
| 0001 | 0001 | 2017-2-6 |
| 0002 | 0001 | 2018-12-1 |
| 0002 | 0007 | 2016-2-6 |
| 0003 | 0001 | 2018-2-6 |
| 0003 | 0003 | 2016-10-1 |
| 0003 | 0005 | 2015-10-2 |
| 0007 | 0003 | 2018-2-6 |
| 0008 | 0004 | 2015-1-10 |
| 0008 | 0010 | 2017-9-9 |
| 0009 | 0007 | 2015-11-11 |

（4）创建索引
➤ 使用 CREATE INDEX 语句在 book 表的 publisher 列上创建非聚集且不唯一索引；
➤ 使用 CREATE INDEX 语句在 book 表的 name 列上创建非聚集索引；
➤ 使用系统存储过程 sp_helpindex 查看 book 表的索引信息；
➤ 使用 DROP INDEX 语句删除 book 表的 name 列上建立的索引。

（5）数据查询
➤ 查询所有读者的信息；
➤ 查询读者的借书证号、姓名、所在院系；
➤ 按照图书价格从高到低查询所有图书的书名和价格，价格相同的按照书名升序排列；
➤ 查询图书的定价最高的 3 本图书信息；
➤ 查询图书类别，并消除重复记录；
➤ 查询图书名称和书号，输出结果以"书名"和"ISBN"为列标题；
➤ 查询所有图书名称和打八折后的价格，并以"8 折后"命名列标题；
➤ 查询计算机类的图书信息；
➤ 查询图书的定价在 20~30 的计算机类图书名称和定价；
➤ 查询姓"李"的读者信息；
➤ 查询"计算机"类的图书信息；
➤ 查询"张琦"借阅的图书名、图书类别和借阅日期；
➤ 查询借阅"数据库原理"的读者姓名和借阅日期；
➤ 查询每个读者的借书数量，并找出借书数量大于 5 本的读者姓名和电话；
➤ 查询最受欢迎的前 3 本图书名称及出版社（借阅量最大）。

154

（6）创建视图

创建一个有关图书-读者的视图,包含读者姓名、电话、图书名,按照借阅日期降序排列。

（7）创建存储过程

创建一个存储过程,实现:查询某个读者的借阅信息。包括:图书名、借阅日期,读者姓名作为输入参数,查询到的图书名、借阅日期作为输出参数传出。

（8）触发器

创建一个 AFTER 触发器,实现:向 reader 表插入数据时,确保插入记录的 gender 属性取值为"男"或"女";

创建一个 INSTEAD OF 触发器,实现:向 reader 表插入数据时,确保插入记录的 gender 属性取值为"男"或"女"。

# 第 **4** 章
# 关系数据库规范化理论

关系模式是关系数据库的重要组成部分,直接影响着关系数据库的性能。为使数据库设计合理可靠、简单实用,长期以来,形成了关系数据库设计理论,即规范化理论。它是根据现实世界存在的数据依赖而进行的关系模式的规范化处理,从而得到一个合理的数据库设计的过程。

本章首先引入关系模式规范化问题,接着介绍函数依赖、多值依赖和范式等基本概念,最后介绍关系模式规范化的步骤。

## 4.1　关系模式的规范化问题

### 4.1.1　问题的提出

从前面的章节可知,关系是一张二维表,它是涉及属性的笛卡尔积的一个子集。从笛卡尔积中选取哪些元组构成该关系,通常是由现实世界赋予该关系的元组语义来确定的。元组语义实质上是一个 $n$ 目谓词($n$ 是属性集中属性的个数),使该 $n$ 目谓词为真的笛卡尔积中的元素(或者说凡符合元组语义的元素)的全体就构成了该关系。

但由上述关系所组成的数据库还存在某些问题。为了便于说明,先看一个实例。

【例4.1】　设有一个关于教学的关系模式 $R(U)$,其中 $U$ 是由属性 Sno、Sname、Ssex、Dname、Cname、Tname、Grade 组成的属性集合,其中 Sno 的含义为学生学号,Sname 为学生姓名,Ssex 为学生性别,Dname 为学生所在系别,Cname 为学生所选的课程名称,Tname 为任课教师姓名,Grade 为学生选修该门课程的成绩。若将这些信息设计成一个关系,则关系模式为:

教学(Sno,Sname,Ssex,Dname,Cname,Tname,Grade)

选定此关系的主码为(Sno,Cname)。

156

由该关系的部分数据(表 4-1),不难看出,该关系存在着如下问题:

表 4-1　教学关系部分数据

| Sno | Sname | Ssex | Dname | Cname | Tname | Grade |
|---|---|---|---|---|---|---|
| 2017301 | 张小明 | 男 | 计算机系 | 高等数学 | 王刚 | 83 |
| 2017301 | 张小明 | 男 | 计算机系 | 英语 | 周子怡 | 71 |
| 2017301 | 张小明 | 男 | 计算机系 | 数字电路 | 方斌 | 92 |
| 2017301 | 张小明 | 男 | 计算机系 | 数据结构 | 陈云云 | 86 |
| 2016302 | 王莉莉 | 女 | 计算机系 | 高等数学 | 王刚 | 79 |
| 2016302 | 王莉莉 | 女 | 计算机系 | 英语 | 周子怡 | 94 |
| 2016302 | 王莉莉 | 女 | 计算机系 | 数字电路 | 方斌 | 74 |
| 2016302 | 王莉莉 | 女 | 计算机系 | 数据结构 | 陈云云 | 68 |
| … | … | … | … | … | … | … |
| 2016131 | 李杰 | 男 | 工商系 | 高等数学 | 王刚 | 97 |
| 2016131 | 李杰 | 男 | 工商系 | 英语 | 周子怡 | 79 |

(1)数据冗余

①每一个系名对该系的学生人数乘以每个学生选修的课程门数需要重复存储。

②每一个课程名均对选修该门课程的学生需要重复存储。

③每一个教师都对其所教的学生需要重复存储。

(2)更新异常

由于存在数据冗余,就可能导致数据更新异常,这主要表现在以下几个方面:

①插入异常:由于主码中元素的属性值不能取空值,如果新分配来一位教师或新成立一个系,则这位教师及新系名就无法插入;如果一位教师所开的课程无人选修或一门课程列入计划但目前不开课,也无法插入。

②修改异常:如果更改一门课程的任课教师,则需要修改多个元组。如果仅部分修改,部分不修改,就会造成数据的不一致性。同样的情形,如果一个学生转系,则对应此学生的所有元组都必须修改,否则,也出现数据的不一致性。

③删除异常:如果某系的所有学生全部毕业,又没有在读及新生,当从表中删除毕业学生的选课信息时,则连同此系的信息将全部丢失。同样地,如果所有学生都退选一门课程,则该课程的相关信息也同样丢失了。

由此可知,上述的教学关系尽管看起来能满足一定的需求,但存在的问题太多,从而它并不是一个合理的关系模式。

### 4.1.2　解决的方法

不合理的关系模式最突出的问题是数据冗余,而数据冗余的产生有着较为复杂的原因。如例 4.1 所示,同一关系模式中各个属性之间存在着某种联系,如学生与系、课程与教师之间存在依赖关系的事实,才使得数据出现大量冗余,引发各种操作异常。这种依赖关系称为数据依赖(Data Independence)。

关系系统当中数据冗余产生的重要原因就在于对数据依赖的处理,从而影响到关系模式本身的结构设计。解决数据间的依赖关系常常采用对关系的分解来消除不合理的部分,以减少数据冗余。在例 4.1 中,将教学关系分解为 3 个关系模式来表达:学生基本信息(Sno,Sname,Ssex,Dname),课程信息(Cno,Cname,Tname)及学生成绩(Sno,Cno,Grade),其中 Cno 为学生选修的课程编号;分解后的部分数据见表 4-2、表 4-3 与表 4-4。

表 4-2　学生信息

| Sno | Sname | Ssex | Dname |
|---|---|---|---|
| 2017301 | 张小明 | 男 | 计算机系 |
| 2016302 | 王莉莉 | 女 | 计算机系 |
| … | … | … | … |
| 2016131 | 李杰 | 男 | 工商系 |

表 4-3　课程信息

| Cno | Cname | Tname |
|---|---|---|
| GS01101 | 高等数学 | 王刚 |
| YY01305 | 英语 | 周子怡 |
| SD05103 | 数字电路 | 方斌 |
| SJ05306 | 数据结构 | 陈云云 |
| … | … | … |
| GS01102 | 高等数学 | 吴小轩 |

表 4-4　学生成绩表

| Sno | Cno | Grade |
|---|---|---|
| 2017301 | GS01101 | 83 |
| 2017301 | YY01305 | 71 |
| 2017301 | SD05103 | 92 |
| 2017301 | SJ05306 | 86 |
| 2016302 | GS01101 | 79 |
| 2016302 | YY01305 | 94 |
| 2016302 | SD05103 | 74 |

对教学关系进行分解后,再来考察一下:

(1)数据存储量减少

设有 $n$ 个学生,每个学生平均选修 $m$ 门课程,则表 4-1 中学生信息就有 $n×m$ 之多。经过改进后学生信息及成绩表中,学生的信息仅为 $n$。学生信息的存储量减少了 $(m-1)×n$。显然,学生选课数绝不会是 1,因而,经过分解后数据量要少得多。

(2)更新方便

①插入问题部分解决:对一位教师所开的无人选修的课程可方便地在课程信息表中插入。但是,新分配来的教师、新成立的系或列入计划目前不开课的课程,还是无法插入。要解决无法插入的问题,还可继续将系名与课程作分解来解决。

②修改方便:原关系中对数据修改所造成的数据不一致性,在分解后得到了很好的解决,改进后,只需要修改一处。

③删除问题也部分解决:当所有学生都退选一门课程时,删除退选的课程不会丢失该门课程的信息。值得注意的是,系的信息丢失问题依然存在,解决的方法还需继续进行分解。

虽然改进后的模式部分地解决了不合理的关系模式所带来的问题,但同时,改进后的关系模式也会带来新的问题,如当查询某个系的学生成绩时,就需要将两个关系连接后进行查

158

询,增加了查询时关系的连接开销,而关系的连接代价却又是很大的。

此外,必须说明的是,不是任何分解都是有效的。有时候分解不但解决不了实际问题,反而会带来更多的问题。

那么,什么样的关系模式需要分解?分解关系模式的理论依据又是什么?分解后能完全消除上述的问题吗?回答这些问题需要理论的指导。下面几节将加以讨论。

### 4.1.3 关系模式规范化的研究内容

由上面的讨论可知,在关系数据库的设计中,不是随便一种关系模式设计方案都"合适",更不是任何一种关系模式都可以投入应用。由于数据库中的每一个关系模式的属性之间需要满足某种内在的必然联系,设计一个好的数据库的根本方法是先要分析和掌握属性间的语义关联,然后再依据这些关联得到相应的设计方案。

在理论研究和实际应用中,人们发现,属性间的关联表现为一个属性子集对另一个属性子集的"依赖"关系。按照属性间的对应情况可以将这种依赖关系分为两类,一类是"多对一"的依赖,一类是"一对多"的依赖。"多对一"的依赖最为常见,研究结果也最为齐整,这就是本章着重讨论的"函数依赖"(Functional Dependency,FD)。"一对多"依赖相当复杂,就目前而言,人们认识到属性之间存在两种有用的"一对多"依赖情形,一种是多值依赖关系(Multivalued Dependency,MVD),一种是连接依赖关系(Join Dependency,JD)。基于对这三种依赖关系在不同层面上的具体要求,人们又将属性之间的这些关联分为若干等级,这就形成了所谓的关系的规范化(Relation Normalization)。

由此看来,解决关系数据库冗余问题的基本方案就是分析研究属性之间的联系,按照每个关系中属性间满足某种内在语义条件,以及相应运算当中表现出来某些特定要求,也就是按照属性间联系所处的规范等级来构造关系,由此产生的一整套有关理论称之为关系数据库的规范化理论。

## 4.2 函数依赖

函数依赖是数据依赖的一种,函数依赖反映了一个关系内部属性与属性之间的约束关系。函数依赖是关系规范化的理论基础。

根据第二章的描述,关系模式的完整表示是一个五元组:

$$R(U,D,Dom,F)$$

由于 $D$ 和 $Dom$ 对设计关系模式的作用不大,在讨论关系规范化理论时可以把它们简化掉,从而关系模式可以用三元组来表示为:

$$R(U,F)$$

从上式可以看出,数据依赖是关系模式的重要要素。下面就讨论数据依赖中最重要的函数依赖。

### 4.2.1 函数依赖的基本概念

**1) 函数依赖**

【定义 4.1】 设 $R(U)$ 是一个关系模式，$U$ 是 $R$ 的属性集合，$X$ 和 $Y$ 是 $U$ 的子集。对于 $R(U)$ 的任意一个可能的关系 $r$，如果 $r$ 中不存在两个元组，它们在 $X$ 上的属性值相同，而在 $Y$ 上的属性值不同，则称"$X$ 函数确定 $Y$"或"$Y$ 函数依赖于 $X$"，记作 $X \rightarrow Y$。

函数依赖和其他数据依赖一样，是语义范畴的概念。只能根据数据的语义来确定函数依赖。例如，知道学生的学号，可以唯一地查询到其对应的姓名、性别等，因而，可以说"学号函数确定了姓名或性别"，记作"学号→姓名""性别"等。这里的唯一性并非只有一个元组，而是指任何元组，只要它在 $X$（学号）上相同，则在 $Y$（姓名或性别）上的值也相同。如果满足不了这个条件，就不能说它们是函数依赖了。例如，学生姓名与年龄的关系，当只有在没有同名人的情况下可以说函数依赖"姓名→年龄"成立，如果允许有相同的名字，则"年龄"就不再依赖于"姓名"了。

当 $X \rightarrow Y$ 成立时，则称 $X$ 为决定因素（Determinant），称 $Y$ 为依赖因素（Dependent）。当 $Y$ 不函数依赖于 $X$ 时，记为 $X \nrightarrow Y$。

如果 $X \rightarrow Y$，且 $Y \rightarrow X$，则记其为 $X \longleftrightarrow Y$。

特别需要注意的是，函数依赖不是指关系模式 $R$ 中某个或某些关系满足的约束条件，而是指 $R$ 的一切关系均要满足的约束条件。

函数依赖概念实际是候选码概念的推广，事实上，每个关系模式 $R$ 都存在候选码，每个候选码 $K$ 都是一个属性子集，由候选码定义，对于 $R$ 的任何一个属性子集 $Y$，在 $R$ 上都有函数依赖 $K \rightarrow Y$ 成立。一般而言，给定 $R$ 的一个属性子集 $X$，在 $R$ 上另取一个属性子集 $Y$，不一定有 $X \rightarrow Y$ 成立，但是对于 $R$ 中候选码 $K$，$R$ 的任何一个属性子集都与 $K$ 有函数依赖关系，$K$ 是 $R$ 中任意属性子集的决定因素。

**2) 函数依赖的 3 种基本情形**

（1）平凡函数依赖与非平凡函数依赖

【定义 4.2】 在关系模式 $R(U)$ 中，对于 $U$ 的子集 $X$ 和 $Y$，如果 $X \rightarrow Y$，但 $Y$ 不是 $X$ 的子集，则称 $X \rightarrow Y$ 是非平凡函数依赖（Nontrivial Functional Dependency）。若 $Y$ 是 $X$ 的子集，则称 $X \rightarrow Y$ 是平凡函数依赖（Trivial Functional Dependency）。

例如，在关系模式 SC（学号，课程号，成绩）中，（学号，课程号）→成绩是非平凡的函数依赖，而（学号，课程号）→学号和（学号，课程号）→课程号则是平凡的函数依赖。

对于任一关系模式，平凡函数依赖都是必然成立的。它不反映新的语义，因此，若不特别声明，本书总是讨论非平凡函数依赖。

（2）完全函数依赖与部分函数依赖

【定义 4.3】 在关系模式 $R(U)$ 中，如果 $X \rightarrow Y$，并且对于 $X$ 的任何一个真子集 $X'$，都有 $X' \nrightarrow Y$，则称 $Y$ 完全函数依赖（Full Functional Dependency）于 $X$，记作 $X \xrightarrow{F} Y$。若 $X \rightarrow Y$，但 $Y$ 不完全函数依赖于 $X$，则称 $Y$ 部分函数依赖（Partial Functional Dependency）于 $X$，记作 $X \xrightarrow{P} Y$。

例如,在关系模式 SCD(学号,课程号,系名,系负责人,成绩) 中,(学号,课程号)→成绩属于完全函数依赖,(学号,课程号)→系名属于部分函数依赖。

如果 $Y$ 对 $X$ 部分函数依赖,$X$ 中的"部分"就可以确定对 $Y$ 的关联,从数据依赖的观点来看,$X$ 中存在"冗余"属性。

(3)传递函数依赖

【定义 4.4】  在关系模式 $R(U)$ 中,如果 $X \rightarrow Y, Y \rightarrow Z,$ 且 $Y \nrightarrow X,$ 则称 $Z$ 传递函数依赖 (Transitive Functional Dependency)于 $X,$ 记作 $Z \xrightarrow{T} X$。

例如,在关系模式 SCD 中,学号→系名,系名→系负责人,所以学号 $\xrightarrow{T}$ 系负责人。

传递函数依赖定义中之所以要加上条件 $Y \nrightarrow X,$ 是因为如果 $Y \rightarrow X,$ 则 $X \longleftrightarrow Y,$ 这实际上是 $Z$ 直接依赖于 $X,$ 而不是传递函数了。

按照函数依赖的定义,可以知道,如果 $Z$ 传递依赖于 $X,$ 则 $Z$ 必然函数依赖于 $X,$ 如果 $Z$ 传递依赖于 $X,$ 说明 $Z$ 是"间接"依赖于 $X,$ 从而表明 $X$ 和 $Z$ 之间的关联较弱,表现出间接的弱数据依赖,因而亦是产生数据冗余的原因之一。

### 4.2.2  码的函数依赖表示

前面章节中给出了关系模式的码的非形式化定义,这里使用函数依赖的概念来严格定义关系模式的码。

【定义 4.5】  设 $K$ 为关系模式 $R(U, F)$ 中的属性或属性集合。若 $K \xrightarrow{F} U,$ 则 $K$ 称为 $R$ 的一个候选码(Candidate Key)。候选码也称为"候选键"或"码"。

若关系模式 $R$ 有多个候选码,则选定其中一个作为主码(Primary Key)。

组成候选码的属性称为主属性(Prime Attribute),不参加任何候选码的属性称为非主属性(Non-key Attribute)。

在关系模式中,最简单的情况,单个属性是码,称为单码(Single Key);最极端的情况,整个属性组都是码,称为全码(All Key)。

【定义 4.6】  关系模式 $R$ 中属性或属性组 $X$ 并非 $R$ 的码,但 $X$ 是另一个关系模式的码,则称 $X$ 是 $R$ 的外部码(Foreign Key),也称为外码。

码是关系模式中的一个重要概念。候选码能够唯一地标识关系的元组,是关系模式中一组最重要的属性。另一方面,主码又和外部码一起提供了一个表示关系间联系的手段。

### 4.2.3  函数依赖和主码的唯一性

主码是由一个或多个属性组成的可唯一标识元组的最小属性组。主码在关系中总是唯一的,即主码函数决定关系中的其他属性。因此,一个关系,主码值总是唯一的(如果主码的值重复,则整个元组都会重复)。否则,违反实体完整性规则。

与主码的唯一性不同,在关系中,一个函数依赖的决定因素可能是唯一的,也可能不是唯一的。如果知道 $A$ 决定 $B,$ 且 $A$ 和 $B$ 在同一关系中,但仍无法知道 $A$ 是否能决定除 $B$ 以外的其他所有属性,所以无法知道 $A$ 在关系中是否是唯一的。

**【例 4.2】** 有关系模式:学生成绩(学生号,课程号,成绩,教师,教师办公室)此关系中包含的四种函数依赖为:

(学生号,课程号)→成绩

课程号→教师

课程号→教师办公室

教师→教师办公室

其中,课程号是决定因素,但它不是唯一的。因为它能决定教师和教师办公室,但不能决定属性成绩。决定因素(学生号,课程号)除了能决定成绩外,当然也能决定教师和教师办公室,因此它是唯一的。所以,学生成绩关系的主码应取(学生号,课程号)。

函数依赖性是一个与数据有关的事物规则的概念。如果属性 $B$ 函数依赖于属性 $A$,那么,若知道了 $A$ 的值,则完全可以找到 $B$ 的值,这并不是说可以导算出 $B$ 的值,而是逻辑上只能存在一个 $B$ 的值。

例如,在人这个实体中,如果知道某人的唯一标识符,如身份证号,则可以得到此人的性别、身高、职业等信息,所有这些信息都依赖于确认此人的唯一的标识符。通过非主属性如年龄,无法确定此人的身高,从关系数据库的角度来看,身高不依赖于年龄。事实上,这也就意味着主码是实体实例的唯一标识符。因此,在以人为实体来讨论依赖性时,如果已经知道是哪个人,则身高、体重等就都知道了,主码指示了实体中的某个具体实例。

# 4.3　关系模式的规范化

关系数据库中的关系必须满足一定的规范化要求,对于不同的规范化程度可用范式来衡量。范式是符合某一种级别的关系模式的集合,是衡量关系模式规范化程度的标准,达到的关系才是规范化的。目前主要有 6 种范式:第一范式、第二范式、第三范式、BC 范式、第四范式和第五范式。满足最低要求的叫第一范式,简称为 1NF。在第一范式基础上进一步满足一些要求的为第二范式,简称为 2NF。其余以此类推。显然各种范式之间存在联系。

$$1NF \supset 2NF \supset 3NF \supset BCNF \supset 4NF \supset 5NF$$

通常把某一关系模式 $R$ 为第 $n$ 范式简记为 $R \in nNF$。

范式的概念最早是由 E.F.Codd 提出的。在 1971 到 1972 年期间,他先后提出了 1NF、2NF、3NF 的概念,1974 年他又和 Boyee 共同提出了 BCNF 的概念,1976 年 Fagin 提出了 4NF 的概念,后来又有人提出了 5NF 的概念。在这些范式中,最重要的是 3NF 和 BCNF,它们是进行规范化的主要目标。一个低一级范式的关系模式,通过模式分解可以转换为若干个高一级范式的关系模式的集合,这个过程称为规范化。

## 4.3.1　规范化的含义

关系模式的规范化主要解决的问题是关系中数据冗余及由此产生的操作异常,而从函数依赖的观点来看,即是消除关系模式中产生数据冗余的函数依赖。

【定义 4.7】　当一个关系中的所有分量都是不可分的数据项时,就称该关系是规范化的。

下述例子(表 4-5、表 4-6)由于具有组合数据项或多值数据项,因而说,它们都不是规范化的关系。

表 4-5　具有组合数据项的非规范化关系

| 职工号 | 姓名 | 工资 | | |
|---|---|---|---|---|
| | | 基本工资 | 职务工资 | 工龄工资 |
| | | | | |

表 4-6　具有多值数据项的非规范化关系

| 职工号 | 姓名 | 职称 | 系名 | 学历 | 毕业年份 |
|---|---|---|---|---|---|
| 01103 | 李斌 | 教授 | 计算机 | 大学<br>研究生 | 1983<br>1992 |
| 01106 | 陈云云 | 讲师 | 计算机 | 大学 | 1995 |

### 4.3.2　第一范式

【定义 4.8】　如果关系模式 $R$ 中每个属性值都是一个不可分解的数据项,则称该关系模式满足第一范式,简称 1NF,记为 $R \in 1NF$。

第一范式规定了一个关系中的属性值必须是"原子"的,它排斥了属性值为元组、数组或某种复合数据的可能性,使得关系数据库中所有关系的属性值都是"最简形式",这样要求的意义在于可能做到起始结构简单,为以后复杂情形讨论带来方便。一般而言,每一个关系模式都必须满足第一范式,1NF 是对关系模式的起码要求。

非规范化关系转化为 1NF 的方法很简单,当然也不是唯一的,对表 4-5、表 4-6 分别进行横向和纵向展开,即可转化为表 4-7、表 4-8 所符合 1NF 的关系。

表 4-7　具有组合数据项的非规范化关系

| 职工号 | 姓名 | 基本工资 | 职务工资 | 工龄工资 |
|---|---|---|---|---|
| | | | | |

表 4-8　具有多值数据项的非规范化关系

| 职工号 | 姓名 | 职称 | 系名 | 学历 | 毕业年份 |
|---|---|---|---|---|---|
| 01103 | 李斌 | 教授 | 计算机 | 大学 | 1983 |
| 01103 | 李斌 | 教授 | 计算机 | 研究生 | 1992 |
| 01106 | 陈云云 | 讲师 | 计算机 | 大学 | 1995 |

但是满足第一范式的关系模式并不一定是一个好的关系模式,例如,关系模式 SLC(SNO, DEPT,SLOC,CNO,GRADE),其中 SNO 为学号,DEPT 为学生所在系,SLOC 为学生住处,CNO 为课程号,GRADE 为学生成绩。假设每个系的学生住在同一地方,SLC 的码为(SNO,CNO),函数依赖包括:

$$(SNO,CNO) \xrightarrow{F} GRADE$$

$$SNO \rightarrow DEPT$$

$$(SNO,CNO) \xrightarrow{P} DEPT$$

$$SNO \rightarrow SLOC$$

$$(SNO,CNO) \xrightarrow{P} SLOC$$

$$DEPT \rightarrow SLOC (因为每个系只住一个地方)$$

显然,SLC 满足第一范式。这里(SNO,CNO)两个属性一起函数决定 GRADE。(SNO, CNO)也函数决定 DEPT 和 SLOC。但实际上仅 SNO 就函数决定 DEPT 和 SLOC。因此非主属性 DEPT 和 SLOC 部分函数依赖于码(SNO,CNO)。

SLC 关系存在以下 3 个问题:

(1)插入异常

假若要插入一个 SNO='95102',DEPT='IS',SLOC='N',但还未选课的学生,即这个学生无 CNO,这样的元组不能插入 SLC 中,因为插入时必须给定码值,而此时码值的一部分为空,因而该学生的信息无法插入。

(2)删除异常

假定某个学生只选修了一门课,如"99022"号学生只选修了 3 号课程,现在连 3 号课程他也选修不了,那么 3 号课程这个数据项就要删除。课程 3 是主属性,删除了课程号 3,整个元组就不能存在了,也必须跟着删除,从而删除了"99022"号学生的其他信息,产生了删除异常,即不应删除的信息也删除了。

(3)数据冗余度大

如果一个学生选修了 10 门课程,那么他的 DEPT 和 SLOC 值就要重复存储 10 次。并且当某个学生从数学系转到信息系,这本来只是一件事,只需要修改此学生元组中的 DEPT 值。但因为关系模式 SLC 还含有系的住处 SLOC 属性,学生转系将同时改变住处,因而还必须修改元组中 SLOC 的值。另外如果这个学生选修了 10 门课,由于 DEPT,SLOC 重复存储了 10 次,当数据更新时必须无遗漏地修改 10 个元组中全部 DEPT,SLOC 信息,这就造成了修改的复杂化,存在破坏数据一致性的隐患。

因此,SLC 不是一个好的关系模式。

### 4.3.3 第二范式

【定义 4.9】 如果一个关系模式 $R \in 1NF$,且它的所有非主属性都完全函数依赖于 $R$ 的任一候选码,则 $R \in 2NF$。

关系模式 SLC 出现上述问题的原因是 DEPT,SLOC 对码的部分函数依赖。为了消除这些

部分函数依赖,可以采用投影分解法,把 SLC 分解为两个关系模式:

SC(SNO,CNO,GRADE)

SL(SNO,DEPT,SLOC)

其中 SC 的码为(SNO,CNO),SL 的码为 SNO。

显然,在分解后的关系模式中,非主属性都完全函数依赖于码了。从而使上述 3 个问题在一定程度上得到部分的解决。

①在 SL 关系中可以插入尚未选课的学生。

②删除学生选课情况涉及的是 SC 关系,如果一个学生所有的选课记录全部删除了,只是 SC 关系中没有关于该学生的记录了,不会牵涉 SL 关系中关于该学生的记录。

③由于学生选修课程的情况与学生的基本情况是分开存储在两个关系中的,因此不论该学生选多少门课程,他的 DEPT 和 SLOC 值都只存储了 1 次。这就大大降低了数据冗余程度。

④由于学生从数学系转到信息系,只需修改 SL 关系中该学生元组的 DEPT 值和 SLOC 值,由于 DEPT,DLOC 并未重复存储,因此简化了修改操作。

2NF 就是不允许关系模式的属性之间有这样的依赖 $X \rightarrow Y$,其中 $X$ 是码的真子集,$Y$ 是非主属性。显然,码只包含一个属性的关系模式,如果属于 1NF,那么它一定属于 2NF,因为它不可能存在非主属性对码的部分函数依赖。

上例中的 SC 关系和 SL 关系都属于 2NF。可见,采用投影分解法将一个 1NF 的关系分解为多个 2NF 的关系,可以在一定程度上减轻原 1NF 关系中存在的插入异常、删除异常、数据冗余度大等问题。

但是将一个 1NF 关系分解为多个 2NF 的关系,并不能完全消除关系模式中的各种异常情况和数据冗余。也就是说,属于 2NF 的关系模式并不一定是一个好的关系模式。

例如,2NF 关系模式 SL(SNO,DEPT,SLOC)中有下列函数依赖。

SNO→DEPT

DEPT→SLOC

SNO→SLOC

由上可知,SLOC 传递函数依赖于 SNO,即 SL 中存在非主属性对码的传递函数依赖,SL 关系中仍然存在插入异常、删除异常和数据冗余度大的问题。

(1)删除异常

如果某个系的学生全部毕业了,在删除该系学生信息的同时,把这个系的信息也丢掉了。

(2)数据冗余度大

每一个系的学生都住在同一个地方,关于系的住处的信息却重复出现,重复次数与该系学生人数相同。

(3)修改复杂

当学校调整学生住处时,比如信息系的学生全部迁到另一地方住宿,由于关于每个系的住处信息是重复存储的,修改时必须同时更新该系所有学生的 SLOC 属性值。

所以 SL 仍然存在操作异常问题。仍然不是一个好的关系模式。

### 4.3.4　第三范式

【定义 4.10】　如果一个关系模式 $R \in 2NF$，且所有非主属性都不传递函数依赖于任何候选码，则 $R \in 3NF$。

关系模式 SL 出现上述问题的原因是 SLOC 传递函数依赖于 SNO。为了消除该传递函数依赖，可以采用投影分解法，把 SL 分解为两个关系模式：

SD(SNO,DEPT)

DL(DEPT,SLOC)

其中 SD 的码为 SNO，DL 的码为 DEPT。

显然，在关系模式中既没有非主属性对码的部分函数依赖也没有非主属性对码的传递函数依赖，基本上解决了上述问题。

①DL 关系中可以插入没有在校学生的信息。

②某个系的学生全部毕业了，只是删除 SD 关系中的相应元组，DL 关系中关于该系的信息仍然存在。

③关于系的住处的信息只在 DL 关系中存储一次。

④当学校调整某个系的学生住处时，只需修改 DL 关系中一个相应元组的 SLOC 属性值。

3NF 就是不允许关系模式的属性之间有这样的非平凡函数依赖 $X \rightarrow Y$，其中 $X$ 不包含码，$Y$ 是非主属性。$X$ 不包含码有两种情况，一种情况 $X$ 是码的真子集，这也是 2NF 不允许的，另一种情况 $X$ 含有非主属性，这是 3NF 进一步限制的。

上例中的 SD 关系和 DL 关系都属于 3NF。可见，采用投影分解法将一个 2NF 的关系分解为多个 3NF 的关系，可以在一定程度上解决原 2NF 关系中存在的插入异常、删除异常、数据冗余度大、修改复杂等问题。

但是将一个 2NF 关系分解为多个 3NF 的关系后，并不能完全消除关系模式中的各种异常情况和数据冗余。也就是说，属于 3NF 的关系模式虽然基本上消除大部分异常问题，但解决得并不彻底，仍然存在不足。

例如：关系模式 SCG(SNO,SNAME,CNO,GRADE) 中，SNO 表示学号，SNAME 表示姓名，CNO 表示课程号，GRADE 表示成绩。

如果姓名是唯一的，SCG 模型存在两个候选码：(SNO,CNO) 和 (SNAME,CNO)。

SCG 只有一个非主属性 GRADE，对两个候选码 (SNO,CNO) 和 (SNAME,CNO) 都是完全函数依赖，并且不存在对两个候选码的传递函数依赖。因此 SCG $\in$ 3NF。

但是当学生如果退选了所有课程，元组被删除也失去学生学号与姓名的对应关系，因此仍然存在删除异常的问题；并且由于学生选课很多，姓名也将重复存储，造成数据冗余。因此 3NF 虽然已经是比较好的模型，但仍然存在改进的余地。

### 4.3.5　BC 范式

【定义 4.11】　关系模式 $R \in 1NF$，对任何非平凡的函数依赖 $X \rightarrow Y(Y \subsetneq X)$，$X$ 均包含码，则 $R \in BCNF$。

BCNF 是从 1NF 直接定义而成的,可以证明,如果 $R \in$ BCNF,则 $R \in$ 3NF。

由 BCNF 的定义可以看到,每个 BCNF 的关系模式都具有如下 3 个性质。

①所有非主属性都完全函数依赖于每个候选码。

②所有主属性都完全函数依赖于每个不包含它的候选码。

③没有任何属性完全函数依赖于非码的任何一组属性。

如果关系模式 $R \in$ BCNF,由定义可知,$R$ 中不存在任何属性传递函数依赖于或部分依赖于任何候选码,所以必定有 $R \in$ 3NF。但是,如果 $R \in$ 3NF,$R$ 未必属于 BCNF。

例如,在关系模式 SCG(SNO,SNAME,CNO,GRADE)满足 3NF,但不满足 BCNF,仍然存在删除异常以及数据冗余的问题,究其原因在于 SCG 中的主属性 SNAME 部分依赖于(SNO,CNO),因此关系模式还要进行进一步的分解,转换成高一级的 BCNF,以消除数据库操作中的异常情况。

3NF 和 BCNF 是以函数依赖为基础的关系模式规范化程度的测度。

如果一个关系数据库中的所有关系模式都属于 BCNF,那么在函数依赖范畴内,它已实现了模式的彻底分解,达到了最高的规范化程度,消除了插入异常和删除异常。

而当用分解的方法提高规范化程度时,将破坏原来模式的函数依赖关系,这对于系统设计来说是有问题的。这个问题涉及模式分解的一系列理论问题,在这里不再做进一步的探讨。

在信息系统的设计中,普遍采用的是"基于 3NF 的系统设计"方法,就是由于 3NF 是无条件可以达到的,并且基本解决了"异常"的问题,因此这种方法目前在信息系统的设计中仍然被广泛地应用。

如果仅考虑函数依赖这一种数据依赖,属于 BCNF 的关系模式已经很完美了。但如果考虑其他数据依赖,例如,多值依赖,属于 BCNF 的关系模式仍存在问题,不能算是一个完美的关系模式。

# 4.4　多值依赖与 4NF

在关系模式中,数据之间是存在一定联系的,而对这种联系处理适当与否直接关系到模式中数据冗余的情况。函数依赖是一种基本的数据依赖,通过对数据函数依赖的讨论和分解,可以有效地消除模式中的冗余现象。函数依赖实质上反映的是"多对一"联系,在实际应用中还会有"一对多"形式的数据联系,诸如此类的不同于函数依赖的数据联系也会产生数据冗余,从而引发各种数据异常现象。本节就讨论数据依赖中"多对一"现象及其产生的问题。

## 4.4.1　问题的引入

先看下述例子:

【例 4.3】　设有一个课程安排关系见表 4-9:

表 4-9　课程安排示意图

| 课程名称 | 任课教师 | 选用教材名称 |
|---|---|---|
| 算法分析与设计 | 张山<br>周一名 | 计算机算法设计与分析(第二版)<br>算法分析与设计教程 |
| 数据结构 | 颜真<br>王方<br>卢大卫 | 数据结构(C 语言版)<br>数据结构(C++语言版)<br>数据结构与算法分析:Java 语言描述 |

在这里的课程安排具有如下语义:

①"算法分析与设计"这门课程可以由 2 个教师担任,同时有 2 本教材可以选用。

②"数据结构"这门课程可以由 3 个教师担任,同时有 3 本教材可以选用。

把表 4-9 变换成一个规范化的二维表 CTB(表 4-10)。

很明显,这个关系表是数据高度冗余的。

表 4-10　关系 CTB

| 课程名称 C | 任课教师 T | 选用教材 B |
|---|---|---|
| 算法分析与设计 | 张山 | 计算机算法设计与分析(第二版) |
| 算法分析与设计 | 张山 | 算法分析与设计教程 |
| 算法分析与设计 | 张山 | 计算机算法设计与分析(第二版) |
| 算法分析与设计 | 周一名 | 算法分析与设计教程 |
| 算法分析与设计 | 周一名 | 计算机算法设计与分析(第二版) |
| 算法分析与设计 | 周一名 | 算法分析与设计教程 |
| 数据结构 | 颜真 | 数据结构(C 语言版) |
| 数据结构 | 颜真 | 数据结构(C++语言版) |
| 数据结构 | 颜真 | 数据结构与算法分析:Java 语言描述 |
| 数据结构 | 王方 | 数据结构(C 语言版) |
| 数据结构 | 王方 | 数据结构(C++语言版) |
| 数据结构 | 王方 | 数据结构与算法分析:Java 语言描述 |
| 数据结构 | 卢大卫 | 数据结构(C 语言版) |
| 数据结构 | 卢大卫 | 数据结构(C++语言版) |
| 数据结构 | 卢大卫 | 数据结构与算法分析:Java 语言描述 |

通过仔细分析关系 CTB,可以发现它有如下特点:

①属性集{C}与{T}之间存在着数据依赖关系,在属性集{C}与{B}之间也存在着数据依赖关系,而这两个数据依赖都不是"函数依赖",当属性子集{C}的一个值确定之后,另一属性子集{T}就有一组值与之对应。例如当课程名称 C 的一个值"算法分析与设计"确定之后,就有一组任课教师 T 的值"张山,周一名"与之对应。对于 C 与 B 的数据依赖也是如此,显然,

这是一种"一对多"的情形。

②属性集{T}和{B}也有关系,这种关系是通过{C}建立起来的间接关系。

如果属性 X 与 Y 之间依赖关系具有上述特征,就不为函数依赖关系所包容,需要引入新的概念予以刻画与描述,这就是多值依赖的概念。

### 4.4.2  多值依赖基本概念

(1)多值依赖的概念

【定义 4.12】  设有关系模式 $R(U)$,$X$、$Y$ 是属性集 $U$ 中的两个子集,而 $r$ 是 $R(U)$ 中任意给定的一个关系。如果有下述条件成立,则称 $Y$ 多值依赖(Multivalued Dependency)于 $X$,记为 $X \rightarrow \rightarrow Y$:

①对于关系 $r$ 在 $X$ 上的一个确定的值(元组),都有 $r$ 在 $Y$ 中一组值与之对应。

②$Y$ 的这组对应值与 $r$ 在 $Z = U - X - Y$ 中的属性值无关。

此时,如果 $X \rightarrow \rightarrow Y$,但 $Z = U - X - Y \neq \varnothing$,则称为非平凡多值依赖,否则称为平凡多值依赖。平凡多值依赖的一个常见情形是 $U = X \cup Y$,此时 $Z = \varnothing$,多值依赖定义中关于 $X \rightarrow \rightarrow Y$ 的要求总是满足的。

(2)多值依赖的性质

由定义可以得到多值依赖具有下述基本性质:

①在 $R(U)$ 中 $X \rightarrow \rightarrow Y$ 成立的充分必要条件是 $X \rightarrow \rightarrow U - X - Y$ 成立。

必要性可以从上述分析中得到证明。事实上,交换 $s$ 和 $t$ 的 $Y$ 值所得到的元组和交换 $s$ 和 $t$ 中的 $Z = U - X - Y$ 值得到的两个元组是一样的。充分性类似可证。

②在 $R(U)$ 中如果 $X \rightarrow Y$ 成立,则必有 $X \rightarrow \rightarrow Y$。

事实上,此时,如果 $s$、$t$ 在 $X$ 上的投影相等,则在 $Y$ 上的投影也必然相等,该投影自然与 $s$ 和 $t$ 在 $Z = U - X - Y$ 的投影与关。

性质①表明多值依赖具有某种"对称性质":只要知道了 $R$ 上的一个多值依赖 $X \rightarrow \rightarrow Y$,就可以得到另一个多值依赖 $X \rightarrow \rightarrow Z$,而且 $X$、$Y$ 和 $Z$ 是 $U$ 的分割;性质②说明多值依赖是函数依赖的某种推广,函数依赖是多值依赖的特例。

### 4.4.3  第四范式——4NF

【定义 4.13】  关系模式 $R \in 1NF$,对于 $R(U)$ 中的任意两个属性子集 $X$ 和 $Y$,如果非平凡的多值依赖 $X \rightarrow \rightarrow Y(Y \nsubseteq X)$,则 $X$ 含有码,则称 $R(U)$ 满足第四范式,记为 $R(U) \in 4NF$。

关系模式 $R(U)$ 上的函数依赖 $X \rightarrow Y$ 可以看作多值依赖 $X \rightarrow \rightarrow Y$,如果 $R(U)$ 属于第四范式,此时 $X$ 就是超键,所以 $X \rightarrow Y$ 满足 BCNF。因此,由 4NF 的定义,就可以得到下面两点基本结论:

①4NF 中可能的多值依赖都是非平凡的多值依赖。

②4NF 中所有的函数依赖都满足 BCNF。

因此,可以粗略地说,$R(U)$ 满足第四范式必满足 BC 范式。但是反之是不成立的,所以 BC 范式不一定就是第四范式。

在例 4.3 中,关系模式 CTB 唯一的候选键是{C,T,B},并且没有非主属性,当然就没有非主属性对候选键的部分函数依赖和传递函数依赖,所以 CTB 满足 BC 范式。但在多值依赖 C→→T 和 C→→B 中的"C"不是键,所以 CTB 不属于 4NF。对 CTB 进行分解,得到 CT 和 CB(表 4-11、表 4-12)。

表 4-11 关系 CT

| C | T |
|---|---|
| 算法分析与设计 | 张山 |
| 算法分析与设计 | 周一名 |
| 数据结构 | 颜真 |
| 数据结构 | 王方 |
| 数据结构 | 卢大卫 |

表 4-12 关系 CB

| C | B |
|---|---|
| 算法分析与设计 | 计算机算法设计与分析(第二版) |
| 算法分析与设计 | 算法分析与设计教程 |
| 数据结构 | 数据结构(C 语言版) |
| 数据结构 | 数据结构(C++语言版) |
| 数据结构 | 数据结构与算法分析:Java 语言描述 |

在 CT 中,有 C→→T,不存在非平凡多值依赖,所以 CT 属于 4NF;同理,CB 也属于 4NF。

## 4.5 关系模式规范化步骤

规范化的基本思想是逐步消除数据依赖中不合适的部分,使模式中的各关系模式达到某种程度的"分离"。即采用"一事一地"的模式设计原则,让一个关系描述一个概念、一个实体或实体间的一种联系。若多于一个概念就把它"分离"出去。因此所谓规范化实质上是概念的单一化。

关系模式规范化的基本步骤如图 4-1 所示。

①对 1NF 关系进行投影,消除原关系中非主属性对码的函数依赖,将 1NF 关系转换成为若干个 2NF 关系。

②对 2NF 关系进行投影,消除原关系中非主属性对码的传递函数依赖,从而产生一组 3NF。

③对 3NF 关系进行投影,消除原关系中主属性对码的部分函数依赖和传递函数依赖(也就是说,使决定属性都成为投影的候选码),得到一组 BCNF 关系。

170

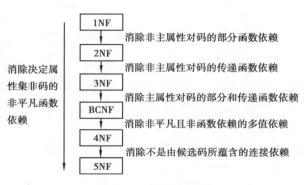

图 4-1 规范化步骤

以上三步也可以合并为一步:对原关系进行投影,消除决定属性不是候选码任何函数依赖。

④对 BCNF 关系进行投影,消除原关系中非平凡且非函数依赖的多值依赖,从而产生一组 4NF 关系。

⑤对 4NF 关系进行投影,消除原关系中不是由候选码所蕴含的连接依赖,即可得到一组 5NF 关系。

5NF 是最终范式。

规范化程度过低的关系可能会存在插入异常、删除异常、修改复杂、数据冗余等问题,需要对其进行规范化,转换成高级范式。但这并不意味着规范化程度越高的关系模式就越好。在设计数据库模式结构时,必须以现实世界的实际情况和用户应用需求做进一步分析,确定一个合适的、能够反映现实世界的模式。即上面的规范化步骤可以在其中任何一步终止。

# 练习题

一、填空题

1.在一个关系模式中,若每个数据项都是不可分割的数据项,则该关系模式满足_____。

2.在关系模式 $R(A,B,C,D,E)$ 中,若存在函数依赖{A→B, A→C, A→D, A→E},则候选码一定是_____。

3.规范化的基本思想是逐步消除_____中不合适的部分,使模式中的各关系模式达到某种程度的"分离"。

4._____是符合某一种级别的关系模式的集合,是衡量关系模式规范化程度的标准。

二、解释下列名词

函数依赖、部分函数依赖、完全函数依赖、传递函数依赖、候选码、主码、1NF、2NF、3NF、BCNF、多值依赖、4NF。

三、简答题

1.设有关系模式 $R(U,F)$,其中 $U$ = {A,B,C,D,E},函数依赖 $F$ = {A→BC, CD→E, B→

D,E→A},求出 R 的所有候选码。

2.设关系模式 $R(A,B,C,D)$，$F$ 是 $R$ 上成立的函数依赖集，$F=\{AB→C,A→D\}$，请说明 $R$ 不是 2NF 的理由，并把 $R$ 分解成满足 2NF 的关系模式。

3.现要建立关于系、学生、班级、学会等信息的一个关系数据库。语义为:一个系有若干专业,每个专业每年只招一个班,每个班有若干学生,一个系的学生住在同一个宿舍区,每个学生可参加若干学会,每个学会有若干学生。

描述学生的属性有:学号、姓名、出生日期、系名、班号、宿舍区;

描述班级的属性有:班号、专业名、系名、人数、入校年份;

描述系的属性有:系名、系号、系办公室地点、人数;

描述学会的属性有:学会名、成立年份、地点、人数、学生参加某会有一个入会年份。

(1)请写出关系模式。

(2)写出每个关系模式的最小函数依赖集,指出是否存在传递依赖,在函数依赖左部是多属性的情况下,讨论函数依赖是完全依赖,还是部分依赖。

(3)指出各个关系模式的候选码、外部码。

4.关系规范化的目的是什么?

第 **5** 章

# MongoDB 数据库基础

## 5.1　MongoDB 数据库简介

MongoDB 是一个基于分布式文件存储的文档数据库,介于关系数据库和非关系数据库之间,是非关系数据库中功能最丰富、最像关系数据库的一种 NoSQL( Not only SQL) 数据库。MongoDB 最大的特点是支持的查询语言非常强大,语法类似面向对象的查询语言,几乎可以实现类似关系数据库单表查询的绝大部分功能,而且还支持对数据建立索引。MongoDB 的官方网址可以通过百度搜索引擎查询,读者可以在官方网站获取更多 MongoDB 的相关介绍和更新信息。

### 5.1.1　MongoDB 的由来与发展

关系型数据库已经出现了 40 多年,在很长一段时间里,一直是数据库领域的王者,如 SQL Server、MySQL 和 Oracle 等,目前在数据库领域仍处于主导地位。但是随着信息时代数据量的增大以及自媒体的迅猛发展,关系型数据库的一些缺陷也逐渐显现出来,比如:

➢　大数据处理能力差;

➢　程序产出效率低;

➢　数据结构变动困难等问题逐渐显现出来。

为了解决这些问题,一个更好的数据存储方案——NoSQL 数据库应运而生。所谓 NoSQL,并不是指没有 SQL,而是 Not only SQL,即非传统关系型数据库。这类数据库的主要特点包括非关系型、水平可扩展、分布式与开源;另外,它还具有模式自由、最终一致性( 不同于关系数据库事务的 ACID) 等特点,因此它更能适用于当前海量数据存储的需求。NoSQL 数据库常用的存储模式有 key-value 存储、文档存储、列存储、图形存储等,MongoDB 是其中文档存储的典型代表。MongoDB 公司的前身 10 gen 团队于 2007 年 10 月开发了 MongoDB 数据库,并于 2009 年 2 月首度推出。经过 10 多年的发展,MongoDB 数据库已经逐渐趋于稳定,更多的公司开始使用 MongoDB。

根据本书第 1 章图 1-10DB-Engines 给出的数据库管理系统流行度排名,可以看到:前 4 名依然是关系型数据库 Oracle、MySQL、微软的 SQL Server 和 PostgreSQL。值得关注的是,MongoDB 已经超越很多关系型数据库排在第 5 位。关系型数据库已经发展了 40 多年,而 MongoDB 作为 NoSQL 数据库中流行度最高的产品距离 2009 年首推至今仅用 10 多年就达到这种高度,可见其发展的迅猛程度。

### 5.1.2　MongoDB 的特点

MongoDB 作为一个文档数据库,具有以下特点:

①数据文件存储格式为 BSON(Binary JSON),一种 JSON(JavaScript Object Notation)的扩展。{"greeting":"hello"}是 BSON 的例子,其中"greeting"是键,"hello"是值。键值对组成了 BSON 的格式的文档。

②面向集合存储,易于存储对象类型和 JSON 形式的数据。所谓集合(Collection)就是一组上述 BSON 格式文档的集合。

③模式自由。一个集合中可以存储一个键值对的文档,也可以存储多个键值对的文档,还可以存储键值不一样的文档,而且在生产环境下可以轻松增减字段而不影响现有程序的运行,具有良好的水平可扩展性。

④支持动态查询。MongoDB 支持丰富的查询表达式,查询语句使用 JSON 形式作为参数,可以很方便地查询内嵌文档和对象数组。

⑤完整的索引支持。文档内嵌对象和数组都可以创建索引。

⑥支持复制和故障恢复。MongoDB 数据库从节点可以复制主节点的数据,主节点所有对数据的操作都会同步到从节点,从节点的数据和主节点的数据完全一样。当主节点发生故障之后,从节点可以升级为主节点,也可以通过从节点对故障的主节点进行数据恢复。

⑦二进制数据存储。MongoDB 使用传统高效的二进制数据存储方式,可以将图片文件甚至视频转换成二进制的数据存储到数据库中。

⑧自动分片。自动分片功能支持水平的数据库集群,可动态添加机器。

⑨支持多种语言。MongoDB 支持 C,C++,C#,JavaScript,Java,Python,Ruby,Scala 等开发语言。

⑩使用内存映射存储引擎。MongoDB 会把磁盘 I/O 操作转换为内存操作,如果是读操作,内存中的数据起到缓存的作用,如果是写操作,内存还可以把随机的写操作转换成顺序的写操作,大幅提升性能。这种做法的缺点是会占用大量内存。

### 5.1.3　MongoDB 的应用场景

MongoDB 的主要目标是在键值存储方式(提供了高性能和高度伸缩性)和传统的 RDBMS 系统(具有丰富的功能)之间架起一座桥梁,它集两者的优势于一身。根据官方网站的描述,Mongo 适用于以下场景:

①网站数据：非常适合实时的插入、更新与查询，并具备网站实时数据存储所需的复制及高度伸缩性。

②缓存：由于性能很高，也适合作为信息基础设施的缓存层。在系统重启之后，搭建的持久化缓存层可以避免下层的数据源过载。

③大尺寸、低价值的数据：使用传统的关系型数据库存储一些数据时可能会比较昂贵，在此之前，很多时候程序员往往会选择传统的文件进行存储。而 MongoDB 则很适合进行大尺寸、低价值数据的存储。

④高伸缩性的场景：非常适合由数十或数百台服务器组成的数据库，MongoDB 的路线图中已经包含对 MapReduce 引擎的内置支持。

⑤用于对象及 JSON 数据的存储：MongoDB 的 BSON 数据格式非常适合文档化格式的存储及查询。

MongoDB 的使用也会有一些限制，例如，它不适合于以下几个方面。

①高度事务性的系统：例如，银行或会计系统。传统的关系型数据库目前还是更适用于需要大量原子性复杂事务的应用程序。

②传统的商业智能应用：针对特定问题的 BI（商务智能）数据库会产生高度优化的查询方式。对于此类应用，数据仓库可能是更合适的选择。

③需要复杂 SQL 查询的问题。

### 5.1.4　MongoDB 数据库的逻辑结构

与关系数据库类似，一个运行着的 MongoDB 数据库可以看作一个 MongoDB Server，该 Server 由数据库和实例组成。MongoDB 中一系列物理文件（数据文件、日志文件）的集合以及与之对应的逻辑结构（集合、文档等）被称为数据库。一个 MongoDB 实例可以包含一组数据库（database），一个数据库可以包含一组集合（collection），一个集合可以包含一组文档（document），一个文档包含一组字段（field），每一个字段都是一个键值（key-value）对，其中 key 必须为字符串类型，value 可以包含如下类型：

➢ 基本类型，例如 string，int，float，timestamp，binary 等类型；

➢ 一个 document；

➢ 数组类型。

MongoDB 的文档（document）相当于关系数据库中的一行记录；多个文档组成一个集合（collection），相当于关系数据库中的表；将多个集合在逻辑上组织在一起，就是数据库，一个 MongoDB 实例支持多个数据库。文档、集合、数据库之间的层级结构可以用图 5-1 描述。

（1）文档

文档是 MongoDB 中数据的基本单位，类似于关系数据库中的行（但是比行复杂）。多个键及其关联的值有序地放在一起就构成了文档。不同的编程语言对文档的表示方法不同，在 JavaScript 中文档表示为：{"greeting"："hello，world"}。这个文档只有一个键"greeting"，对应的值为"hello，world"。多数情况下，文档比这个更复杂，它包含多个键值对。例如：{"greeting"："hello，world"，"foo"：3｝，文档中的键值对是有序的，下面的文档与上面的文档是完全不同的两个文档：｛"foo"：3，"greeting"："hello，world"｝。

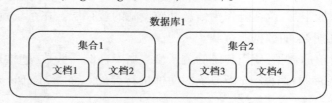

图 5-1　MongoDB 中文档、集合与数据库之间的关系

文档中的值不仅可以是双引号中的字符串，也可以是其他的数据类型，例如，整型、布尔型等，也可以是另外一个文档，即文档可以嵌套。文档中的键类型只能是字符串。

（2）集合

集合就是一组文档，类似于关系数据库中的表。集合是无模式的，集合中的文档可以是各式各样的。例如，｛"hello，word"："Mike"｝和｛"foo"：3｝，它们的键不同，值的类型也不同，但是它们可以存放在同一个集合中，也就是不同模式的文档都可以放在同一个集合中。既然集合中可以存放任何类型的文档，那么为什么还需要使用多个集合？这是因为如果所有文档都放在同一个集合中，无论对于开发者还是管理员，都很难对集合进行管理，而且这种情形下，对集合的查询等操作效率都不高。所以在实际使用中，往往将文档分类存放在不同的集合中，例如，对于网站的日志记录，可以根据日志的级别进行存储，Info 级别日志存放在 Info 集合中，Debug 级别日志存放在 Debug 集合中，这样既方便了管理，也提供了查询性能。但是需要注意的是，这种对文档进行划分来分别存储并不是 MongoDB 的强制要求，用户可以灵活选择。

可以使用"."按照命名空间将集合划分为子集合。例如，对于一个博客系统，可能包括 blog.user 和 blog.article 两个子集合，这样划分只是让组织结构更好一些，blog 集合和 blog.user、blog.article 没有任何关系。虽然子集合没有任何特殊的地方，但是使用子集合组织数据结构清晰，这也是 MongoDB 推荐的方法。

（3）数据库

MongoDB 中多个文档组成集合，多个集合组成数据库。一个 MongoDB 实例可以承载多个数据库，它们之间可以看作相互独立，每个数据库都有独立的权限控制。在磁盘上，不同的数据库存放在不同的文件中。MongoDB 中存在以下系统数据库：

①admin 数据库：一个权限数据库，如果创建用户的时候将该用户添加到 admin 数据库中，那么该用户就自动继承了所有数据库的权限。

②local 数据库：这个数据库永远不会被复制，可以用来存储本地单台服务器的任意集合。

③config 数据库：当 MongoDB 使用分片模式时，config 数据库在内部使用，用于保存分片的信息。

## 5.2　MongoDB 的安装

MongoDB 有两个服务器版本：Community（社区版）和 Enterprise（企业版）。MongoDB Community 是 MongoDB 的可用源和免费版本。MongoDB Enterprise 还添加了以企业为中心的功能，例如 LDAP 和 Kerberos 支持，磁盘加密和审计。本书将以 Windows 平台下的 Community 4.2 版本为例进行讲解。

MongoDB Community 的官方下载站点可以通过百度搜索引擎查询，目前最新的版本是5.0.6（截止本书完稿时）。它对操作系统的支持很全面，在下载页面右侧的下拉列表中可以选择相应的版本和操作系统，如图 5-2 所示。

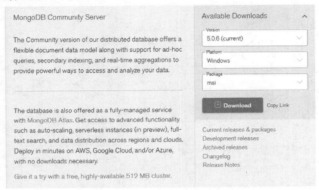

图 5-2　MongoDB 服务器下载页面

### 5.2.1　下载安装程序

在图 5-3 所示的下载页面中，在右侧"Version"下拉列表中，选择要下载的 MongoDB 版本（本书选择的版本是 4.2.12）。在"Platform"下拉列表中，选择 Windows。在"Package"下拉列表中，选择 msi。然后点击下面的"Download"。

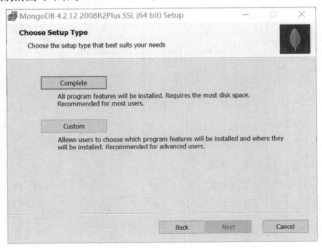

图 5-3　设置类型选项

177

### 5.2.2 运行 MongoDB 安装程序

双击下载的 msi 文件按向导完成 MongoDB 和 MongoDB Compass 的安装。在安装的过程中,有设置类型的选择,建议选择"Complete(完整)"(图 5-3),完整设置选项会将 MongoDB 和 MongoDB 工具安装到默认位置。

在服务配置的选择中(图 5-4),可以在安装过程中将 MongoDB 设置为 Windows 服务,选择将 MongoDB 作为服务时,可以选择以网络服务身份运行(默认)或以本地和域用户身份运行,建议选择按默认网络服务身份运行。服务名称默认为 MongoDB,也可以自行命名。

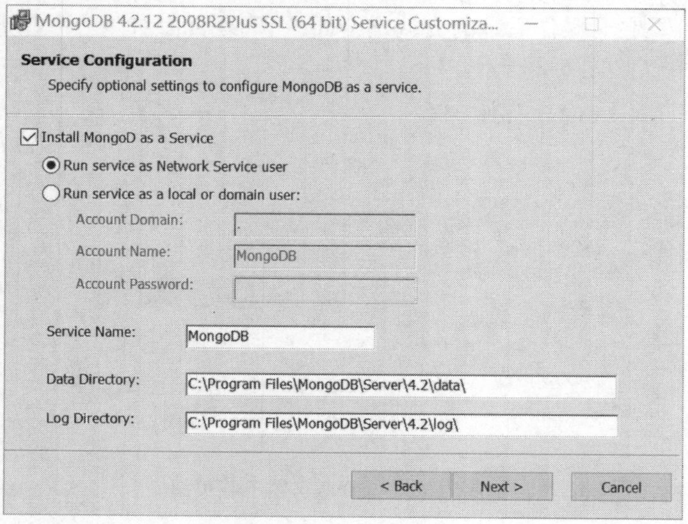

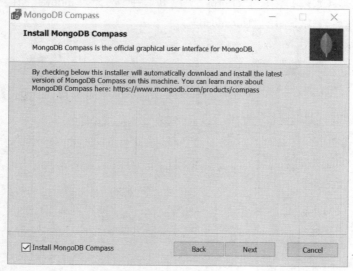

图 5-4　服务配置选项

随后的安装界面中(图 5-5),如果选择"Install MongoDB Compass"会自动下载安装 MongoDB Compass,这是 MongoDB 官方的图形用户接口,建议安装。

图 5-5　安装 MongoDB Compass

自此,MongoDB 已经安装在"C:\Program Files\MongoDB\Server\4.2"目录下,此目录称之为安装目录。安装目录下自动创建了 3 个文件夹,即 bin,data 和 log。其中数据文件的位置在"C:\Program Files\MongoDB\Server\4.2\data\"下,日志文件的位置在"C:\Program Files\MongoDB\Server\4.2\log\"下。同时自动创建了 MongoDB 的默认配置文件,位于"安装目录\bin\mongod.cfg",该配置文件由安装程序自动生成,包含数据文件和日志文件的位置等信息,可以通过纯文本编辑器将其打开查看内容。

### 5.2.3　MongoDB 的启动与停止

(1)已将 MongoDB 设置为服务器

如果在图 5-4 的服务配置选项中,将 MongoDB 安装为 Windows 服务,则安装完成之后会自动启动 MongoDB 服务。要停止/重新启动 MongoDB 服务,打开 Windows 服务控制台,找到 MongoDB 服务,右键单击 MongoDB 服务,选择启动/重新启动/停止即可,如图 5-6 所示。

**图 5-6　启动/停止/重新启动 MongoDB 服务器**

此时,在浏览器窗口中输入 http://localhost:27017/,若浏览器页面上输出"It looks like you are trying to access MongoDB over HTTP on the native driver port.",则说明 MongoDB 服务器已经启动,并且使用的端口是默认端口号 27017。

也可以以操作系统管理员身份,通过 Windows 命令提示符(cmd.exe)窗口启动或者停止 MongoDB 服务。

在命令提示符后输入以下语句可以启动 MongoDB:

net start MongoDB

在命令提示符后输入以下语句可以停止 MongoDB:

net stop MongoDB

（2）未将 MongoDB 设置为服务器

如果在图 5-4 的服务配置选项中，没有将 MongoDB 设置为 Windows 服务，则需手动启动 MongoDB 实例，此时需要手动创建 MongoDB 存储数据的数据目录。具体步骤如下：

首先以管理员身份打开 Windows 命令提示符（cmd.exe），在命令提示符状态下，创建数据目录。

cd c：\

md" \data\db"

然后运行安装目录下的 mongod.exe 启动 MongoDB 数据库：

"c：\program files\MongoDb\Server\4.2\bin\mongod.exe"--dbpath＝"c：\data\db"

其中--dbpath 选项指向存储数据的数据目录。如果 MongoDB 服务器正常运行，则命令解释器将显示：

[ initandilisten ] waiting for connections

通过命令行启动的 MongoDB 数据库实例，只需关闭命令行窗口就可以停止 MongoDB 服务。

## 5.3　用 MongoDB shell 访问 MongoDB

在 Windows 下安装 MongoDB 之后，安装目录下有一个 bin 目录，里面有很多 exe 可执行文件，如图 5-7 所示。其中有两个重要的启动程序：mongod.exe 和 mongo.exe。

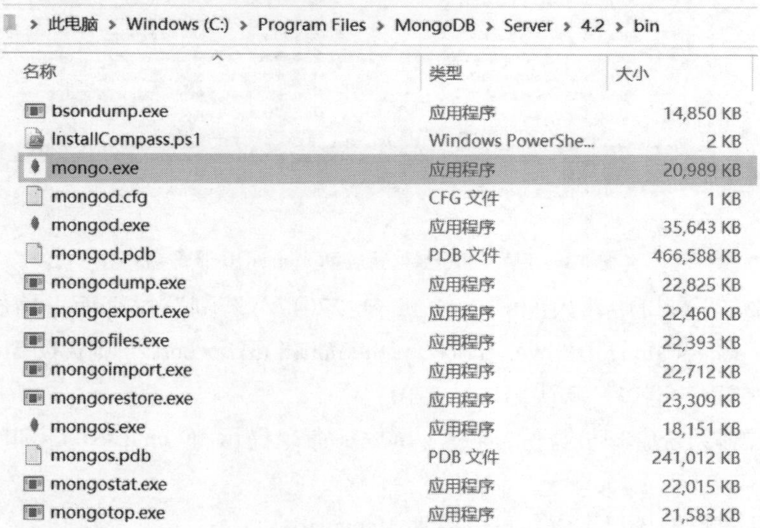

| 名称 | 类型 | 大小 |
|---|---|---|
| bsondump.exe | 应用程序 | 14,850 KB |
| InstallCompass.ps1 | Windows PowerShe... | 2 KB |
| mongo.exe | 应用程序 | 20,989 KB |
| mongod.cfg | CFG 文件 | 1 KB |
| mongod.exe | 应用程序 | 35,643 KB |
| mongod.pdb | PDB 文件 | 466,588 KB |
| mongodump.exe | 应用程序 | 22,825 KB |
| mongoexport.exe | 应用程序 | 22,460 KB |
| mongofiles.exe | 应用程序 | 22,393 KB |
| mongoimport.exe | 应用程序 | 22,712 KB |
| mongorestore.exe | 应用程序 | 23,309 KB |
| mongos.exe | 应用程序 | 18,151 KB |
| mongos.pdb | PDB 文件 | 241,012 KB |
| mongostat.exe | 应用程序 | 22,015 KB |
| mongotop.exe | 应用程序 | 21,583 KB |

此电脑 > Windows (C:) > Program Files > MongoDB > Server > 4.2 > bin

**图 5-7　安装目录 bin 中的可执行文件**

mongod.exe 是 MongoDB 数据库服务器端的启动程序；mongo.exe 是 MongoDB shell 即客户端的启动程序，它是 MongoDB 的交互式 JavaScript 接口，服务器端启动之后，可以在客户端里对数据库做增删改查等命令操作。

可以在 Windows 资源管理器中打开 MongoDB 的安装目录下的 bin 目录(图 5-7),双击 mongo.exe 打开 Shell 终端窗口;或者在 Windows 的命令提示符中通过下面的命令转到 MongoDB 的安装目录下的 bin 目录,再输入 mongo 命令进入 Shell 客户端。具体操作如下:

cd<MongoDB 安装目录>\bin,对于本书的例子来说就是将<MongoDB 安装目录>进行替换,如下:

cd C:\Program Files\MongoDB\Server\4.2\bin

mongo

以上命令运行成功后,会出现 MongoDB 的命令提示符标志“>”,表示 Shell 客户端启动成功,如图 5-8 所示。在该提示符后,可以输入 MongoDB 命令。

```
管理员: 命令提示符 - mongo
Microsoft Windows [版本 10.0.19042.1165]
(c) Microsoft Corporation。保留所有权利。

C:\WINDOWS\system32>cd C:\Program Files\MongoDB\Server\4.2\bin

C:\Program Files\MongoDB\Server\4.2\bin>mongo
MongoDB shell version v4.2.15
connecting to: mongodb://127.0.0.1:27017/?compressors=disabled&gssapiServiceName=mongodb
Implicit session: session { "id" : UUID("0bc1f7b5-f4e4-4fc1-9d40-3b92f26bd81b") }
MongoDB server version: 4.2.15
Server has startup warnings:
2021-09-03T09:00:02.212+0800 I  CONTROL  [initandlisten]
2021-09-03T09:00:02.212+0800 I  CONTROL  [initandlisten] ** WARNING: Access control is not enabled for the database.
2021-09-03T09:00:02.212+0800 I  CONTROL  [initandlisten] **          Read and write access to data and configuration is
unrestricted.
2021-09-03T09:00:02.213+0800 I  CONTROL  [initandlisten]
---
Enable MongoDB's free cloud-based monitoring service, which will then receive and display
metrics about your deployment (disk utilization, CPU, operation statistics, etc).

The monitoring data will be available on a MongoDB website with a unique URL accessible to you
and anyone you share the URL with. MongoDB may use this information to make product
improvements and to suggest MongoDB products and deployment options to you.

To enable free monitoring, run the following command: db.enableFreeMonitoring()
To permanently disable this reminder, run the following command: db.disableFreeMonitoring()
---

> _
```

图 5-8　MongoDB Shell 命令窗口

直接输入 mongo 命令时使用默认端口 27017 连接到在本地主机上运行的 MongoDB 实例。要显式指定端口,需要包含--port 命令行选项。例如,要使用非默认端口 28015 连接到在 localhost 上运行的 MongoDB 实例,如下:

> mongo --port 28015

也可以连接远程机器上的 MongoDB 实例,需要指明 IP 地址或主机名以及端口号(使用默认端口号 27017 时可以省略)。例如,要连接到在远程主机上运行的 MongoDB 实例,可以使用以下命令:

>mongo "mongodb://mongodb0.example.com:28015"

上述命令表示连接到名为“mongodb0.example.com”的服务器,且指定端口号为 28015。也可以使用命令行选项的方式:

>mongo --host mongodb0.example.com:28015

使用 quit();命令或 Ctrl+C 可以退出 Shell 客户端。

## 5.4　MongoDB 数据库的管理

使用 mongo.exe 命令进入 Shell 客户端之后,可以操作 MongoDB 数据库。常用的数据库管理基本命令见表 5-1。

表 5-1　常用的数据库管理命令

| 数据库管理操作 | 对应的命令 | 命令说明 |
| --- | --- | --- |
| 查看数据库帮助命令 | db.help( ); | 显示与数据库相关的所有命令的帮助信息 |
| 切换/创建数据库 | use mydb; | 表示切换到名称为 mydb 的数据库,如果该数据库不存在,则会自动创建。因此也可以看作是创建数据库的命令。MongoDB 中默认的数据库为 test,如果没有创建新的数据库就执行集合或文档操作,则数据将被存放到 test 数据库中 |
| 查询所有数据库 | show dbs; | 显示当前连接的数据库实例中所有的数据库 |
| 删除当前数据库 | db.dropDatabase( ); | 将当前正在使用的数据库删除 |
| 从指定主机上克隆数据库 | db.cloneDatabase( "192.168.1.1" ) | 将指定机器上的同名数据库的数据克隆到当前数据库。例如当前是 test 数库,则左侧命令会将 192.168.1.1 服务器中的 test 数据库克隆到本机的 test 数据库中 |
| 从指定的机器上复制指定数据库数据到某个数据库 | db.copyDatabase( "mydb" ,"temp" , "192.168.1.1" ) | 与上面的克隆命令相似,将 192.168.1.1 的 mydb 数据库中的数据复制到本机的 temp 数据库中。与克隆数据库不同的是,本命令可以更改数据库的名称,使用范围更广 |
| 修复当前数据库 | db.repairDatabase( ); | 该命令不仅能整理碎片还可以回收磁盘空间,但是需要注意的是命令使用期间会产生锁,而且需要的磁盘剩余空间很大,所以一般生产环境很少使用这个命令 |
| 查看当前数据库 | db.getName( );或 db; | 两个命令的使用效果是相同的 |
| 显示当前数据库状态 | db.stats( ); | 该命令显示数据库的统计信息,包括集合数量、平均文档大小、数据大小、索引数量和大小等 |
| 查看当前数据库版本 | db.version( ); | 查看当前数据库版本 |
| 查询错误信息 | db.getPreError( ); | 查询之前的错误信息 |
| 清除错误信息 | db.resetError( ); | 清除错误信息 |

## 5.5　MongoDB 集合的管理

MongoDB 中对集合操作的相关常用命令见表 5-2。

**表 5-2　集合操作的常用命令**

| 集合管理操作 | 对应的命令 | 命令说明 |
| --- | --- | --- |
| 创建一个集合 | db.createCollection（"myColl"）或带参数创建固定集合：db.createCollection（"myColl"，{size：20，capped：true，max：100}） | 在执行文档写操作时，如果集合不存在，会自动创建集合，因此一般较少用到创建集合的命令，除非是固定集合 capped 表示是否启用集合限制，为 true 表示启用限制创建为固定集合，默认为 false；size 表示限制集合使用空间的大小，max 表示集合中最大条数 |
| 显示当前数据库中的集合 | show collections；或者 db.getCollection-Names（）； | 显示当前数据库中所有集合的名称 |
| 使用集合 | db.mycoll；或者 db.getCollection（"mycoll"）； | 当集合名称为全数字时不能使用 db.mycoll 的方式，例如 db.123 会报错，需使用 db.getCollection（"23"）； |
| 查看集合命令帮助文档 | db.mycoll.help（） | 查看 mycoll 集合相关的命令的帮助信息 |
| 查询当前集合的数据条数 | db.mycoll.count（） | 查看 mycoll 集合中数据的条数 |
| 查看集合索引大小 | db.mycoll.totalIndexSize（）； | 查看 mycoll 集合中索引的大小 |
| 查看集合空间的大小 | db.mycoll.storageSize（）； | 查看为集合 mycoll 分配的空间大小，包括未使用的空间 |
| 查看集合总大小 | db.mycoll.totalSize（）； | 查看集合的大小，包括索引和数据以及分配空间的大小 |
| 查看当前集合所在的数据库 | db.mycoll.getDB（）； | 查看当前集合所在的数据库 |
| 查看当前集合的状态 | db.mycoll.stats（）； | 查看当前集合的状态 |
| 查看集合的分片版本信息 | db.mycoll.getShardVersion（）； | 查看集合的分片版本信息 |
| 集合重命名 | db.mycoll.renameCollection（"users"）；或者 db.getCollection（"mycoll"）.renameCollection（"users"）； | 将 mycoll 重命名为 users，当集合名为纯数字时，只能使用第二种方式 |
| 查询所有集合状态信息 | db.printCollectionStats（）； | 查看当前数据库中所有集合的状态信息 |
| 删除当前集合 | db.mycoll.drop（）； | 删除 mycoll 集合 |

## 5.6  MongoDB 文档的管理

MongoDB 中对文档操作的相关常用命令包括写入文档、查看文档、更新文档以及删除文档等。

### 5.6.1  写入文档

写入文档可以使用 insert 或者 save 命令。

>db.user.insert({"name":"mongo"});

或

>db.user.save({"name":"mongo"});

上述命令保存文档{"name":"mongo"}到集合 user。如果 user 集合不存在则自动创建。文档应满足 BSON 格式。

使用 save 时,如果数据库中已经有这条数据,则会更新它;如果没有则插入。该方法新版本中已废弃,可以使用 db.collection.insertOne()或 db.collection.replaceOne()来代替。

使用 insert 时,如果数据库中已有这条数据,则会报错"E11000 duplicate key error collection",如果没有则写入。

数据库是否存在这条记录通过"_id"字段判断,也就是说当 save 保存文档时,如果文档带有"_id"字段时,会找到集合有这个"_id"的数据,更新该数据成新的文档。

写入文档使用示例如图 5-9 所示。

```
> j={name:"mongo"}
{ "name" : "mongo" }
> db.user.save(j);
WriteResult({ "nInserted" : 1 })
> db.user.insert(j);
WriteResult({
        "nInserted" : 0,
        "writeError" : {
                "code" : 11000,
                "errmsg" : "E11000 duplicate key error collection: test.user index: _id_ dup key: {
_id: ObjectId('613ec2a3b95bc44fe8cf1d11') }"
        }
})
>
```

**图 5-9  写入文档使用示例**

由于 Mongo Shell 是 JavaScript 的客户端,可以在 Shell 中像使用 JavaScript 语句一样定义变量。在上面的示例中,定义了变量 j 为满足 BSON 格式的文档,使用 save()函数插入到 user 集合中,再使用 insert()函数插入时,由于文档已存在,报"E11000 duplicate key error collection"的错误。

有几点需要说明:

①不需要预先创建集合,在第一次插入文档时会自动创建。如图 5-9 示例中会自动创建 user 集合。

②在文档中可以存储任何结构的数据,但在实际应用中一般存储的还是相同类型的文档。

③每次插入文档时,集合中会为这个文档生成一个名为"_id"的默认主键字段。这个主键名称是固定的,可以是 MongoDB 支持的任何数据类型,插入数据时不指定"_id"字段值时,则默认值是 ObjectId。

### 5.6.2　查看文档

MongoDB 中查看文档使用的命令如下:

>db.user.find( );

find( )函数可以从一个集合中返回一个满足查询条件的集合。MongoDB 查询的具体用法在 5.7 中讲述。find( )函数的简单示例如图 5-10 所示。

图 5-10　find( )函数使用示例

在图 5-10 的示例中,在 user 集合中进行了 find( )查询,可以看到查询到之前写入的{"name":"mongo"},第二条执行之前使用 for 循环插入了 10 个文档,注意这 10 个文档的结构与第一个文档相比,增加了字段"x"和"j"。进一步说明在同一个集合中文档的结构可以不同。

### 5.6.3　更新文档

MongoDB 使用 save( )和 update( )方法来更新集合中的文档。save( )通过传入的文档来替换已有文档。update( )方法用于更新通过查询条件找到的文档,格式如下:

db.collection.update(

查询条件,

整个文档或者修改器,

upsert:boolean,

multi:boolean 或者 multi 文档

　　writeConcern：异常信息等级

　　）

参数说明：

查询条件是传入文档的部分信息，查询条件语句与 find 中的查询方式一致（见 5.7 节）。

整个文档或者修改器。当参数为整个文档时，传入的文档替换已有文档；当参数是修改器时，会根据修改器的种类做相应的改动。

upsert 参数可选，表示如果不存在 update 的记录，是否写入新文档，true 为写入，默认为 false 不写入。

multi 参数可选，默认为 false，表示只更新找到的第一条记录，如果这个参数为 true，表示更新按条件查询到的所有记录。

writeConcern 参数可选，表示抛出异常级别。作用是保障更新操作的可靠性。抛出异常的级别参数如下：

➢ WriteConcern.NONE：没有异常抛出。

➢ WriteConcern.NORMAL：仅抛出网络错误异常，没有服务器错误异常（默认）。

➢ WriteConcern.SAFE：抛出网络错误异常、服务器异常；并等待服务器完成写操作。

➢ WriteConcern.MAJORITY：抛出网络错误异常、服务器异常；并等待一个主服务器完成写操作。

➢ WriteConcern.FSYNC_SAFE：抛出网络错误异常、服务器异常；写操作等待服务器将数据刷新到磁盘。

➢ WriteConcern.JOURNAL_SAFE：抛出网络错误异常、服务器异常；写操作等待服务器提交到磁盘的日志文件。

➢ WriteConcern.REPLICAS_SAFE：抛出网络错误异常、服务器异常；等待至少两台主服务器完成写操作。

update( )使用示例如图 5-11 所示。

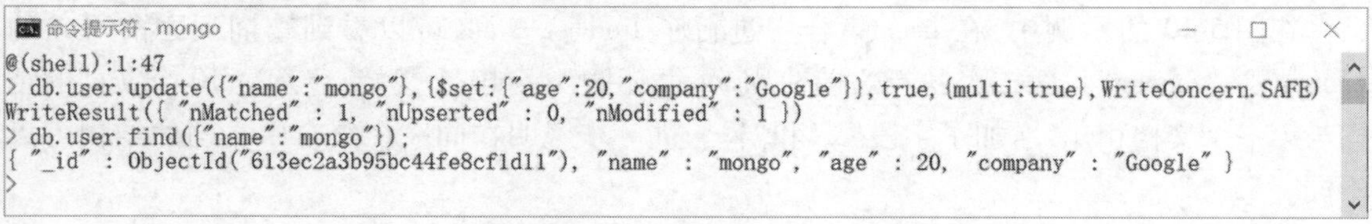

图 5-11　update( )函数使用示例

上述更新语句表示查询 name 为 mongo 的文档，把它的 age 字段修改为"20"，company 字段修改为"Google"。upsert 值为"true"表示不存在该文档时写入新文档。之前 name 为 mongo 的文档只有_id 和 name 两个字段，使用 update 修改时增加了 age 和 company 两个字段，可见 update 函数修改文档时可以修改文档的结构。

### 5.6.4　删除文档

MongoDB 的 remove( )函数用于删除集合中的文档，必须带查询条件。基本语法格式为：

db.collection.remove(

查询条件,

justOne：boolean

writeConcern：异常信息等级

)

参数说明：

查询条件是传入文档的部分信息,用于定位到需要删除的文档,查询条件语句与 find 中查询方式一致(见 5.7 节)。

justOne 参数可选,默认为 false,如果设为 true 或 1,则查询到多个文档时只删除一个文档。

writeConcern 参数可选,表示抛出异常级别。作用是保障更新操作的可靠性。与前面 update( )函数中的 writeConcern 参数相同。

remove( )使用示例：

>db.user.remove({"name":"mongo"}, 1);

上述命令将删除 user 集合中 name 字段为 mongo 的文档。如果有多个满足条件的文档,只删除一个。

## 5.7　MongoDB 的查询

### 5.7.1　简单查询

MongoDB 使用 find( )进行文档的查询,然后以非结构化的方式显示返回的所有文档。如果需要结构化显示返回的文档,可以在 find( )返回的结果集上使用 pretty( )函数,如图 5-12 所示。

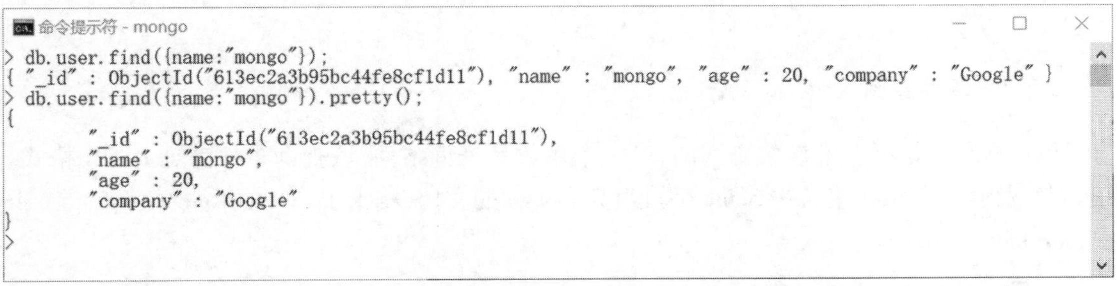

```
命令提示符 - mongo                                                    —    □    ×
> db.user.find({name:"mongo"});
{ "_id" : ObjectId("613ec2a3b95bc44fe8cf1d11"), "name" : "mongo", "age" : 20, "company" : "Google" }
> db.user.find({name:"mongo"}).pretty();
{
        "_id" : ObjectId("613ec2a3b95bc44fe8cf1d11"),
        "name" : "mongo",
        "age" : 20,
        "company" : "Google"
}
>
```

图 5-12　find( )函数返回文档示例——结构化方式和非结构化方式

注意：使用 pretty( )函数时,如果查询返回多个文档时,只对第一个文档以及与第一个文档结构相同的文档进行结构化显示。

find( )函数返回的结果是一个游标对象,放入游标对象中的数据无论是单条还是多条结果集,每次只能提取一条数据。一般用于遍历数据集合,通过 hasNext( )函数判断是否还有下一条数据,next( )函数则用于获取下一条数据,如图 5-13 所示。

图 5-13　使用游标访问 find( ) 返回的结果

在图 5-10 的例子中,使用 for 循环插入了 10 个文档,这 10 个文档具有字段"x"和"j",没有"name"字段,如果查询其 name 字段时会显示 unknown type。为了用游标对象显示每个文档的"name"字段,使用 db.user.remove({"x":4})语句,将这些没有"name"字段的文档删除。同时,为了展示游标用于遍历集合的功能,再使用 insert 命令插入一个有"name"字段的文档,如图 5-13 所示。

由于 Mongo Shell 是 JavaScript 的客户端,可以利用 JS 的特性,用 forEach 输出游标对象中的数据,如图 5-14 所示。需要注意的是,forEach( )函数必须定义一个函数供每个数据元素调用,图 5-14 中的 printjson 就是一个 JavaScript 预定义的系统函数。

图 5-14　使用 forEach 访问游标对象

### 5.7.2　条件查询

find( )函数是可以带参数查询的,第一个参数是查询条件,该查询条件满足 BSON 格式。图 5-15 表示查询 user 集合中 name 字段值为 mongo 的文档,相当于 SQL 的 select ＊ from user where name ='mongo'。

图 5-15　简单条件查询

与 SQL 的 where 子句类似,find( )的查询条件可以由与或非等逻辑运算得到。表 5-3 列举了常用的查询方式。

表 5-3　find( )常见的查询条件

| 查询方式 | 举例 | 说明 |
| --- | --- | --- |
| 与操作 | db.user.find({"name":"mongo", "age":20}); | 查询同时满足 name 字段为 mongo,age 字段为 20 的文档 |
| 或操作 $or | db.user.find({$or:[{"age": 23 }, {"age":20}]); | 查询满足 age 字段值为 23 或 20 的文档 |
| 大于 $gt | db.user.find({"age":{$gt:20}}); | 查询 age 字段值大于 20 的文档 |
| 小于 $lt | db.user.find({"age":{$lt:20}}); | 查询 age 字段值小于 20 的文档 |
| 大于等于 $gte | db.user.find({"age":{$gte:20}}); | 查询 age 字段值大于等于 20 的文档 |
| 小于等于 $lte | db.user.find({"age":{$lte:20}}); | 查询 age 字段值小于等于 20 的文档 |
| 是否存在 $exists | db.user.find({"age":{$exists:true}}); | 查询 age 字段存在的文档 |
| 不等于 $ne | db.user.find({"age":{$ne:20}}); | 查询 age 字段值不等于 20 的文档 |
| 包含 $in | db.user.find({"name":{$in:["mongo", "mary"]}}); | 查询 name 字段值在数组["mongo", "mary"]中的文档 |
| 不包含 $nin | db.user.find({"name":{$nin:["mongo", "mary"]}}); | 查询 name 字段值不在数组["mongo", "mary"]中的文档 |
| 取反 $not | db.user.find({$not:{"name":"mongo", "age":20}}); | 查询查询同时不满足 name 字段为 mongo,age 字段为 20 的文档。所有的查询条件都可以进行取反操作 |

查询操作是数据库中使用频率最高的操作,更多查询相关可以参见官网文档:https://mongodb.net.cn/manual/reference/operator/query/。

另外,由于 find( )函数返回的游标对象中如果包含大量的数据,会带来较大的开销,MongoDB Shell 为了避免大的开销,提供了一个 findOne( )函数,这个函数和 find( )一样,不同的是它只返回游标中的第一条数据,或者返回 null,即空数据。

如果需要限制结果集的长度,也可以用 limit 方法。这是强烈推荐解决性能问题的方法,可以用于减少网络传输。例如:db.user.find( ).limit(3);表示只返回 3 个文档。

## 5.8　MongoDB 索引的管理

前面已经介绍了索引对优化数据查询的重要性。先简单回顾一下索引:索引的本质就是一个排序的列表,在这个列表中存储着索引的值和包含这个值的数据(数据 row 或者document)的物理地址,索引可以大大加快查询的速度,这是因为使用索引后可以不再扫描全表来定位某行的数据,而是先通过索引表找到该行数据对应的物理地址(多数为 B-tree 查

189

找),然后通过地址来访问相应的数据。

索引可以加快数据检索、排序、分组的速度,减少磁盘 I/O,但是索引也不是越多越好,因为索引本身也是数据表,需要占用存储空间,同时索引需要数据库进行维护,当需要对索引列的值进行增删改操作时,数据库需要更新索引表,这会增加数据库的压力。

MongoDB 中常用的索引类型包括:单键索引、复合索引、多键索引以及哈希索引。在介绍各种索引之前先在 MongoDB 中准备数据(图 5-16)。

```
命令提示符 - mongo                                               —  □  ×
> db.user.insertMany([
... {name:"zhangsan", age:23, level:10, ename:{firstname:"san", lastname:"zhang"}, roles:["vip","gen"]},
... {name:"lisi", age:22, level:10, ename:{firstname:"si", lastname:"li"}, roles:["vip"]},
... {name:"wangwu", age:24, level:20, ename:{firstname:"wu", lastname:"wang"}, roles:["gen","vip"]},
... {name:"zhaoliu", age:25, level:30, ename:{firstname:"liu", lastname:"zhao"}, address:"beijing"},
... {name:"tianqi", age:26, roles:["gen"], address:"shanghai"}
... ]);
{
        "acknowledged" : true,
        "insertedIds" : [
                ObjectId("613ed50293b5d7fb9266b3dc"),
                ObjectId("613ed50293b5d7fb9266b3dd"),
                ObjectId("613ed50293b5d7fb9266b3de"),
                ObjectId("613ed50293b5d7fb9266b3df"),
                ObjectId("613ed50293b5d7fb9266b3e0")
        ]
}
>
```

图 5-16  数据准备

索引的增删改查比较简单,比如下面几个简单的索引管理方法:

//创建索引,值 1 表示正序排序,-1 表示逆序排序

>db.user.createIndex({age:-1})

//查看 user 中的所有索引

>db.user.getIndexes()

//删除特定一个索引

>db.user.dropIndex({name:1,age:-1})

//删除所有的索引(主键索引_id 不会被删除)

>db.user.dropIndexes()

如果要修改一个索引的话,可以先删除索引然后再重新添加。

### 5.8.1  单键索引

单键索引(Single Field Indexes)顾名思义就是单个字段作为索引列,MongoDB 的所有集合默认都有一个单键索引_id,也可以对一些经常作为过滤条件的字段设置索引,如给 age 字段添加一个索引:

//给 age 字段添加升序索引

>db.user.createIndex({age:1})

其中{age:1}中的 1 表示升序,如果想设置倒序索引的话使用 db.userinfos.createIndex({age:-1})即可。通过 explain()方法查看查询计划,如图 5-17 所示,可以看到查询 age=23 的文档时使用了索引,如果没有使用索引的话 stage=COLLSCAN。

```
命令提示符 - mongo
{
        "createdCollectionAutomatically" : false,
        "numIndexesBefore" : 1,
        "numIndexesAfter" : 2,
        "ok" : 1
}
> db.user.find({age:23}).explain();
{
        "queryPlanner" : {
                "plannerVersion" : 1,
                "namespace" : "test.user",
                "indexFilterSet" : false,
                "parsedQuery" : {
                        "age" : {
                                "$eq" : 23
                        }
                },
                "queryHash" : "3838C5F3",
                "planCacheKey" : "041C5DE3",
                "winningPlan" : {
                        "stage" : "FETCH",
                        "inputStage" : {
                                "stage" : "IXSCAN",
                                "keyPattern" : {
                                        "age" : 1
                                },
                                "indexName" : "age_1",
                                "isMultiKey" : false,
                                "multiKeyPaths" : {
                                        "age" : [ ]
                                },
                                "isUnique" : false,
                                "isSparse" : false,
                                "isPartial" : false,
                                "indexVersion" : 2,
                                "direction" : "forward",
                                "indexBounds" : {
                                        "age" : [
                                                "[23.0, 23.0]"
                                        ]
                                }
                        }
                },
                "rejectedPlans" : [ ]
        },
        "serverInfo" : {
                "host" : "LAPTOP-VNH6QTFS",
                "port" : 27017,
                "version" : "4.2.12",
                "gitVersion" : "5593fd8e33b60c75802edab304e23998fa0ce8a5"
        },
        "ok" : 1
}
>
```

**图 5-17　单键索引**

因为文档的存储是 BSON 格式的，所以也可以给内置对象的字段添加索引，或者将整个内置对象作为一个索引，语法如下：

//内嵌对象的某一字段作为索引，在 ename.firstname 字段上添加索引

>db.user.createIndex({"ename.firstname":1})

//整个内嵌对象作为索引，给整个 ename 字段添加索引

>db.user.createIndex({"ename":1})

### 5.8.2　复合索引

复合索引(Compound Indexes)指一个索引包含多个字段，用法和单键索引基本一致。使用复合索引时要注意字段的顺序，如下添加一个 name 和 age 的复合索引，name 正序，age 逆序，文档首先按照 name 正序排序，然后 name 相同的文档按 age 进行逆序排序。MongoDB 中一个复合索引最多可以包含 32 个字段。这里需要注意的是：利用复合索引进行查询时，只有

第一个索引字段会被使用,查询涉及其他索引字段时仍然使用全表扫描。

//添加复合索引,name 正序,age 逆序

>db.user.createIndex({"name":1,"age":-1})

//过滤条件为 name,或包含 name 的查询会使用索引(索引的第一个字段)

>db.user.find({name:"张三"}).explain()

>db.user.find({name:"张三",level:10}).explain()

//查询条件为 age 时,不会使用上面创建的索引,而是使用的全表扫描

>db.user.find({age:23}).explain()

### 5.8.3 多键索引

多键索引(Multikey Indexes)是建在数组上的索引,在 MongoDB 的文档中,有些字段的值为数组,多键索引就是为了提高查询这些数组的效率。

准备测试数据,classes 集合中添加两个班级,每个班级都有一个 students 数组,为了提高查询 students 的效率,使用 db.classes.createIndex({"students.age":1})给 students 的 age 字段添加索引(图 5-18),然后使用索引,如图 5-19 所示。

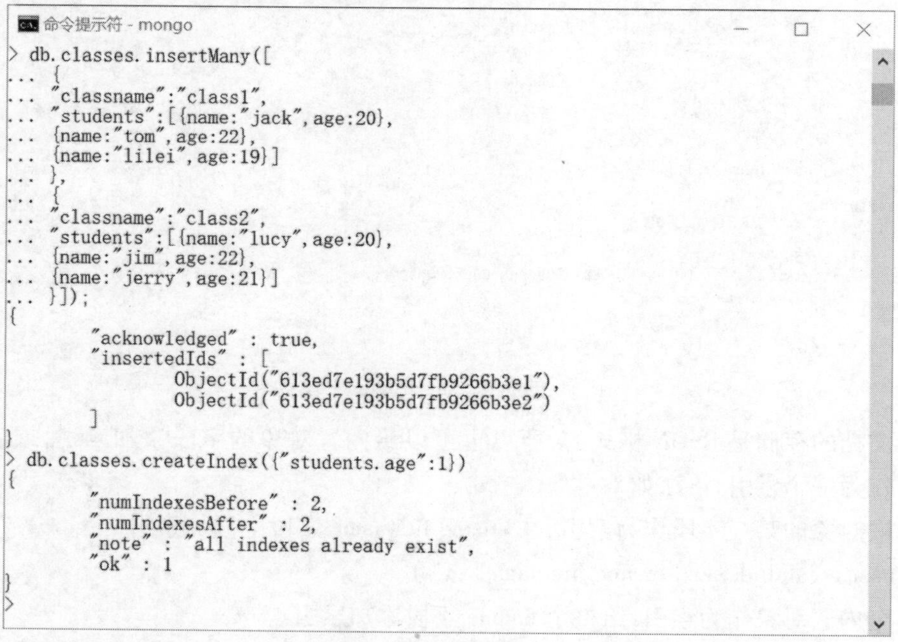

```
命令提示符 - mongo
> db.classes.insertMany([
... {
... "classname":"class1",
... "students":[{name:"jack",age:20},
... {name:"tom",age:22},
... {name:"lilei",age:19}]
... },
... {
... "classname":"class2",
... "students":[{name:"lucy",age:20},
... {name:"jim",age:22},
... {name:"jerry",age:21}]
... }]);
{
        "acknowledged" : true,
        "insertedIds" : [
                ObjectId("613ed7e193b5d7fb9266b3e1"),
                ObjectId("613ed7e193b5d7fb9266b3e2")
        ]
}
> db.classes.createIndex({"students.age":1})
{
        "numIndexesBefore" : 2,
        "numIndexesAfter" : 2,
        "note" : "all indexes already exist",
        "ok" : 1
}
>
```

图 5-18　多键索引

```
命令提示符 - mongo                                              —   □   ×
> db.classes.find({"students.age":20}).explain();
{
        "queryPlanner" : {
                "plannerVersion" : 1,
                "namespace" : "test.classes",
                "indexFilterSet" : false,
                "parsedQuery" : {
                        "students.age" : {
                                "$eq" : 20
                        }
                },
                "queryHash" : "2DFB3313",
                "planCacheKey" : "8C65C967",
                "winningPlan" : {
                        "stage" : "FETCH",
                        "inputStage" : {
                                "stage" : "IXSCAN",
                                "keyPattern" : {
                                        "students.age" : 1
                                },
                                "indexName" : "students.age_1",
                                "isMultiKey" : true,
                                "multiKeyPaths" : {
                                        "students.age" : [
                                                "students"
                                        ]
                                },
                                "isUnique" : false,
                                "isSparse" : false,
                                "isPartial" : false,
                                "indexVersion" : 2,
                                "direction" : "forward",
                                "indexBounds" : {
                                        "students.age" : [
                                                "[20.0, 20.0]"
                                        ]
                                }
                        }
                },
                "rejectedPlans" : [ ]
        },
        "serverInfo" : {
                "host" : "LAPTOP-VNH6QTFS",
                "port" : 27017,
                "version" : "4.2.12",
                "gitVersion" : "5593fd8e33b60c75802edab304e23998fa0ce8a5"
        },
        "ok" : 1
}
>
```

图 5-19　多键索引查询过程

### 5.8.4　哈希索引

哈希索引(Hashed Indexes)就是将字段(field)的值进行哈希计算后作为索引,其强大之处在于实现时间复杂度为 O(1)查找,当然用哈希索引最主要的功能也就是实现定值查找,对于经常需要排序或范围查询的集合不建议使用哈希索引。例如下面的语句为 user 集合的文档中的 name 字段建立哈希索引:

　>db.users.createIndex({"name":"hashed"})

# 5.9　数据的导入与导出

当尝试将应用程序从一个环境迁移到另一个环境中时,通常需要导入数据或导出数据。MongoDB 数据的导入与导出是利用 mongoexport 和 mongoimport 这两个工具来完成的,本质上它们是实现集合中每一条 BSON 格式的文档记录与本地文件系统上内容为 JSON 格式或 CSV 格式文件的转换,因此数据导入导出的格式有 CSV 和 JSON 两种,可以通过参数指定导出的格式。两种格式的文件都能用文本文件工具打开,而且 CSV 格式文件的默认打开方式为Excel。

## 5.9.1　集合导出 mongoexport

MongoDB 中的 mongoexport 工具可以把一个 collection 导出成 JSON 格式或 CSV 格式的文件。可以通过参数指定导出的数据项,也可以根据指定的条件导出数据。语法格式为:

>mongoexport -d dbname -c collectionname -o file --type json/csv -f field

参数说明:

-d:数据库名

-c:collection 名

-o:输出的文件名

--type:输出的格式,默认为 json

-f:输出的字段,如果-type 为 csv,则需要加上-f "字段名"

例如:

>mongoexport -d test -c users -o /mongoDB/users.json --type json -f "_id, name, age, status"

上述命令表示把 test 数据库中 users 表导出到/mongoDB/users.json,导出格式为 JSON,导出集合的字段名包括_id, name, age status。

## 5.9.2　集合导入 mongoimport

数据导入 mongoimport 的语法格式为:

>mongoimport -d dbname -c collectionname --file filename --headerline --type json/csv -f field

参数说明:

-d:数据库名

-c:collection 名

--file:要导入的文件

--type:导入的格式默认 json

-f:导入的字段名

--headerline：如果导入的格式是 csv，则可以使用第一行的标题作为导入的字段

例如：

>mongoimport -d test -c users --file /mongodb/articles.json --type json

上述命令表示把/mongodb/articles.json 导入 test 数据库的 users 集合中，文件格式为 JSON。

## 练习题

一、单选题

1.MongoDB 是一种 NoSQL 数据库，具体地说，是(　　)数据库。

　　A.键值　　　　　　B.文档　　　　　　C.图形　　　　　　D.XML

2.MongoDB 的文档包含一组字段，每个字段是一个键值对(key-value)，其中 key 必须是字符串类型，value 不能是下列哪种类型？(　　)

　　A.基本类型，如 String，int，float 等　　　B.另一个文档

　　C.数组类型　　　　　　　　　　　　　　　D.指针类型

3.MongoDB 使用(　　)和(　　)方法来更新集合中的文档。

　　A.update　　　　B.save　　　　　C.insert　　　　　D.find

4.MongoDB 采用哪种语音编写？(　　)

　　A.Java　　　　　B.Python　　　　C.C++　　　　　D.go

二、填空填

1.在 MongoDB 中支持的索引种类主要有_____，_____，_____以及_____等。

2.MongoDB 数据库服务器端的启动程序为_____，客户端即 MongoDB Shell 的启动程序为_____。

3.MongoDB 中，插入一个文档可以使用的命令包括_____和_____。

4.在 MongoDB 中要创建数据库 mydb，可以使用命令_____。

5.在 MongoDB 的当前数据库的 user 集合中查找前 3 个文档可以使用命令_____。

三、简答题

1.简要说明 MongoDB 与关系数据库 MySQL 之间最基本的差别是什么。

2.你认为 MongoDB 成为最好的 NoSQL 数据库的原因是什么？

3.简述 MongoDB 中复合索引和多键索引的区别。

4.MongoDB 数据库的应用场景有哪些？

5.MongoDB 中如何批量更新数据？

四、上机练习题

1.假设有学生选课系统数据库，其中有如下数据：

Student：

| Sno | Sname | Ssex | Sdept |
|-----|-------|------|-------|
| s1 | 张三 | 女 | 数学 |
| s2 | 李四 | 男 | 计算机 |

Course：

| Cno | Cname | Ccredit |
|-----|-------|---------|
| c1 | 数据库 | 2 |
| c2 | 英语 | 2 |
| c3 | 数学 | 4 |

SC：

| Sno | Cno | Grade |
|-----|-----|-------|
| s1 | c1 | 70 |
| s1 | c2 | 85 |
| s1 | c3 | 80 |
| s2 | c1 | 90 |
| s2 | c2 | 88 |
| s2 | c3 | 70 |

根据上述内容，完成以下问题：

①在 MongoDB 中创建选课系统数据库。

②将上面的数据存储在 MongoDB 中。

③查询"计算机"学院的所有女生信息。

④查询没有选修"数据库"课程的学生姓名。

⑤查询同时选修了"数据库"和"数学"课程的学生姓名

2.某论坛有以下要求：

每个帖子都有唯一的标题，以及描述、网址、发帖者、发帖时间和评论总人数；

每个帖子都可以有一个或者多个标签；

每个帖子都有用户给出的评论以及他们的姓名，消息，评论时间和喜好；

每一个帖子可以有零个或者多个评论。

根据以上叙述，在 MongoDB Shell 中完成以下操作：

①使用 mongodb 为该论坛设计相应的数据库，集合。

②对相应的集合进行优化，仅保留一个集合。

③使用 insertOne 命令插入 2 条文档数据。

④查询发帖者为"张三"的发帖数量。

⑤查询发帖者为"张三"的粉丝。

# 第 6 章
## 数据库的安全与维护

安全问题不是数据库系统所独有的,所有计算机系统都有这个问题。数据在数据库系统中大量集中存放,而且为许多终端用户直接共享,这些数据目前已经成为企业或国家的无形资产,因此数据库的安全性问题更为突出,已经成为推动经济发展,甚至主宰经济命脉的关键。系统安全保护措施是否有效是衡量数据库系统性能的主要指标之一。

数据库安全和维护主要包含以下 4 个方面:

➢ 防止非法用户对数据库进行非法操作,实现数据库的安全性。

➢ 防止不合法数据进入数据库,实现数据库的完整性。

➢ 防止并发操作产生的事务不一致,进行并发控制。

➢ 防止计算机系统硬件故障、软件错误、操作失误所造成的数据丢失,进行数据备份与恢复。

## 6.1    数据库的安全性控制

### 6.1.1  数据库安全性概述

在一般计算机系统中,安全措施是一级一级层层设置的。例如有如下安全模型:在图 6-1 的安全模型中,用户要求进入计算机系统时,系统首先根据输入的用户标识进行用户身份鉴定,只有合法的用户才准许进入计算机系统。对已经进入计算机系统的用户,DBMS 还要进行存取控制,只允许用户执行合法操作。数据最后还可以以加密的形式存储到数据库中,能使非法用户即使得到了加密数据,也无法识别。

图 6-1    计算机系统安全模型

### 6.1.2 安全性控制的一般方法

数据库的安全控制机制是用于实现数据库的各种安全策略的功能集合,正是由这些安全控制机制来实现安全模型,进而实现保护数据库系统安全的目标。本书只讨论与数据库有关的用户标识和鉴别、存取控制、加密存储、数据库审计等安全技术。

**1) 用户标识与鉴别**

用户标识是指用户向系统出示自己的身份证明,最简单的方法是输入用户 ID 和密码。标识机制用于唯一标识进入系统的每个用户的身份,因此必须保证标识的唯一性。鉴别是指系统检查验证用户的身份证明,用于检验用户身份的合法性。标识和鉴别功能保证了只有合法的用户才能存取系统中的资源。由于数据库用户的安全等级是不同的,因此分配给他们的权限也是不一样的,数据库系统必须建立严格的用户认证机制。身份的标识和鉴别是 DBMS 对访问者授权的前提,并且通过审计机制使 DBMS 保留追究用户行为责任的能力。功能完善的标识与鉴别机制也是访问控制机制有效实施的基础,特别是在一个开放的多用户系统的网络环境中,识别与鉴别用户是构筑 DBMS 安全防线的第一个重要环节。目前,常用的方法有通行字认证、数字证书认证、智能卡认证和个人特征识别认证等,下面依次介绍。

**(1) 通行字认证**

通行字也称为"口令"或"密码",它是一种根据已知事物验证身份的方法,也是一种最广泛研究和使用的身份验证法。在数据库系统中往往对通行字采取一些控制措施,常见的有最小长度限制、次数限定、选择字符、有效期、双通行字和封锁用户系统等。

**(2) 数字证书认证**

数字证书是认证中心颁发并进行数字签名的数字凭证,它实现实体身份的鉴别与认证、信息完整性验证、机密性和不可否认性等安全服务。数字证书可用来证明实体所宣称的身份与其持有的公钥的匹配关系,使得实体的身份与证书中的公钥相互绑定。

**(3) 智能卡认证**

智能卡(有源卡、IC 卡或 Smart 卡)作为个人所有物,可以用来验证个人身份,典型智能卡主要由微处理器、存储器、输入输出接口、安全逻辑及运算处理器等组成。在智能卡中引入了认证的概念,认证是智能卡和应用终端之间通过相应的认证过程来相互确认合法性。在卡和接口设备之间只有相互认证之后才能进行数据的读写操作,目的在于防止伪造应用终端及相应的智能卡。

**(4) 个人特征识别认证**

根据被授权用户的个人生物特征来进行确证是一种可信度更高的验证方法,个人特征识别应用了生物统计学(Biometrics)的研究成果,即利用个人具有唯一性的生理特征来实现。个人特征都具有因人而异和随身携带的特点,不会丢失并且难以伪造,非常适合于个人身份认证。目前已得到应用的个人生理特征包括指纹、语音声纹、DNA、视网膜、虹膜、脸型和手型等。一些学者已开始研究基于用户个人行为方式的身份识别技术,如用户写签名和敲击键盘的方式等。个人特征一般需要应用多媒体数据存储技术来建立档案,相应地需要基于多媒体数据的压缩、存储和检索等技术作为支撑。目前已有不少基于个人特征识别的身份认证系统成功地投入应用。如美国联邦调查局(FBI)成功地将小波理论应用于压缩和识别指纹图样,可以将一个 10 MB 的指纹图样压缩成 500 KB,从而大大减少了数百万指纹档案的存储空间和检索时间。

2)存取控制

存取控制的目的是确保用户对数据库只能进行经过授权的相关操作。在存取控制机制中,一般把被访问的资源称为"客体",把以用户名义进行资源访问的进程、事务等实体称为"主体"。传统的存取控制机制有两种,即自主存取控制(Discretionary Access Control,DAC)和强制存取控制(Mandatory Access Control, MAC)。

(1)自主存取控制

在 DAC 机制中,用户对不同的数据对象有不同的存取权限,而且还可以将其拥有的存取权限转授给其他用户。DAC 访问控制完全基于访问者和对象的身份。

大型数据库管理系统几乎都支持自主存取控制 DAC,目前的 SQL 标准也通过 GRANT(授权)语句和 REVOKE(收回权限)语句对自主存取控制提供支持。

在非关系系统中,用户只能对数据进行操作,存取控制的数据对象也仅限于数据本身。而关系数据库系统中,DBA 可以把建立、修改基本表的权限授予用户,用户获得此权限之后可以建立和修改基本表、索引、视图。因此,关系系统中存取控制的数据对象不仅有数据本身,如表、属性列等,还有模式、外模式、内模式等数据字典中的内容。关系系统中的自主存取控制(DAC)权限见表 6-1。

表 6-1 关系系统中的自主存取控制(DAC)权限

| 存取控制的类型 | 数据对象 | 操作类型 |
|---|---|---|
| 模式 | 模式 | 建立、修改、检索 |
| | 外模式 | 建立、修改、检索 |
| | 内模式 | 建立、修改、检索 |
| 数据 | 表 | 查找、插入、修改、删除 |
| | 属性列 | 查找、插入、修改、删除 |

在 DAC 中,数据对象的创建者自动获得对该数据对象的所有操作权限,这些权限可以通过 GRANT 语句转授给其他用户。当用户将某些权限授给其他用户后,也可以使用 REVOKE 语句将权限收回。

(2)强制存取控制

在 MAC 机制中,每一个数据对象被标以一定的密级(例如绝密、机密、可信、公开等),每一个用户也被授予某一个级别的许可。对不同类型的数据来进行访问授权。在 MAC 机制中,存取权限不可以转授,所有用户必须遵守由数据库管理员建立的安全规则,其中最基本的规则为"向下读取,向上写入"。显然,与 DAC 相比,MAC 机制更加严格。强制存取控制策略多用于那些对数据有严格而固定的密级分类的部门,如军事部门或者政府部门。

3)数据库加密

由于数据库在操作系统中以文件形式管理,所以入侵者可以直接利用操作系统的漏洞窃取数据库文件,或者篡改数据库文件内容。另一方面,数据库管理员(DBA)可以任意访问所有数据,往往超出了其职责范围,同样造成安全隐患。因此,数据库的保密问题不仅包括在传输过程中采用加密保护和控制非法访问,还包括对存储的敏感数据进行加密保护,使得即使数据不幸泄露或者丢失,也难以造成泄密。同时,数据库加密可以由用户用自己的密钥加密自己的敏感信息,而不需要了解数据内容的数据库管理员无法进行正常解密,从而可以实现个性化的用户隐私保护。对数据库加密必然会带来数据存储与索引、密钥分配和管理等一系列问题,同时加密也会显著地降低数据库的访问与运行效率。

因此,保密性与可用性之间不可避免地存在冲突,需要妥善解决二者之间的矛盾。数据库中存储密文数据后,如何进行高效查询成为一个重要的问题。查询语句一般不可以直接运用到密文数据库的查询过程中,一般的方法是首先解密加密数据,然后查询解密数据。但由于要对整个数据库或数据表进行解密操作,因此开销巨大。在实际操作中需要通过有效的查询策略来直接执行密文查询或较小粒度的快速解密。一般来说,一个好的数据库加密系统应该满足以下几个方面的要求:

➢ 足够的加密强度,保证长时间且大量数据不被破译。
➢ 加密后的数据库存储量没有明显增加。
➢ 加解密速度足够快,影响数据操作响应时间尽量短。
➢ 加解密对数据库的合法用户操作(如数据的增删改等)是透明的。
➢ 灵活的密钥管理机制,加解密密钥存储安全,使用方便可靠。

(1)加密粒度

一般来说,数据库加密的粒度有 4 种,即表、属性、记录和数据元素。不同加密粒度的特点不同,总的来说,加密粒度越小,则灵活性越好且安全性越高,但实现技术也更为复杂,对系统的运行效率影响也越大。

表级加密的对象是整个表,这种加密方法类似于操作系统中文件加密的方法。即每个表与不同的表密钥运算,形成密文后存储。这种方式最为简单,但因为对表中任何记录或数据项的访问都需要将其所在表的所有数据快速解密,因而执行效率很低,浪费了大量的系统资源。在目前的实际应用中,这种方法基本已被放弃。

属性加密又称为"域加密"或"字段加密",即以表中的列为单位进行加密。一般而言,属性的个数少于记录的条数,需要的密钥数相对较少。如果只有少数属性需要加密,属性加密是可选的方法。

记录加密是把表中的一条记录作为加密的单位,当数据库中需要加密的记录数比较少时,采用这种方法是比较好的。

数据元素加密是以记录中每个字段的值为单位进行加密,数据元素是数据库中最小的加密粒度。采用这种加密粒度,系统的安全性与灵活性最高,同时实现技术也最为复杂。不同的数据项使用不同的密钥,相同的明文形成不同的密文,抗攻击能力得到提高。不利的方面是,该方法需要引入大量的密钥。一般要周密设计自动生成密钥的算法,密钥管理的复杂度大大增加,同时系统效率也受到影响。在目前条件下,为了得到较高的安全性和灵活性,采用最多的加密粒度是数据元素。为了使数据库中的数据能够充分而灵活地共享,加密后还应当允许用户以不同的粒度进行访问。

(2) 常用的加密算法

加密算法是数据加密的核心,一个好的加密算法产生的密文应该频率平衡,随机无重码,周期很长而又不可能产生重复现象。窃密者很难通过对密文频率,或者重码等特征的分析获得成功。同时,算法必须适应数据库系统的特性,加/解密,尤其是解密响应迅速。

常用的加密算法包括对称密钥算法和非对称密钥算法。

对称密钥算法的特点是解密密钥和加密密钥相同,或解密密钥由加密密钥推出。这种算法一般又可分为两类,即序列算法和分组算法。序列算法一次只对明文中的单个位或字节运算;分组算法是对明文分组后以组为单位进行运算,常用有 DES 等。

非对称密钥算法也称为"公开密钥算法",其特点是解密密钥不同于加密密钥,并且从解密密钥推出加密密钥在计算上是不可行的。其中加密密钥公开,解密密钥则是由用户秘密保管的私有密钥。常用的公开密钥算法有 RSA 等。

目前还没有公认的专门针对数据库加密的加密算法,因此一般根据数据库特点选择现有的加密算法来进行数据库加密。一方面,对称密钥算法的运算速度比非对称密钥算法快很多,二者相差 2~3 个数量级;另一方面,在公开密钥算法中,每个用户有自己的密钥对。而作为数据库加密的密钥如果因人而异,将产生异常庞大的数据存储量。因此,在数据库加密中一般采取对称密钥的分组加密算法。

对数据库进行加密,一般对不同的加密单元采用不同的密钥。以加密粒度为数据元素为例,如果不同的数据元素采用同一个密钥,由于同一属性中数据项的取值在一定范围之内,且往往呈现一定的概率分布,因此攻击者可以不用求原文,而直接通过统计方法即可得到有关的原文信息,这就是所谓的统计攻击。

大量的密钥自然会带来密钥管理的问题。根据加密粒度的不同,系统所产生的密钥数量也不同。越是细小的加密粒度,所产生的密钥数量越多,密钥管理也就越复杂。良好的密钥管理机制既可以保证数据库信息的安全性,又可以进行快速的密钥交换,以便进行数据解密。

对数据库密钥的管理一般有集中密钥管理和多级密钥管理两种体制,集中密钥管理方法是设立密钥管理中心。在建立数据库时,密钥管理中心负责产生密钥并对数据加密,形成一张密钥表。当用户访问数据库时,密钥管理机构核对用户识别符和用户密钥。通过审核后,由密钥管理机构找到或计算出相应的数据密钥。这种密钥管理方式方便用户使用和管理,但由于这些密钥一般由数据库管理人员控制,因而权限过于集中。

目前研究和应用比较多的是多级密钥管理体制,以加密粒度为数据元素的三级密钥管理体制为例,整个系统的密钥由一个主密钥、每个表上的表密钥,以及各个数据元素密钥组成。表密钥被主密钥加密后以密文形式保存在数据字典中,数据元素密钥由主密钥及数据元素所在行、列通过某种函数自动生成,一般不需要保存。在多级密钥体制中,主密钥是加密子系统的关键,系统的安全性在很大程度上依赖于主密钥的安全性。

数据库加密技术在保证安全性的同时,也给数据库系统的可用性带来一些影响。

➢ 系统运行效率受到影响:数据库加密技术带来的主要问题之一是影响效率。为了减少这种影响,一般对加密的范围做一些约束,如不加密索引字段和关系运算的比较字段等。

➤ 难以实现对数据完整性约束的定义：数据库一般都定义了关系数据之间的完整性约束，如主/外键约束及值域的定义等。数据一旦加密，DBMS 将难以实现这些约束。

➤ 对数据的 SQL 语言及 SQL 函数受到制约：SQL 语言中的 Group by、Order by 及 Having 子句分别完成分组和排序等操作，如果这些子句的操作对象是加密数据，那么解密后的明文数据将失去原语句的分组和排序作用。另外，DBMS 扩展的 SQL 内部函数一般也不能直接作用于密文数据。

➤ 密文数据容易成为攻击目标：加密技术把有意义的明文转换为看上去没有实际意义的密文信息，但密文的随机性同时也暴露了消息的重要性，容易引起攻击者的注意和破坏，从而造成了一种新的不安全性。加密技术往往需要和其他非加密安全机制相结合，以提高数据库系统的整体安全性。

总之，数据库加密作为一种对敏感数据进行安全保护的有效手段，将得到越来越多的重视。目前数据库加密技术还面临许多挑战，其中解决保密性与可用性之间的矛盾是关键。

#### 4）数据库审计

数据库审计是指监视和记录用户对数据库所施加的各种操作的机制，把用户对数据库的所有操作自动记录下来，存放于审计日志中，DBA 可以利用审计跟踪的信息重现导致数据库现有状况的一系列事件，找出非法存取数据的人、时间和内容等。

审计机制应该至少记录用户标识和认证、客体访问、授权用户进行并会影响系统安全的操作，以及其他安全相关事件。对于每个记录的事件，审计记录中需要包括事件时间、用户、时间类型、事件数据和事件的成功/失败情况。对于标识和认证事件，必须记录事件源的终端 ID 和源地址等；对于访问和删除对象的事件，则需要记录对象的名称。

一般地，将审计跟踪和数据库日志记录结合起来，会达到更好的安全审计效果。对于审计粒度与审计对象的选择，需要考虑系统运行效率与存储空间消耗的问题。为了达到审计目的，一般必须审计到对数据库记录与字段一级的访问。但这种小粒度的审计需要消耗大量的存储空间，同时使系统的响应速度降低，给系统运行效率带来影响。

### 6.1.3　SQL Server 的安全性控制

SQL Server 的安全性控制包含通过登录认证机制登录 SQL Server 实例；通过用户认证机制实现对数据库的访问；通过权限认证机制实现对数据库对象的访问，如图 6-2 所示。

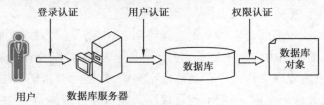

图 6-2　SQL Server 的安全性控制

具体来说，体现在以下 3 个方面：

➤ 登录认证：用户连接数据库服务器时，数据库服务器将验证该用户的账户和口令，确定该用户是否有连接到数据库服务器的资格，属于服务器级别的用户身份验证。

➤ 用户认证：登录认证成功以后，当用户访问数据库时，确认用户账户是否有访问数据库的权限，属于数据库级别的用户身份认证。

➤ 权限认证：经过登录认证和用户认证以后，当用户操作数据库对象时，确定用户是否有操作许可，验证用户的操作权限，属于存取控制权限认证。在创建数据库对象时，SQL Server 自动把该数据库对象拥有权赋予该对象的创建者。当一个非数据库对象拥有者想访问数据库里的对象时，必须事先由数据库拥有者赋予用户对指定对象执行特定操作的权限。一般来说，为减少管理的开销，在权限认证安全管理上应该在大多数场合赋予数据库用户以广泛的权限，然后再针对实际情况在某些敏感的数据上实施具体的访问控制权限控制。

登录认证、用户认证、权限认证，每个安全认证好像是一道门，如果门没有上锁，或者用户拥有开门的权利，则可以通过这道大门到达下一个安全等级。如果通过了所有的大门，用户就可以实现对数据的访问了。

### 1）SQL Server 的登录认证

（1）设置服务器的登录认证模式

SQL Server 提供了两种登录认证模式登录服务器，即 Windows 登录认证和 SQL Server 登录认证。

➤ Windows 登录认证：用户登录 Windows 进行身份验证后，再登录 SQL Server 时就不再进行身份验证了。也就是说有了 Windows 的登录账户就可以直接登录 SQL Server 服务器。Windows 操作系统负责登录账户的创建、管理，由 Windows 授权连接 SQL Server，并将 Windows 账户映射为 SQL Server 账户。

➤ SQL Server 登录认证：由 SQL Server 服务器对要登录的用户进行身份验证。SQL Server 负责登录账户的创建、管理，并将其保存在数据库中。此种模式登录服务器时，需要提供 SQL Server 的用户账户和密码。

在 SQL Server Management Studio 中设置数据库服务器登录认证模式的步骤如下：

➤ 启动 SQL Server Management Studio，并登录到服务器。

➤ 在左边的"对象资源管理器"窗口中的服务器上单击右键，在出现的快捷菜单中选择"属性"命令，出现"服务器属性"对话框。

➤ 选择"选择页"中的"安全性"选项，进入设置服务器登录认证模式页面，如图 6-3 所示。目前采用的是 SQL Server 和 Windows 身份验证模式，表示既可以通过 Windows 登录认证模式登录服务器，也可以采用 SQL Server 登录认证模式登录服务器。

（2）创建 SQL Server 登录账户

可以通过 SQL Server Management Studio 创建 SQL Server 登录账户，具体步骤如下：

➤ 启动 SQL Server Management Studio，并登录到服务器。

➤ 在左边的"对象资源管理器"窗口中，展开"安全性"目录，找到"登录名"选项，单击右键，在出现的快捷菜单中选择"新建登录名"命令，如图 6-4 所示。

➤ 在出现的"登录名-新建"窗口中，可以设置登录名、密码、默认数据库、服务器角色等，如图 6-5 所示。

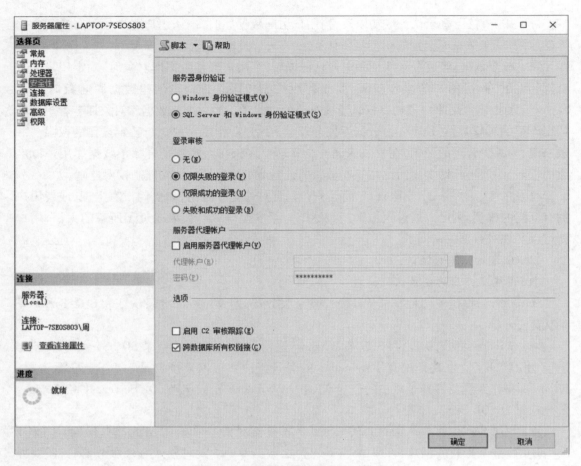

图 6-3　设置服务器的登录认证模式

图 6-4　新建登录名

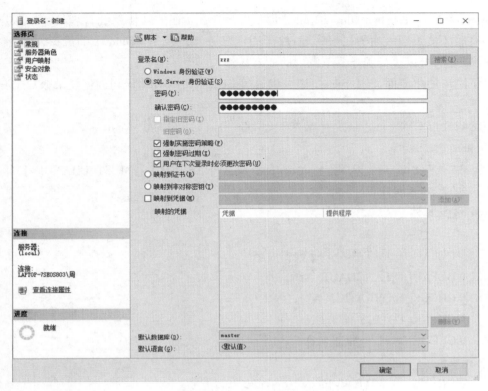

**图 6-5　创建 SQL Server 登录账户**

➤　创建 SQL Server 登录账户后,在"对象资源管理器"窗口中,展开"安全性"目录下的"登录名"节点,可以看到刚才创建的 SQL Server 登录账户 zzz,如图 6-6 所示。

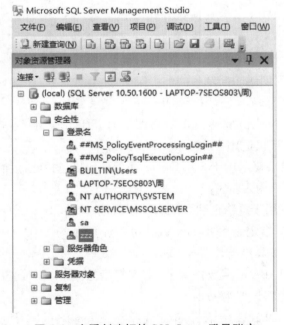

**图 6-6　查看创建好的 SQL Server 登录账户**

在图 6-6 中,sa(system administrator)是 SQL Server 认证的默认系统管理员登录账户。该账户拥有服务器级别最高的权限管理,属于固定服务器角色 sysadmin 中的成员,并且不能从该角色中删除,可以执行服务器范围内的所有操作。

除了图形用户界面,SQL Server 还可以通过 CREATE LOGIN 语句创建登录账户。其语法格式如下:

CREATE LOGIN login_name ｛ WITH <option_list1> ｜ FROM <sources> ｝

<option_list1>∷=

    PASSWORD = ｛'密码' | hashed_password HASHED ｝［ MUST_CHANGE ］

    ［ , <option_list2>［,…］］

<option_list2>∷=

    SID =登录 sid

    | DEFAULT_DATABASE =数据库名

    | DEFAULT_LANGUAGE =语言

    | CHECK_EXPIRATION = ｛ ON | OFF｝

    | CHECK_POLICY = ｛ ON | OFF｝

    | CREDENTIAL =凭证名称

<sources>∷=

    WINDOWS［ WITH <windows_options>［,…］］

    | CERTIFICATE 证书名

    |ASYMMETRIC KEY 非对称密钥名

<windows_options>∷=

    DEFAULT_DATABASE =数据名

    | DEFAULT_LANGUAGE =语言

各参数说明如下:

➢ login_name 指定创建的登录名。

➢ PASSWORD ='密码':仅适用于 SQL Server 登录名。

➢ PASSWORD = hashed_password:仅适用于 HASHED 关键字。指定要创建的登录名的密码的哈希值。HASHED 仅适用于 SQL Server 登录。

➢ MUST_CHANGE:仅适用于 SQL Server 登录。如果包括此选项,则 SQL Server 将在首次使用新登录时提示用户输入新密码。

➢ SID =登录 sid:用于重新创建登录名。仅适用于 SQL Server 身份验证登录,不适用于 Windows 身份验证登录。指定新 SQL Server 身份验证登录的 SID。如果未使用此选项,SQL Server 将自动分配 SID。SID 结构取决于 SQL Server 版本。

➢ DEFAULT_DATABASE =数据库名:指定将指派给登录名的默认数据库。如果未包括此选项,则默认数据库将设置为 master。

➢ DEFAULT_LANGUAGE =语言:指定将指派给登录名的默认语言。如果未包括此选项,则默认语言将设置为服务器的当前默认语言。即使将来服务器的默认语言发生更改,登录名的默认语言也仍保持不变。

➢ CHECK_EXPIRATION ＝｜ ON ｜ OFF ｝:仅适用于 SQL Server 登录名。指定是否应对此登录账户强制实施密码过期策略。默认值为 OFF。

➢ CHECK_POLICY ＝｜ ON ｜ OFF ｝:仅适用于 SQL Server 登录名。指定应对此登录强制实施运行 SQL Server 的计算机的 Windows 密码策略。默认值为 ON。

➢ WINDOWS:指定将登录名映射到 Windows 登录名。

➢ CERTIFICATE 证书名:指定将与此登录名关联的证书名称。此证书必须已存在于 master 数据库中。

➢ ASYMMETRIC KEY 非对称密钥名:指定将与此登录名关联的非对称密钥的名称。此密钥必须已存在于 master 数据库中。

【例 6.1】　创建 SQL Server 登录账户 sql2,密码为 sql2,默认登录数据库为 test。
CREATE LOGIN sql2 WITH PASSWORD＝' sql2 ',DEFAULT_DATABASE＝test;
ALTER LOGIN sql2 WITH PASSWORD＝' 123456 ';　　　--修改登录账户密码
DROP LOGIN Sql2;　　　　　　　　　　　　　　--删除 SQL Server 登录账户

2)SQL Server 的用户认证

前面已经创建了 SQL Server 的登录账户,登录账户验证成功后会连接到 SQL Server 数据库服务器,但登录账户本身不能访问服务器中的任何数据库。只有创建了数据库的用户,成为数据库的合法用户后,才能访问数据库。数据库的用户只能来自服务器的登录账户,而且是可以访问该数据库的登录账户。一个登录账户可以映射为多个数据库中的用户,但是在一个数据库中只能映射为一个用户。

在创建数据库时,SQL Server 自动创建了两个默认的数据库用户:

➢ dbo:数据库的拥有者(Database Owner),隶属于 sa 登录账户,拥有 public 和 db_owner 数据库角色,具有该数据库的所有权限。

➢ guest:客户访问用户,没有隶属的登录账户,拥有 public 数据库角色。除了 master 和 tempdb 两个系统数据库的 guest 用户不能删除外,其他数据库的 guest 用户可以删除。

除了这两个默认的数据库用户,用户还可以创建自定义用户。

(1)通过 SQL Server Management Studio 创建数据库用户

具体步骤如下:

➢ 启动 SQL Server Management Studio,并登录到服务器。

➢ 在左边的"对象资源管理器"窗口中,展开"安全性"目录,找到"用户"选项,单击右键,在出现的快捷菜单中选择"新建用户"命令,出现"数据库用户-新建"对话框,如图 6-7 所示。

➢ "数据库用户-新建"对话框中,在"常规"页面中填写"用户名",再分别单击"登录名"和"默认架构"右侧的█按钮,选择相应的登录名和默认架构,即可完成数据库用户的创建。

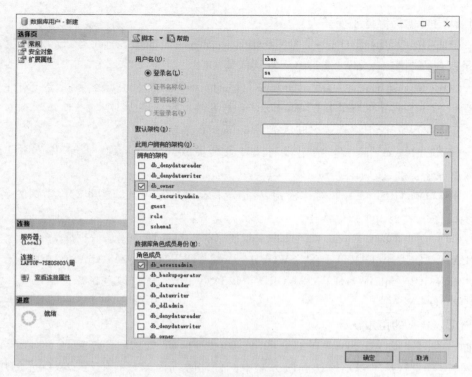

**图 6-7 "数据库用户-新建"对话框**

（2）使用 CREATE USER 语句创建数据库用户

其基本的语法如下：

CREATE USER 用户名

［｛FOR|FROM｝｛LOGIN 登录名｝］

［WITH DEFAULT_SCHEMA＝架构名］

各参数说明如下：

➢ 用户名：指定在此数据库中用于识别该用户的名称。

➢ LOGIN 登录名：指定要为其创建数据库用户的登录名。登录名必须是服务器中的有效登录名。可以是基于 Windows 身份验证的登录名，也可以是使用 SQL Server 身份验证的登录名。

➢ WITH DEFAULT_SCHEMA ＝架构名：指定服务器为此数据库用户解析对象名时将搜索的第一个架构。

【例 6.2】 为登录账户 sql1 创建用户 sqlUser1。

CREATE USER SqlUser1 FOR LOGIN Sql1 WITH DEFAULT_SCHEMA = dbo;

3）SQL Server 的权限认证

权限用来指定认证用户可以使用的数据库对象以及这些用户可以对这些数据库对象执行的操作。用户在登录到 SQL Server 之后，其用户账号所归属的组或角色被赋予的权限（许可）决定了该用户能够对那些数据库对象执行那种操作以及能够访问、修改那些数据。在每个数据库中用户的权限独立于用户账号和用户在数据库中的角色，每个数据库独有自己独立

的权限系统,在 SQL Server 中包括 3 种类型的权限:

①服务器权限:服务器权限是指在数据库服务器级别上对整个服务器和数据库进行管理的权限,例如 SHUTDOWN、CREATE DATABASE、BACKUP DATABASE 等,允许 DBA 执行管理任务。这些权限定义在固定服务器角色中,这些角色可以分配给登录用户,但不能修改。一般情况下,只将服务器权限授权给 DBA,而不需要授权给其他登录用户。

②数据库对象权限:数据库对象权限是指数据库级别上对数据库对象的操作权限,例如对某数据库中表的 SELECT、INSERT、UPDATE、DELETE;对存储过程的 EXECUTE 权限等。

③数据库权限:数据库权限表示对数据库的操作许可,也就是说,创建数据库或者创建数据库中的其他对象所需要的权限类型。

权限的管理包含 3 个内容:

➢ 授予权限:允许用户或角色具有某种操作权。

➢ 收回权限:不允许用户或角色具有某种操作权,或者收回曾经授予的权限。

➢ 拒绝访问:拒绝某用户或角色具有某种操作权。即使用户或角色是通过继承而获得这种操作权,也不允许该用户执行相应的操作。

(1)通过 SQL Server Management Studio 给用户添加数据库权限

具体步骤如下:

➢ 启动 SQL Server Management Studio,并登录到服务器。

➢ 在左边的"对象资源管理器"窗口中,展开"数据库"目录,在需要授予权限的数据库上右击,在出现的快捷菜单中选择"属性"命令,出现"数据库属性"对话框,进入"权限"页面,如图 6-8 所示。在其中可以设置需要的权限,单击确定按钮后完成操作。

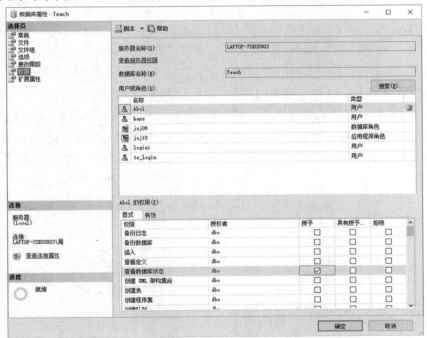

图 6-8　数据库权限设置

（2）用户权限的两个要素

用户权限主要由数据对象和操作类型两个要素组成。定义一个用户的存取权限就是定义这个用户在哪些数据对象上进行哪些类型的操作。Transaction_SQL 语句使用 GRANT、REVOKE和DENY 三种语句来管理权限,分别表示授权、收回权限以及拒绝权限。

①GRANT 语句的格式为:

GRANT 对象权限名 [,…] ON ｛表名|视图名|存储过程名｝ TO ｛数据库用户名|用户角色名｝[,…]

【例 6.3】 为 student 表上的数据库用户 sqlUser1 授予修改、删除、插入、查询、更新的权限。

GRANT ALTER,DELETE,INSERT,SELECT,UPDATE ON student TO sqlUser1;

②REVOKE 语句的格式为:

REVOKE 对象权限名 [,…] ON ｛表名|视图名|存储过程名｝ FROM ｛数据库用户名|用户角色名｝[,…]

【例 6.4】 为 student 表上的数据库用户 sqlUser1 收回查询权限。

REVOKE SELECT ON student FROM sqlUser1;-- sqlUser1 的其他权限不变

③DENY 语句的格式为:

DENY 对象权限名 [,…] ON ｛表名|视图名|存储过程名｝ TO ｛数据库用户名|用户角色名｝[,…]

【例 6.5】 禁止 student 表上的数据库用户 sqlUser1 的删除权限。

DENY DELETE ON student To sqlUser1;

4）SQL Server 的角色管理

在实际操作中,逐个设置每个用户的权限比较直观、方便,但当数据库的用户数量很大时,设置权限的工作将会变得烦琐、复杂。为了方便管理 SQL Server 数据库中的权限,引入了"角色"这一概念。

角色类似于 Windows 操作系统中的"组",角色是具有指定权限的用户,用于管理数据库的访问权限。SQL Server 管理者可以将某些用户设置为某一角色,这样只对角色进行权限设置便可以实现对所有用户权限进行设置,大大减少了管理员的工作量,也便于用户分组。一个用户可以属于多个角色,一个角色中可以包含多个用户。登录账户、数据库用户、角色三者之间的关系如图 6-9 所示。

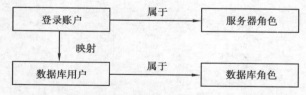

图 6-9　登录账户、数据库用户、角色三者之间的关系

SQL Server 的角色分为服务器角色、数据库角色和应用程序角色。

（1）服务器角色

服务器角色是用户管理 SQL Server 服务器级别的权限,是在 SQL Server 安装时创建的,不允许增加和删除,服务器角色对应的权限也不允许修改,因此服务器角色也称固定服务器角色。服务器角色的作用范围是服务器,因此,用户可以向服务器角色中添加 SQL Server 登录账户和 Windows 账户。服务器角色包括:

➢ 服务器管理员 serveradmin:管理 SQL Server 服务器端的设置。

➢ 磁盘管理员 diskadmin:管理数据库在磁盘上的文件。

➢ 进程管理员 processadmin:管理 SQL Server 系统进程。

➢ 安全管理员 securityadmin:管理和审核 SQL Server 系统登录。

➢ 安装管理员 setupadmin:增加、删除连接服务器,建立数据库复制以及管理扩展存储过程。

➢ 数据库创建者 dbcreator:创建数据库,并对数据库进行修改、删除和还原。

➢ 系统管理员 sysadmin:执行 SQL Server 中的任何操作。

➢ public:每个 SQL Server 的登录账户都属于 public 服务器角色。

➢ 大容量插入操作管理员 bulkadmin:可以执行 BULK INSERT 操作。

可以使用系统存储过程 sp_helpsrvrolemember 查看某个固定服务器角色被分配给了哪些 SQL Server 服务器登录账户,使其拥有相应的服务器级操作权限。可以使用 sp_addsrvrole-member 和 sp_dropsrvrolemember 过程添加或删除固定服务器角色成员。

注意:固定服务器角色本身是不能添加、修改或删除的。另外,只有固定服务器角色的成员才能执行上述两个系统过程进行固定服务器角色的添加和删除。

（2）数据库角色

数据库角色是为某一用户或某一组用户授予不同级别的管理或者访问数据库以及数据库对象的权限,这些权限的作用范围是数据库范围,一个用户可以具有属于同一数据库的多个角色。在 SQL Server 中,数据库角色分为两类:即固定的数据库角色和用户自定义的数据库角色。

固定数据库角色是在数据库层上进行定义的,存在于每个数据库中。固定数据库角色用来提供最基本的数据库权限管理。包括:

➢ public:维护全部默认权限,所有数据库用户都属于 public 角色。public 角色存在于每一个数据库中,包括系统数据库和用户数据库,而且不能被删除。因为所有的数据库用户都属于该角色,所以不能直接将该角色分配给任何用户。public 角色在初始状态没有任何权限,但可以为该角色分配权限。因为所有的数据库都属于该角色,所以为该角色授权时,实际是为所有数据库用户授权。

➢ db_owner:数据库的所有者,可以对所拥有的数据库执行任何的操作。

➢ db_accessadmin:可以增加或者删除数据库用户、工作组和角色。

➢ db_addladmin:可以增加、删除和修改数据库中任何对象。

➢ db_securityadmin:执行语句权限和对象权限。

➢ db_backupoperator:可以备份和恢复数据库。

➤ db_datareader：能且仅能对数据库中的任何表执行 select 操作，从而读取所有表的信息。

➤ db_datawriter：能够增加、修改和删除表中的数据，但不能进行 select 操作。

➤ db_denydatareader：不能读取数据库中任何表中的数据。

➤ db_denydataewriter：不能对数据库中任何表执行增加、修改和删除数据操作。

（3）应用程序角色

应用程序角色是特殊的数据库角色，用于允许用户通过特定的应用程序获取特定数据。应用程序角色使应用程序能够用其自身的、类似用户的权限来运行。

与一般的数据库角色不同的是，应用程序角色默认情况下不包含任何成员，而且是非活动的，在使用它们之前要在当前连接中将它们激活。激活一个应用程序角色后，当前连接将丧失它所具备的特定用户权限，只获得应用程序角色所拥有的权限。

### 6.1.4　MongoDB 的安全性控制

MongoDB 的安全模式默认是关闭的，也就是不需要账号密码就能够访问数据库，这给使用者带来了很多便利，但是 MongoDB 需要在一个可信任的运行环境中。可以通过以下几个方面提高 MongoDB 数据库的安全性。

**1）绑定 IP**

MongoDB 服务器启动的时候可以通过设置--bind_ip 参数来设置 MongoDB 绑定哪些 IP，可以在启动 MongoDB 服务时或 MongoDB 的配置文件中（位于"安装目录\bin\mongod.cfg"）加上--bind_ip 即可，多个 IP 直接用逗号隔开。

比如 IP 地址是 192.168.1.2 的服务器启动了 MongoDB 服务器，它的外网 IP 地址是 122.133.23.155。如果不设置--bind_ip 参数，对这台服务器来说，IP 地址为 127.0.0.1，192.168.1.2 以及 122.133.23.155 都是它本身，因此在本机上使用 mongo 127.0.0.1，mongo 192.168.1.2 或者 mongo 122.133.23.155 都可以连接到 MongoDB 服务。同理，在局域网内部，可以使用 mongo 192.168.1.2 连接到该 MongoDB 服务，在公网中使用 mongo 122.133.23.155 也能进行连接。

如果在启动服务器 MongoDB 服务的时候使用如下命令：

> mongod --bind_ip 127.0.0.1, 192.168.1.2

则无法再使用其外网 IP 地址"122.133.23.155"连接到该 MongoDB 服务。在本机上可以使用 mongo 127.0.0.1 和 mongo 192.168.1.2 进行连接；在局域网内其他客户端可以使用 mongo 192.168.1.2 进行连接，从而限制外界通过外网 IP 访问 MongoDB 服务器。

**2）设置连接端口**

MongoDB 的默认连接端口是 27017，为了安全起见，可以修改这个连接端口，避免恶意的连接尝试，在服务器启动时或者配置文件中（位于"安装目录\bin\mongod.cfg"）加上 --port 即可。使用如下命令设置 MongoDB 服务器的连接端口是 36000：

mongod --port 36000

把 MongoDB 服务的连接端口设置为 36000 后，则 mongo 客户端连接时也需要适用该端口，使用的命令如下：

mongo 127.0.0.1：36000

表示客户端通过 36000 端口连接本机上的 MongoDB 服务。

3) 用户认证

默认情况下,MongoDB 服务的启动是没有开启用户认证的。如果需要使用账号密码验证功能,需要打开用户认证开关。

(1)启用认证

启动 MongoDB 时加上--auth 即可开启认证模式。

使用命令:mongod --auth

在开启了访问权限控制的 MongoDB 实例上,用户能进行的操作取决于登录账号的角色。

(2)添加用户

在开启访问控制时,要确保系统数据库 admin 中有一个被分配了 userAdmin 或者 userAdminAnyDatabase 角色的用户账号。这个账号可以管理用户和角色,比如创建用户、获取用户角色权限、创建或修改自定义角色等。

在访问权限开启之前或之后,都可以执行创建用户的操作。如果在开启访问控制权限之前没有创建任何用户,MongoDB 提供一个特有机制能够首先在系统数据库 admin 中创建管理员账号。一旦管理员账号创建完毕,其他账号则必须使用该管理员账号进行创建和控制权限。

**【例 6.6】** 创建管理员账号 myUserAdmin,密码为 123,账号信息保存在 admin 数据库中。

>use admin

>db.createUser（{

　　user："myUserAdmin",

　　pwd："123",

　　roles:[{role："userAdminAnyDatabase"，db："admin"}]

}）

(3)用户权限控制

**【例 6.7】** 创建账号 myTest,密码为 123,账号信息保存在 test 数据库中。

>use test

>db.createUser（{

　　user："myTest",

　　pwd："123",

　　roles:[{role："readWrite"，db："test"}，

　　{role："read"，db："reporting"}]

}）

从例 6.6 和例 6.7 中可以看到:创建用户时需要带 roles 参数,这就是用户的权限。role 表示可执行的操作,db 表示可以操作的数据库。权限可以在创建时赋予,也可以之后修改。常用的权限操作的命令见表 6-2。

表 6-2　MongoDB 常用权限操作命令

| 操作 | 命令举例 | 说明 |
|---|---|---|
| 查看权限 | use test db.getUser（"myTest"） | 查看 myTest 用户的权限信息 |
| 查看权限能执行的操作 | use test db.getRole（"read"，｛showPrivileges：true｝） | 查看 test 数据库中 read 权限能执行的操作 |
| 授权 | use test db.grantRoleToUser｛<br>　　"myTest"，［<br>　　　　｛role："readWrite"，db："reporting"｝］｝ | 为 myTest 用户增加对 reporting 数据库进行读写的权限 |
| 取消授权 | use test db.revokeRoleToUser｛<br>　　"myTest"，［<br>　　　　｛role："readWrite"，db："reporting"｝］｝ | 取消 myTest 用户对 reporting 数据库进行读写的权限 |

MongoDB 的更多权限相关参数可以查看官网。

（4）用户登录

开启用户认证之后启动 mongo 客户端需要使用下面的命令：

mongo --port 27017 -u "myUserAdmin" -p "123" --authenticationDatabase "admin"

表示客户端通过端口 27017、以 myUserAdmin 账号连接 MongoDB 服务器，密码为 123。参数--authenticationDatabase "admin"表示 myUserAdmin 用户信息在 admin 数据库下。

如果启动客户端时没有登录，进入客户端后可以使用下面的命令进行登录：

mongo --port 27017

> use admin

>db.auth（"myUserAdmin"，"123"）

输出 1 则表示登录成功。

（5）修改密码

>db.changeUserPassword（"myTest"，"456"）

将 myTest 用户的密码修改为 456，需要 admin 管理员权限。

（6）删除用户

>db.dropUser（"myTest"）

删除 myTest 用户，需要 admin 管理员权限。

## 6.2　数据库的完整性控制

数据库的完整性是指数据库中的数据的正确性、一致性和相容性。例如，表的主关键字必须唯一；性别字段的取值只能为男或女；学生所在的系必须是学校已开设的系部等。数据库是否具备完整性关系到数据库系统能否真实地反映现实世界,因此维护数据库的完整性是非常重要的。

### 6.2.1　数据库完整性概述

为了维护数据库的完整性,DBMS 必须提供一种机制来检查数据库中的数据,看其是否满足语义规定的条件。这些加在数据库数据之上的语义约束条件称为数据库完整性约束条件,它们作为模式的一部分存入数据库中,而 DBMS 中检查数据是否满足完整性条件的机制称为完整性检查。

数据库完整性检查是围绕完整性约束条件进行的,因此完整性约束条件是完整性控制机制的核心。完整性约束条件作用的对象可以是关系、元组、列 3 种。其中列约束主要是列的类型、取值范围、精度、排序等约束条件。元组的约束是元组中各个字段之间的联系的约束。关系的约束是若干元组间、关系集合上以及关系之间的联系的约束。

完整性约束条件涉及的这三类对象,其状态可以是静态的,也可以是动态的。所谓静态约束是指数据库每一确定状态时的数据对象所应满足的约束条件,它是反映数据库状态合理性的约束,也是最重要的一类完整性约束。动态约束是指数据库从一种状态转变为另一种状态时,新、旧值之间所应满足的约束条件,它是反映数据库状态变迁的约束。综合以上两个方面,可以将完整性约束条件分为六类(表 6-3)。

表 6-3　完整性约束条件

| 粒度<br>状态 | 列级 | 元组级 | 关系级 |
|---|---|---|---|
| 静态 | 列定义:<br>类型<br>格式<br>值域<br>空值 | 元组值对应满足的条件 | 实体完整性约束<br>参照完整性约束<br>用户自定义完整性约束 |
| 动态 | 改变列定义或列值 | 元组新旧值之间应满足的约束条件 | 关系新旧状态间应满足的约束条件 |

### 6.2.2　完整性控制

DBMS 的完整性控制机制具有以下 3 个方面的功能:

➢ 定义功能,提供定义完整性约束条件的机制。

➢ 检查功能,检查用户发出的操作请求是否违背了完整性约束条件。

➢ 如果发现用户的操作请求使数据违背了完整性约束条件,则采取一定的动作来保证数据的完整性。

一条完整性规则可以用一个五元组(D、O、A、C、P)来表示,其中:

➢ D(Data)表示约束作用的数据对象。

➤ O(Operation)表示触发完整性检查的数据库操作,即当用户发出什么操作请求时需要检查该完整性规则,是立即检查还是延迟检查。

➤ A(Assertion)表示数据对象必须满足的断言或语义约束,这是规则的主体。

➤ C(Condition)表示选择 A 作用的数据对象值的谓词。

➤ P(Procedure)表示违反完整性规则时触发的过程。

在关系系统中,最重要的完整性约束是实体完整性和参照完整性,其他完整性约束条件可以归入用户定义的完整性。目前许多关系数据库管理系统都提供了定义和检查实体完整性、参照完整性和用户定义完整性的功能。对于违反实体完整性和用户定义完整性的操作,并不是简单地拒绝执行,有时要根据应用语义执行一些附加的操作,以保证数据库的正确性。

在本书 2.3 节中已讨论了关系系统中的实体完整性、参照完整性和用户定义的完整性的含义,下面讨论实现参照完整性要考虑的几个问题。

### 1)外码能否接受空值问题

例如,职工-部门数据库包含职工表 Emp 和部门表 Dept,其中 Dept 关系的主码为部门编号 Deptno,Emp 关系的主码为职工编号 Empno,外码为部门编号 Deptno,称 Dept 为被参照关系或目标关系,Emp 为参照关系。

在 Emp 中,某一元组的 Deptno 列若为空,表示这个职工尚未分配到任何具体的部门,这跟应用环境的语义相符,因此 Emp 的 Deptno 列可为空。但是在第 3 章中的学生-课程数据库中,Student 关系为被参照关系,主码为 Sno,SC 为参照关系,外码为 Sno。若 SC 的 Sno 为空,则表明尚不存在某个学生或某个没有学号的学生,选修了某门课程,这与实际学校的应用环境是不相符的,因此 SC 的 Sno 列不能取空值。

因此在实现参照完整性时,系统除了应该提供定义外码的机制,还应提供外码列是否允许空值的机制。

### 2)在被参照关系中删除元组的问题

例如,在学生-课程数据库中,要删除 Student 关系中"Sno = 2020001"的元组,而 SC 关系中还有其他元组的 Sno 值等于 2020001。一般地,当删除被参照关系的某个元组,而参照关系存在若干元组,其外码值与被参照关系删除元组的主码值相同,这时有 3 种不同的策略:

(1)级联删除

将参照关系中所有外码值与被参照关系中要删除元组主码值相同元组一起删除。例如将上面 SC 关系中所有 Sno 值为 2020001 的元组一起删除。如果参照关系同时又是另一个关系的被参照关系,则这种删除操作会继续级联下去。

(2)受限删除

仅当参照关系中没有任何元组的外码值与被参照关系中要删除元组的主码值相同时,系统才会执行删除操作,否则拒绝此删除操作。例如对于上面的情况,系统将拒绝删除 Student 关系中 Sno 值为 2020001 的元组。

(3)置空值删除

删除被参照关系的元组,并将参照关系中相应元组的外码值置空值。例如将上面 SC 关系中所有 Sno 值为 2020001 的元组的 Sno 字段置为空值。

实际应用中选用哪种处理方法要根据应用环境的语义来确定。例如上面的情况中,第一种方法是比较合适的,因为当一个学生毕业或退学之后,他的个人记录从 Student 表中删除了,他的选课记录也应随之从 SC 表中删除。

**3)在参照关系中插入元组时的问题**

例如,在学生-课程数据库中,向 SC 关系中插入(2020001,1,90)元组,而 Student 关系中没有 Sno 值为 2020001 的学生。一般地,当参照关系插入某个元组,而被参照关系不存在相应主码值与参照关系插入元组的外码值相同的元组时,可以有如下策略:

(1)受限插入

仅当被参照关系存在相应的元组,其主码值与参照关系插入元组的外码值相同时,系统才执行插入操作,否则拒绝此操作。例如对于上面的情况,系统将拒绝在 SC 关系中插入(2020001,1,90)的元组。

(2)递归插入

首先向被参照关系插入相应的元组,其主码值等于被参照关系插入元组的外码值,然后向参照关系插入元组。例如对于上面的情况,系统将首先向 Student 中插入 Sno 值为 2020001 的元组,然后向 SC 关系中插入(2020001,1,90)。

**4)修改关系中主码的问题**

(1)不允许修改主码

在有些 RDBMS 中,修改关系主码的操作是不允许的,如果需要修改主码值,只能先删除该元组,然后再把具有新主码值的元组插入到关系中。

(2)允许修改主码

在有些 RDBMS 中,允许修改关系的主码,但必须保证主码的唯一性和非空,否则拒绝修改。

当修改的关系是被参照关系时,还必须检查参照关系,是否存在这样的元组,其外码值等于被参照关系要修改的主码值。例如,在学生-课程数据库中,要将 Student 关系中"Sno = 2020001"的 Sno 值改为 2021001,而 SC 关系中有 4 个元组的 Sno 值为 2020001,这时与在被参照关系中删除元组的情况类似,可以有:级联修改、拒绝修改、置空值修改 3 种策略。

当修改的关系是参照关系时,还必须检查被参照关系,是否存在这样的元组,其主码值等于被参照关系要修改的外码值。例如,在学生-课程数据库中,要把 SC 关系中(2020001,1,90)元组修改为(2021001,1,90),而 Student 关系中尚没有 Sno 值为 2021001 的学生,这时与在参照关系中插入元组的情况类似,可以有受限修改和递归修改两种策略加以选择。

因此,DBMS 在实现参照完整性时,除了要提供定义主码、外码机制外,还要提供不同的策略供用户选择,具体选择哪种策略,要根据实际应用环境的要求确定。

### 6.2.3　SQL Server 完整性控制机制

上面介绍了关系数据库完整性控制的一般方法,下面介绍 SQL Server 的完整性控制策略。

### 1) SQL Server 中的实体完整性

SQL Server 在 CREATE TABLE 语句中提供了 PRIMARY KEY 子句来实现主键的声明。可以在 CREATE TABLE 或 ALTER TABLE 语句中使用 PRIMARY KEY 子句,实现主键约束的创建、删除或修改。一个表中只能有一个主键,即只能设置一个主键约束对象。

### 2) SQL Server 中的参照完整性

SQL Server 的参照完整性约束可以在 CREATE TABLE 或 ALTER TABLE 语句中使用 FOREIGN KEY 和 REFERENCES 子句创建。SQL Server 中的参照完整性有两种规则:更新规则(ON UPDATE)和删除规则(ON DELETE),两种规则又共用 4 种模式:不执行任何操作(NO ACTTON)、级联(CASCADE)、置空(SET NULL)和设置默认值(SET DEFAULT)。

(1)不执行任何操作

这是默认值,当没有对两种规则指定模式时,就会默认模式为 NO ACTTON。在该模式下,要求外键列(参照列)不能插入或修改成主键列(被参照列)没有的值(删除不受影响);主键表不能修改涉及外部键值记录的主键值,不能删除涉及外部键值的记录(插入不受影响)。

(2)级联

这种模式要求外键列不能插入或修改成主键列没有的值(删除不受影响),且随着主键值的修改,相应的外部键值同步修改,随着主键表行的删除,相应的外键表行也同步删除(主键表插入不受影响)。

(3)置空

该模式要求,外键列不能插入或修改成主键列没有的值(但删除不影响),且随着主键值的修改或删除(行),相应的外部键值置空(主键表插入不影响)。

(4)设置默认值

该模式要求,外键列不能插入或修改成主键列没有的值(但删除不影响),且随着主键值的修改或删除(行),相应的外部键值被设置成默认值(主键表插入不影响)。

值得注意的是,如果没有对外键列设置默认约束,则默认值为 NULL,如果设置了默认值约束,则该默认值必须是被参照列中的某一个数据项,否则在插入默认值时会失败(外键列不能插入或修改成主键列没有的值)。

【例 6.8】 分析下列程序的结果。

```
CREATE TABLE Course(
    Cno char(6)PRIMARY KEY,
    Cname NCHAR(10),
    Cclass NCHAR(15)
)
CREATE TABLE Student(
    Sno char(12)PRIMARY KEY,
    Name NCHAR(10)NOT NULL,
    Cno char(6)FOREIGN KEY REFERENCES Course(Cno)ON UPDATE SET NULL ON
```

DELETE SET NULL

）

在上例中,表 Student 中字段 Cno 为外键,将其 UPDATE 和 DELETE 设置为空值"SET NULL"模式。在这种设置下,如果 Course 表中主键值的修改或删除,则相应的 Student 表中的外部键值 Cno 置空值。

### 3）SQL Server 中的用户自定义完整性

用户自定义的完整性一般是针对列的限制,比如:要求某一列的值不能为空,某一列的值在表中要是唯一的,或者要在某个取值范围之内等。有的教材也称之为"域完整性"。SQL Server 运行用户定义下列完整性约束:列值非空(NOT NULL 约束)、列值唯一(UNIQUE 约束)和检查列值是否满足一个布尔表达式(CHECK 约束)。

## 6.3　数据库的并发控制

数据库是一个共享资源,可以供多个用户同时使用。当多个用户并发地存取数据库时会产生同时存取同一数据的情况。若对并发操作不加控制可能会获得或存储不正确的数据,破坏数据库的一致性。所以所有的数据库管理系统必须提供并发控制机制,并发控制机制是衡量一个数据库管理系统性能的重要标志之一。

### 6.3.1　事务的基本概念

在介绍并发控制前,首先需要了解事务。数据库提供了增删改查等几种基础操作,用户可以灵活地组合这几种操作,实现复杂的语义。在很多场景下,用户希望一组操作可作为一个整体一起生效,这就是事务。事务就是用户定义的一个数据库操作序列,这些操作要么全做要么全不做,是一个不可分割的工作单位。所以说事务是数据库状态变更的基本单元,包含一个或多个操作(例如多条 SQL 语句)。

例如经典的转账事务,就包括 3 个操作:①检查 A 账户余额是否足够。②如果足够,从 A 扣减 100 元。③B 账户增加 100 元。

#### 1）事务的特征

事务具有 4 个基本特性:原子性(Atomicity)、一致性(Consistency)、隔离性(Isolation)和持久性(Durability)。这 4 个特性也被简称为事务的 ACID 特性。

#### （1）原子性

这一组操作要么一起生效,要么都不生效,事务执行过程中如遇错误,已经执行的操作要全部撤回,这就是事务的原子性。如果失败发生后,部分生效的事务无法撤回,那数据库就进入了不一致状态,就与真实世界的事实相左。例如转账事务:从 A 账户扣款 100 元后,转给 B 账户的时候失败了,B 账户还未增加款项,如果 A 账户扣款操作未撤回,这个世界就莫名其妙丢失了 100 元。原子性可以通过记日志(更改前的值)来实现,还有一些数据库将事务操作缓存在本地,如遇失败,直接丢弃缓存里的操作。

（2）一致性

数据库反映的是真实世界,真实世界有很多限制,例如:账户之间无论怎么转账,总额不会变等现实约束;年龄不能为负值,性别只能是男、女选项等完整性约束。事务执行,不能打破这些约束,保证事务从一个正确的状态转移到另一个正确的状态,这就是一致性。一致性既依赖于数据库实现（原子性、持久性、隔离性也是为了保证一致性）,也依赖于应用端编写的事务逻辑。

（3）隔离性

数据库为了提高资源利用率和事务执行效率、降低响应时间,允许事务并发执行。但是多个事务同时操作同一对象,必然存在冲突,事务的中间状态可能暴露给其他事务,导致一些事务依据其他事务中间状态,把错误的值写到数据库里。需要提供一种机制,保证事务执行不受并发事务的影响,让用户感觉,当前仿佛只有自己发起的事务在执行,这就是隔离性。隔离性让用户可以专注于单个事务的逻辑,不用考虑并发执行的影响。数据库通过并发控制机制保证隔离性。由于隔离性对事务的执行顺序要求较高,很多数据库提供了不同选项,用户可以牺牲一部分隔离性,提升系统性能。这些不同的选项就是事务隔离级别。

（4）持久性

事务只要提交了,它的结果就不能改变了,即使遇到系统宕机,重启后数据库的状态与宕机前一致,这就是事务的持久性。数据只要存储在非易失存储介质上,如硬盘,宕机就不会导致数据丢失。因此数据库可以采用以下两种方法来保证持久性:

①事务完成前,所有的更改都保证存储到磁盘上了。

②提交完成前,事务的更改信息,以日志的形式存储在磁盘,重启过程根据日志恢复出数据库系统的内存状态。一般而言,数据库会选择这种方法。

事务是数据库进行并发控制和恢复的基本单位。保证事务 ACID 特性是事务处理的重要任务,事务 ACID 特性可能遭到破坏的因素有:

➤ 多个事务并发执行时,不同事务的操作交叉执行;

➤ 事务在运行的过程中被强制停止。

在第一种情况下,数据库管理系统必须保证多个事务的交叉运行不影响这些事务的原子性,这是数据库并发控制机制的责任;在第二种情况下,数据库管理系统必须保证被强制终止的事务对数据库和其他事务没有影响,这是数据库管理系统中的恢复机制的责任。

**2）事务的类型**

按事务的启动和执行方式,可以将事务分为以下 3 类:

（1）显式事务

显式事务也称为用户定义或用户指定的事务,即显式地定义启动和结束的事务。

显式事务从 Transact-SQL（T-SQL）命令 BEGIN TRANSACTION 开始,到 COMMIT TRANS-ACTION 或 ROLLBACK TRANSACTION 命令结束。也就是说,显式事务需要显式地定义事务的启动和提交。显示事务一般包含事务启动、事务提交和事务回滚过程。

①启动事务:启动事务使用 BEGIN TRANSACTION 语句,执行该语句会将系统变量@@

TRANCOUNT 加 1。其语法格式如下：

BEGIN TRAN[SACTION]［事务名 | @事务变量名［WITH MARK［' desp '］］］

其中，WITH MARK［' desp '］用于在日志中标记事务，desp 为描述该标记的字符串。如果使用了 WITH MARK，则必须指定事务名。

②提交事务：如果没有遇到错误，可使用 COMMIT TRANSACTION 语句成功地提交事务。该事务中的所有数据修改在数据库中都将永久有效，事务占用的资源将被释放。

COMMIT TRANSACTION 语句的语法格式如下：

COMMIT［TRAN[SACTION]］［事务名 | @事务变量名］］

其中，各个参数的含义与 BEGIN TRANSACTION 中的相同。

③回滚事务：如果事务中出现错误，或者用户决定取消事务，可回滚该事务。回滚事务是通过 ROLLBACK 语句来完成的。其语法格式如下：

ROLLBACK［TRAN[SACTION]］［事务名| @事务变量名 | 保存点名 | @保存点变量名]]

ROLLBACK TRANSACTION 清除自事务的起点至某个保存点所做的所有数据更改，同时释放事务占用的资源。

【例 6.9】　给出以下程序的结果。

BEGIN TRANSACTION　　　　　　　　　　--启动事务

INSERT INTO student VALUES(' 20201001 ','陈浩一','男',' 1992/03/05 ',' 1033 ')--插入一个学生记录

ROLLBACK　　　　　　　　　　　　　　--回滚事务

SELECT ＊ FROM student　　　　　　　　--查询 student 表的记录

该程序启动一个事务向 student 表中插入一个记录，然后回滚该事务。正是由于回滚了事务，所以 student 表中没有真正插入该记录。

【例 6.10】　给出以下程序的结果。

BEGIN TRANSACTION　　　　　　　　　　--启动事务

INSERT INTO student VALUES(' 20201001 ','陈浩一','男',' 1992/03/05 ',' 1033 ')

　　　　　　　　　　　　　　　　　　--插入一个学生记录

COMMIT TRANSACTION　　　　　　　　　　--提交事务

SELECT ＊ FROM student　　　　　　　　--查询 student 表的记录

该程序启动一个事务向 student 表中插入一个记录，然后提交该事务。由于事务已经提交，所以 student 表中有该同学的记录。

（2）自动提交事务

自动提交事务是 SQL Server 的默认事务管理模式。每个 T-SQL 语句在完成时，都被提交或回滚。如果一个语句成功地完成，则提交该语句；如果遇到错误，则回滚该语句。

SQL Server 使用 BEGIN TRANSACTION 语句启动显式事务，或隐性事务模式设置为打开之前，将以自动提交模式进行操作。

（3）隐性事务

当连接以隐性事务模式进行操作时,SQL Server 将在提交或回滚当前事务后自动启动新事务。无须描述事务的开始,只需提交或回滚每个事务。

在将隐性事务模式设置为打开之后,当 SQL Server 执行某些 T-SQL 语句时,都会自动启动一个事务,而不需要使用 BEGIN TRANSACTION 语句。这些 T-SQL 语句包括:ALTER TABLE、INSERT、OPEN、CREATE、DELETE、REVOKE、DROP、SELECT、FETCH、TRUNCATE TABLE、GRANT、UPDATE 等。

在发出 COMMIT 或 ROLL BACK 语句之前,该事务会一直保持有效。在第一个事务被提交或者回滚之后,下次再执行这些 SQL 语句时,SQL Server 都将自动启动一个新事务,不断地生成一个隐式事务链,直到隐式事务模式关闭为止。通过下列命令可以设置隐式事务模式的打开或关闭。

SET IMPLICIT_TRANSACTIONS{ON|OFF}

当设置为 ON 时,将 SQL Server 连接设置为隐式事务模式;当为 OFF 时,则使 SQL Server 连接返回为默认的自动提交事务模式。

### 6.3.2　数据库并发控制概述

前面讲到事务是并发控制的基本单位,保证事务的 ACID 特性是事务处理的重要任务,而事务的 ACID 特性遭到破坏的原因之一是多个事务对数据库的并发操作造成的。为了保证事务的隔离性,DBMS 需要对并发的事务进行正确的调度。下面将主要讨论对事务的并发操作导致哪些数据库的不一致性以及如何判断对并发事务的调度是正确的。

#### 1）并发操作带来的数据不一致性

考虑常见的火车售票系统的活动序列:

步骤 1:甲客户端(事务 T1)读出某趟列车的二等座余票 A,设 A = 20;

步骤 2:乙客户端(事务 T2)读出同一趟列车的二等座余票 A,也为 20;

步骤 3:甲客户端买了一张二等座的票,修改余票 A ← A − 1,将 A = 19 写回数据库;

步骤 4:乙客户端也买了一张二等座的票,修改余票 A ← A−1,也将 A = 19 写回数据库。

结果明明卖出了 2 张二等座的票,数据库中的余票只减少了 1。这种情况称为数据库的不一致性。是由多个事务对相同的数据进行并发操作引起的。在并发操作的情况下,对 T1、T2 两个事务的操作序列的调度是随机的,若按上面的调度序列执行,则 T1 事务的修改就被丢失。这是由于步骤 4 中 T2 事务修改 A 写回后覆盖了 T1 事务的修改。

并发操作带来的数据不一致性包括 3 类:丢失修改、不可重复读和读"脏"数据。

#### （1）丢失修改

丢失修改(Lost Updates)是指两个事务 T1 和 T2 读入同一数据并修改,T2 提交的结果破坏了 T1 提交的结果,导致 T1 的修改被丢失,如图 6-10(a)所示。上面火车售票例子就属于此类。

| T1 | T2 | T1 | T2 | T1 | T2 |
|---|---|---|---|---|---|
| (1)读 A=20<br>(2)<br>(3)A ← A - 1<br>写回 A=19<br>(4) | 读 A=20<br><br>A ← A - 1<br>写回 A=19 | (1)读 A=50<br>读 B=100<br>求和=150<br>(2)<br><br><br>(3)读 A=50<br>读 B=200<br>和=250<br>(验算不对) | 读 B=100<br>B← B*2<br>写回 B=200 | (1)读 C=100<br>C← C*2<br>写回 C<br>(2)<br>(3)ROLLBACK<br>C 恢复 100 | 读 C=200 |
| (a)丢失修改 | | (b)不可重复读 | | (c)读"脏"数据 | |

图 6-10　3 种数据不一致性

(2)不可重复读

不可重复读(Non-Repeatable Read)是指事务 T1 读取数据后,事务 T2 执行更新操作,使 T1 无法再现前一次读取结果。具体来讲,有 3 种情况:

①事务 T1 读取某一数据后,事务 T2 对其进行了修改,当事务 T1 再次读取该数据时,得到与前一次不同的值。例如在图 6-10(b)中,T1 读取 B=100 进行运算,T2 读取了同一数据 B,对其进行修改后将"B=200"写回数据库。T1 为了对读取值校对重新读 B,B 已为 200,与第一次读取的值不同。

②事务 T1 按一定条件从数据库中读取某些数据记录后,事务 T2 删除了其中部分记录,当 T1 再次按相同的条件读取数据时,发现某些记录神秘地消失了。

③事务 T1 按一定条件从数据库中读取某些数据记录后,事务 T2 插入了一些记录,当 T1 再次按相同条件读取数据时,发现多了一些记录。

(3)读"脏"数据

读"脏"数据(Dirty Read)是指事务 T1 修改某一数据,并将其写回磁盘,事务 T2 读取同一数据后,T1 由于某种原因被撤销,这时 T1 已修改过的数据恢复原值,T2 读到的数据就与数据库中的数据不一致,则 T2 读到的数据为"脏"数据,即不正确的数据。图 6-10(c)中 T1 将 C 值修改为 200,T2 读到 C 为 200,而 T1 由于某种原因撤销,C 恢复原值 100,这时 T2 读到的 C 的值 200 为不正确的数据。

产生上述 3 类数据不一致性的主要原因是并发操作破坏了事务的隔离性。并发控制就是要用正确的方式调度并发的事务,使一个用户事务的执行不受其他事务的干扰,从而避免造成数据的不一致性。

另一方面,对数据库的应用有时运行某些不一致性,例如有些统计工作涉及数据量很大,读到一些"脏"数据对统计精度影响不大,这时可以降低对一致性的要求以减少系统开销。

**2)事务调度的可串行性**

为了保证隔离性,一种方式是所有事务串行执行,让事务之间不互相干扰。但是串行执行效率非常低,为了增大吞吐,减小响应时间,数据库通常允许多个事务同时执行。因此并发控制模块需要保证:事务并发执行的效果,与事务串行执行的效果完全相同,以达到隔离性的要求。

多个事务的并发执行是正确的,当且仅当其结果与按某一次序串行执行它们时的结果相同,称这种调度策略为可串行性的调度。可串行性是并发事务正确性的准则。

为了方便描述并发控制如何保证隔离性,人们简化事务模型。事务是由一个或多个操作组成,所有的操作最终都可以拆分为一系列读和写。一批同时发生的事务,所有读、写的一种执行顺序,被定义为一个调度,例如:T1、T2 同时执行,一个可能的调度:T1.read(A),T2.read(B),T1.write(A),T1.read(B),T2.write(A)。

一个调度中,如果相邻的两个操作调换位置导致事务结果变化,那么这两个操作就是冲突的。冲突需要同时满足以下条件:

➢ 这两个操作来自不同事务。
➢ 至少有一个是写操作。
➢ 操作对象相同。

数据库只要保证,并发事务的调度,保持冲突操作的执行顺序不变,只调换不冲突的操作,可以成为串行化调度,就可以认为它们等价。这种等价判断方式称为冲突等价,即两个调度的冲突操作顺序相同。在图 6-11(a)中,T1.write(A)与 T3.read(A)冲突,且 T1 先于 T3 发生。T1.read(B)和 T2.write(B)冲突,且 T2 先于 T1 发生,与图 6-11(b)中 T2,T1,T3 串行执行的调度是等价的,因此图 6-11(a)是可串行化的调度。

| T1 | T2 | T3 | T1 | T2 | T3 | T1 | T2 |
|---|---|---|---|---|---|---|---|
| begin<br>read(A)<br>write(A) | | | | begin<br>read(B)<br>write(B)<br>commit | | begin<br>read(A) | |
| | | begin<br>read(A)<br>write(A)<br>commit | begin<br>read(A)<br>write(A)<br>read(B)<br>write(B)<br>commit | | | | begin<br>read(A)<br>write(A)<br>commit |
| | begin<br>read(B)<br>write(B)<br>commit | | | | | write(A)<br>commit | |
| read(B)<br>write(B)<br>commit | | | | | begin<br>read(A)<br>write(A)<br>commit | | |

| (a)可串行化调度 | (b)串行化调度 | (c)不可串行化调度 |
|---|---|---|

图 6-11　并发事务的调度

并不是所有的调度都是可串行化的,在图 6-11(c)中,T1.read(A)与 T2.wirte(A)冲突且 T1 先于 T2,T1.write(A)与 T2.read(A)冲突,且 T2 先于 T1,因此无法与任何一个串行化调度等价,是一个不可串行化的调度,会造成丢失修改的问题。

为了保证并发操作的正确性,DBMS 的并发控制机制要提供一定的手段来保证调度是可串行化的。总的来说,可串行化是比较严格的要求,为了提高数据库系统的并发性能,很多用户愿意降低隔离性的要求来寻求更高的性能。数据库系统往往会实现多种隔离机制供用户灵活选择。并发控制的要求清楚了,后面将根据冲突检测的乐观程度,介绍并发控制常见的实现方法。

### 6.3.3　数据库的并发控制机制

所谓并发控制机制,就是保证并发执行的事务在某一隔离级别上的正确执行的机制。并发控制由 DBMS 的调度器负责,事务本身并不感知。如图 6-12 所示,调度器将多个事务的读写请求,排列为合法的序列,使之依次执行。

图 6-12　调度器对并发事务的调度

这个过程中,对可能破坏数据正确性的冲突事务,调度器可能选择下面两种处理方式:

➢ 延迟(Delay):延迟某个事务的执行到合法的时刻。

➢ 终止(Abort):直接放弃事务的提交,并回滚该事务可能造成的影响。

可以看出 Abort 比 Delay 带来更高的成本。

下面介绍不同的并发控制机制在不同的情况下的处理方式。

图 6-13 描述了数据库并发控制采用的常见实现方法,图中从纵横两个维度,对常见的并发控制机制进行了分类:

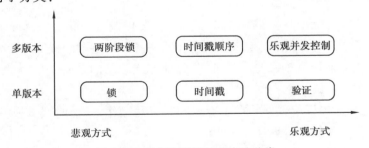

图 6-13　数据库并发控制方法分类

#### 1) 乐观程度

不同的实现机制,基于不同的对发生冲突概率的假设,悲观方式认为只要两个事务访问相同的数据库对象,就一定会发生冲突,因而应该尽早阻止;而乐观的方式认为冲突发生的概率不大,因此会延后处理冲突的时机。如图 6-13 横坐标所示,乐观程度从左向右增高。

基于锁:最悲观地实现,需要在操作开始前,甚至是事务开始前,对要访问的数据库对象加锁,对冲突操作延迟。

基于时间戳:乐观地实现,每个事务在开始时获得全局递增的时间戳,期望按照开始时的时间戳依次执行,在操作数据库对象时检查冲突并选择延迟或者终止。

基于验证：更乐观地实现，仅在提交（Commit）前进行验证，对冲突的事务终止。

可以看出，不同乐观程度的机制本质的区别在于，检查或预判冲突的时机，锁在事务开始时，时间戳在操作进行时，而验证在最终提交前。相对于悲观的方式，乐观机制可以获得更高的并发度，而一旦冲突发生，终止事务也会比延迟事务带来更大的开销。

**2）单版本 VS 多版本**

如图 6-13 纵坐标所示，相同的乐观程度下，还存在多版本的实现。所谓多版本，就是在每次需要对数据库对象修改时，生成新的数据版本，每个对象的多个版本共存。读请求可以直接访问对应版本的数据，从而避免读写事务和只读事务的相互阻塞。当然多版本也会带来对不同版本的维护成本，如需要垃圾回收机制来释放不被任何事务可见的版本。

需要指出的是这些并发控制机制并不与具体的隔离级别绑定，通过冲突判断的不同规则，可以实现不同强度的隔离级别，下面基于可串行化具体介绍每种机制的实现方式。

（1）单版本实现

①基于锁：基于锁实现的调度器需要在事务访问数据前加上必要的锁保护，为了提高并发，会根据实际访问情况分配不同模式的锁，常见的有读写锁、更新锁等。最简单地，需要长期持有锁到事务结束，为了尽可能在保证正确性的基础上提高并行度，数据库中常用的加锁方式称为两阶段锁（2PL）。需要注意的是 2PL 并不能解决死锁的问题，因此还需要有死锁检测及处理的机制，通常是选择死锁的事务进行终止。

②基于时间戳：基于时间戳的调度器会在事务开始时分配一个全局自增的时间戳，这个时间戳通常由物理时间戳或系统维护的自增 id 产生，用于区分事务开始的先后。

基于时间戳的调度器会假设开始时时间戳的顺序就是事务执行的顺序，当事务访问数据库对象时，通过对比事务自己的时间戳和该对象的信息，可以发现这种与开始顺序不一致的情况，并做出晚读、晚写等不同的应对。

③基于验证：基于验证的方式，也称为乐观并发控制（Optimistic Concurrency Control, OCC），因为它比基于时间戳的方式要更加乐观，将冲突检测推迟到提交（Commit）前才进行。不同于时间戳方式记录每个对象的读写时间，验证方式记录的是每个事物的读写操作集合，并将事物划分为 3 个阶段：

读阶段：从数据库中读取数据并在私有空间完成写操作，这个时候其实并没有实际写入数据库。维护当前事务的读写集合，RS、WS。

验证阶段：对比当前事务与其他有时间重叠的事务的读写集合，判断能否提交。

写阶段：若验证成功，进入写阶段，这里才真正写入数据库。

同时，调度器会记录每个事务的开始时间 START(T)，验证时间 VAL(T)，完成写入时间 FIN(T)，基于验证的方式是假设事务验证的顺序就是事务执行的顺序，因此验证的时候需要检查访问数据顺序可能不一致：

RS(T) 和 WS(U) 是否有交集，对任何事务 U，FIN(U) > START(T)，如果有交集，则 T 的读可能与 U 的写乱序。

WS(T) 和 WS(U) 是否有交集，对任何事务 U，FIN(U) > VAL(T)，如果有交集，则 T 的写可能与 U 的写乱序。

（2）多版本实现

对应上述每种乐观程度，都可以有多版本的实现方式，多版本的优势在于，可以让读写事务与只读事务互不干扰，因而获得更好的并行度，也正是由于这一点成为几乎所有主流数据库管理系统的选择。为了实现多版本的并发控制，需要给每个事务在开始时分配一个唯一标识 TID，并对数据库对象增加以下信息：

- ➢ txd-id：创建该版本的事务 TID；
- ➢ begin-ts 及 end-ts：分别记录该版本创建和过期时的事务 TID；
- ➢ pointer：指向该对象其他版本的链表。

其基本的实现思路是，每次对数据库对象的写操作都生成一个新的版本，用自己的 TID 标记新版本 begin-ts 及上一个版本的 end-ts，并将自己加入链表。读操作对比自己的 TID 与数据版本的 begin-ts 和 end-ts，找到其可见最新的版本进行访问。根据乐观程度多版本的机制也分为 3 类：

①两阶段锁（Two-phase Locking，MV2PL）：与单版本的 2PL 方式类似，同样需要跟踪当前的加锁及等待信息，另外给数据库对象增加了多版本需要的 begin-ts 和 end-ts 信息。写操作需要对最新的版本加写锁，并生成新的数据版本。读操作对找到的最新的可见版本加读锁访问。

②时间戳顺序（Timestamp Ordering，MVTO）：对比单版本时间戳方式，对每个数据库对象记录的读时间戳（Read TimeStamp，RT）、写时间戳（Write TimeStamp，WT）以及事务提交标志（Commited flag，C）信息外，还增加了标识版本的 begin-ts 和 end-ts。

在事务开始前获得唯一递增的开始时间戳（Start TimeStamp，TS），写事务需要对比自己的 TS 和可见最新版本的 RT 来验证顺序，写入是创建新版本，并用自己的 TS 标记新版本的 WT，不同于单版本，这个 WT 信息永不改变。读请求是读取自己可见的最新版本，并在访问后修改对应版本的 RT。

③乐观并发控制（Optimistic Concurrency Control，MVOCC）：对比单版本的验证（OCC）方式，同样分为三个阶段，读阶段根据 begin-ts，end-ts 找到可见最新版本，不同的是在多版本下读阶段的写操作不在私有空间完成，而是直接生成新的版本，并在其之上进行操作。

### 6.3.4 SQL Server 的并发控制机制

#### 1）SQL Server 中的锁

SQL Server 采用封锁机制保证并发操作的可串行性。从数据库系统的角度来看，锁可以分为：共享锁、更新锁、排它锁和意向锁，其中意向锁又分意向共享锁，意向排它锁和意向排它共享锁。SQL Server 锁模式及说明见表 6-4。

表 6-4 SQL Server 锁模式及说明

| 锁模式 | 说明 |
| --- | --- |
| 共享锁(S) | 共享锁用于只读操作，如 SELECT 语句。共享锁允许并发事务读取（SELECT）一个资源。资源上存在共享锁时，任何其他事务都不能修改数据。一旦已经读取数据，便立即释放资源上的共享锁，除非将事务隔离级别设置为可重复读或更高级别，或者在事务生存周期内用锁定提示保留共享锁 |

续表

| 锁模式 | | 说明 |
|---|---|---|
| 更新锁(U) | | 更新用于可更新的资源中。防止当多个会话在读取、锁定以及随后可能进行的资源更新时发生常见形式的死锁。更新锁可以防止通常形式的死锁。一般更新模式由一个事务组成,此事务读取记录,获取资源(页或行)的共享锁,然后修改行,此操作要求锁转换为排它锁。如果两个事务获得了资源上的共享模式锁,然后试图同时更新数据,则一个事务尝试将锁转换为排它锁。共享模式到排它锁的转换必须等待一段时间,因为一个事务的排它锁与其他事务的共享模式锁不兼容;发生锁等待。第二个事务试图获取排它锁以进行更新。由于两个事务都要转换为排它锁,并且每个事务都等待另一个事务释放共享模式锁,因此发生死锁。若要避免这种潜在的死锁问题,可以使用更新锁。一次只有一个事务可以获得资源的更新锁。如果事务修改资源,则更新锁转换为排它锁。否则,锁转换为共享锁 |
| 排它锁(X) | | 排它用于数据修改操作,例如 INSERT、UPDATE 或 DELETE。确保不会同时同一资源进行多重更新 |
| 意向锁(I) | 意向共享锁(IS) | 意向共享通过在各资源上放置共享锁,表明事务的意向是读取层次结构中的部分(而不是全部)底层资源 |
| | 意向排它锁(IX) | 意向排它通过在各资源上放置排它锁,表明事务的意向是修改层次结构中的部分(而不是全部)底层资源。意向排它是意向共享的超集 |
| | 意向排它共享锁(SIX) | 意向排它共享通过在各资源上放置意向排它锁,表明事务的意向是读取层次结构中的全部底层资源并修改部分(而不是全部)底层资源。允许顶层资源上的并发意向共享锁。例如,表的意向排它共享锁在表上放置一个意向排它共享锁(允许并发意向共享锁),在当前所修改页上放置意向排它锁(在已修改行上放置排它锁)。虽然每个资源在一段时间内只能有一个意向排它共享锁,以防止其他事务对资源进行更新,但是其他事务可以通过获取表级的意向共享锁来读取层次结构中的底层资源 |

总的来说,在试图修改数据(增删改)时,事务会请求数据资源的一个排它锁而不考虑事务的隔离级别。排它锁直到事务结束才会解除。对于单语句事务,语句执行完毕该事物就结束了;对于多语句事务,执行完提交事务(COMMIT TRAN)或者回滚事务(ROLLBACK TRAN)命令才意味着事务的结束。

在事务持有排它锁期间,其他事务不能修改该事务正在操作的数据行,但能否读取这些行,则取决于事务的隔离级别。

在试图读取数据时,事务默认请求数据资源的共享锁,事务结束时会释放锁。可以通过事务隔离级别控制事务读取数据时锁定的处理方式。

**2)SQL SERVER 中事务的隔离级别**

SQL Server 中事务隔离级别分为以下两大类:

①基于悲观并发控制(会话级别)的 4 个隔离级别(隔离级别从前至后依此增强):

未提交读(READ UNCOMMITTED)、已提交读(默认)(READ COMMITTED)、可重复读(REPEATABLE READ)和序列化(SERIALIZABLE)。

不同会话之间的隔离级别及会话嵌套间的隔离级别互不影响。

228

②基于乐观并发控制(数据库级别)的 2 个隔离级别(隔离级别从前至后依此增强):
快照(SNAPSHOT)和可提交读快照(默认)(READ COMMITTED SNAPSHOT)。
可以通过下面的语句设置会话的隔离级别:
SET TRANSACTION ISOLATION LEVEL <isolation name>
隔离级别可以确定并发用户读取或写入的行为。在获得锁和锁的持续期间,虽不能控制写入者的行为方式,但可以控制读取者的行为方式。此外,也可通过控制读取者的行为方式来隐式影响写入者的行为。隔离级别越高读取者请求的锁越强,持续时间越长,数据一致性越高,并发性越低。

在事务持有一个数据资源的锁时,若另一个事务请求该资源的不兼容锁时,请求会被阻塞而进入等待状态。该请求一直等待直至被锁定的资源释放或者等待超时。

下面依次对 6 类隔离级别进行简单的介绍。

➤ 未提交读:在该隔离级别中,读取者无须请求共享锁,从而也不会与持有排它锁的写入者发生冲突。这样一来,读取者可以读到写入者尚未提交的更改,即读脏数据。

➤ 已提交读:在该隔离级别中,读取者必须获取一个共享锁以防止读取到未提交的数据。这意味着,若有其他事务正在修改资源则读取者必须进行等待,当写入者提交事务后,读取者就可以获得共享锁进行读取。

该隔离级别中,事务所持有的共享锁不会持续到事务结束,当查询语句结束(甚至未结束)时,便释放锁。这意味着在同一个事务中,两次相同数据资源的读取之间,不会持有该资源的锁,因此,其他事务可以在两次读取间隙修改资源从而导致两次读取结果不一致,即不可重复读,同时该隔离级别下也会产生更新丢失问题。

➤ 可重复读:在该隔离级别中,读取者必须获取共享锁且持续到事务结束。该隔离级别获得的共享锁只会锁定执行查询语句时符合查询条件的资源。该隔离级别下可以避免更新丢失问题,但会产生幻读,即同一事务两次相同条件的查询之间插入了新数据,导致第二次查询获取到了新的数据。

➤ 序列化:在该隔离级别中,读取者必须获取共享锁且持续到事务结束。该隔离级别的共享锁不仅锁定执行查询语句时符合查询条件的数据行,也会锁定将来可能用到的数据行。即阻止可能对当前读取结果产生影响的所有操作。

➤ 快照:在该隔离级别中,读取者在读取数据时,它是确保获得事务启动时最近提交的可用行版本。这意味着,保证获得的是提交后的读取并且可以重复读取,以及确保获得的不是幻读,就像是在序列化级别中一样。但该隔离级别并不会获取共享锁。该隔离级别的事务中,SQL Server 会进行冲突检测以防止更新冲突,这里的检测不会引起死锁问题。

➤ 可提交读快照:该隔离级别与快照的不同之处在于,读取者获得是语句启动时(不是事务启动时)可用的最后提交的行版本。

快照和可提交读快照是 SQL Server 基于行版本控制技术的隔离级别,在这两个隔离级别中,读取者不会获取共享锁。SQL Server 可以在 tempdb 库中存储已提交行的之前版本。如果当前版本不是读取者所希望的版本,那么 SQL Server 会提供一个较旧的版本。

快照在逻辑上与序列化类似;可提交读快照在逻辑上与可提交读类似。这两个隔离级别中执行删除和更新语句需要复制行的版本,插入语句则不需要。因此,对于更新和删除操作的性能会有负面影响,因无须获取共享锁,所以读取者的性能通常会有所改善。

6 类隔离级别对并发控制的影响见表 6-5。

表 6-5　6 类隔离级别对并发控制的影响

| 隔离级别 | 允许读脏数据 | 允许不可重复读 | 允许丢失更新 | 允许幻读 | 检测更新冲突 | 使用行版本控制 |
|---|---|---|---|---|---|---|
| READ UNCOMMITTED | 是 | 是 | 是 | 是 | 否 | 否 |
| READ COMMITTED | 否 | 是 | 是 | 是 | 否 | 否 |
| REPEATABLE READ | 否 | 否 | 否 | 是 | 否 | 否 |
| SERIALIZABLE | 否 | 否 | 否 | 否 | 否 | 否 |
| SNAPSHOT | 否 | 否 | 否 | 否 | 是 | 是 |
| READ COMMITTED SNAPSHOT | 否 | 是 | 是 | 是 | 否 | 是 |

### 6.3.5　MongoDB 的并发控制

MongoDB 允许多个客户端读取和写入相同的数据。为了确保一致性,它使用锁定和其他并发控制措施来防止多个客户端同时修改同一数据。这些机制共同保证了对单个文档的所有写入全部发生或完全不发生,并且客户永远不会看到不一致的数据视图。

MongoDB 使用多粒度锁定,它允许操作锁定在全局,数据库或集合级别,并允许各个存储引擎在集合级别以下实现自己的并发控制。

MongoDB 使用读取器-写入器锁,允许并发的读取器共享对资源(例如数据库或集合)的访问。除了用于读取的共享(S)锁定模式和用于写操作的互斥(X)锁定模式之外,意图共享(IS)和意图互斥(IX)模式还表示使用更精细的粒度锁来读取或写入资源的意图。当以一定的粒度锁定时,所有更高级别的锁定都使用意图锁来锁定。

例如,当锁定用于写的集合(使用模式 X)时,必须将所有数据库锁和全局锁都锁定为意图排他(IX)模式。可以在 IS 和 IX 模式下同时锁定单个数据库,但是独占(X)锁不能与任何其他模式共存,共享(S)锁只能与意图共享(IS)锁共存。

对于大多数读取和写入操作,WiredTiger(MongoDB3.0 以后使用的默认的存储引擎)使用乐观并发控制。WiredTiger 仅在全局,数据库和集合级别使用意图锁。当存储引擎检测到两个操作之间存在冲突时,将引发写冲突,从而导致 MongoDB 透明地重试该操作。一些全局操作(通常是涉及多个数据库的短暂操作)仍然需要全局"实例范围"锁。某些其他操作(例如 collMod)仍需要排他数据库锁定。

在分片群集中,锁适用于每个单独的分片,而不适用于整个群集。也就是说,每个 mongod 实例都独立于分片群集中的其他实例,并使用自己的锁。一个 mongod 实例上的操作不会阻止任何其他实例上的操作。

对于副本集,当 MongoDB 写入主数据库上的集合时,MongoDB 还将写入主数据库的操作日志,这是 local 数据库中的特殊集合。因此,MongoDB 必须同时锁定集合的数据库和 local 数据库。在 MongoDB 必须同时保持数据库一致,并确保写入操作,即使复制锁定两个数据库,分别是"全有或全无"的操作。写入副本集时,锁的范围适用于主节点。

## 6.4　数据库的备份与恢复

尽管数据库系统中采取了各种保护措施来防止数据库的安全性和完整性被破坏,保证并发事务的正确执行,但是计算机系统中硬件的故障、软件的错误、操作员的失误以及恶意的破坏仍不可避免,这些故障轻则造成运行事务非正常中断,影响数据库中数据的正确性,重则破坏数据库,使数据库中全部或部分数据丢失,因此数据库管理系统必须具备把数据库从错误状态恢复到某一已知的正确状态,这就涉及数据库的备份与恢复技术。

### 6.4.1　数据库的备份

一个数据库系统总是避免不了故障的发生。安全的数据库系统必须能在系统发生故障后利用已有的数据备份,恢复数据库到原来的状态,并保持数据的完整性和一致性。数据库系统所采用的备份与恢复技术,对系统的安全性与可靠性起着重要作用,也对系统的运行效率有着重大影响。

所谓未雨绸缪,有备无患,备份是几乎所有数据库的日常维护工作,是数据库恢复的前提;恢复则是数据库安全的最后一道屏障,亡羊补牢,为时未晚。

常用的数据库备份的方法有如下 3 种。

(1)冷备份

冷备份是在没有终端用户访问数据库的情况下关闭数据库并将其备份,又称为"脱机备份"。这种方法在保持数据完整性方面显然最有保障,但是对于那些必须保持每天 24 小时、每周 7 天全天候运行的数据库服务器来说,较长时间地关闭数据库进行备份是不现实的。

(2)热备份

热备份是指当数据库正在运行时进行的备份,又称为"联机备份"。因为数据备份需要一段时间,而且备份大容量的数据库还需要较长的时间,那么在此期间发生的数据更新就有可能使备份的数据不能保持完整性,这个问题的解决依赖于数据库日志文件。在备份时,日志文件将需要进行数据更新的指令"堆起来",并不进行真正的物理更新,因此数据库能被完整地备份。备份结束后,系统再按照被日志文件"堆起来"的指令对数据库进行真正的物理更新。可见,被备份的数据保持了备份开始前的数据一致性状态。

热备份操作存在以下不利因素:

①如果系统在进行备份时崩溃,则堆在日志文件中的所有事务都会被丢失,即造成数据的丢失。

②在进行热备份的过程中,如果日志文件占用系统资源过大,如将系统存储空间占用完,会造成系统不能接受业务请求的局面,对系统运行产生影响。

③热备份本身要占用相当一部分系统资源,使系统运行效率下降。

（3）逻辑备份

逻辑备份是指使用软件技术从数据库中导出数据并写入一个输出文件,该文件的格式一般与原数据库的文件格式不同,而是原数据库中数据内容的一个映像。因此逻辑备份文件只能用来对数据库进行逻辑恢复,即数据导入,而不能按数据库原来的存储特征进行物理恢复。逻辑备份一般用于增量备份,即备份那些在上次备份以后改变的数据。

### 6.4.2　数据库恢复

在系统发生故障后,把数据库恢复到原来的某种一致性状态的技术称为"恢复",其基本原理是利用"冗余"进行数据库恢复。问题的关键是如何建立"冗余"并利用"冗余"实施数据库恢复,即恢复策略。数据库恢复技术一般有 3 种策略,即基于备份的恢复、基于运行时日志的恢复和基于镜像数据库的恢复。

（1）基于备份的恢复

基于备份的恢复是指周期性地备份数据库。当数据库失效时,可取最近一次的数据库备份来恢复数据库,即把备份的数据拷贝到原数据库所在的位置上。用这种方法,数据库只能恢复到最近一次备份的状态,而从最近备份到故障发生期间的所有数据库更新将会丢失。备份的周期越长,丢失的更新数据越多。

（2）基于运行时日志的恢复

运行时日志文件是用来记录对数据库每一次更新的文件。对日志的操作优先于对数据库的操作,以确保记录数据库的更改。当系统突然失效而导致事务中断时,可重新装入数据库的副本,把数据库恢复到上一次备份时的状态。然后系统自动正向扫描日志文件,将故障发生前所有提交的事务放到重做队列,将未提交的事务放到撤销队列执行,这样就可把数据库恢复到故障前某一时刻的数据一致性状态。

（3）基于镜像数据库的恢复

数据库镜像就是在另一个磁盘上复制数据库作为实时副本。当主数据库更新时,DBMS自动把更新后的数据复制到镜像数据,始终使镜像数据和主数据保持一致性。当主库出现故障时,可由镜像磁盘继续提供使用,同时 DBMS 自动利用镜像磁盘数据进行数据库恢复。镜像策略可以使数据库的可靠性大为提高,但由于数据镜像通过复制数据实现,频繁复制会降低系统运行效率,因此一般在对效率要求满足的情况下可以使用。为兼顾可靠性和可用性,可有选择性地镜像关键数据。

数据库的备份和恢复是一个完善的数据库系统必不可少的一部分,目前这种技术已经广泛应用于数据库产品中,如 Oracle 数据库提供对联机备份、脱机备份、逻辑备份、完全数据恢复及不完全数据恢复的全面支持。以"数据"为核心的计算（Data Centric Computing）将逐渐取代以"应用"为核心的计算。在一些大型的分布式数据库应用中,多备份恢复和基于数据中心的异地容灾备份恢复等技术正在得到越来越多的应用。

### 6.4.3　SQL Server 的备份与恢复

**1）SQL Server 的备份**

启动 SQL Server Management Studio,在"对象资源管理器"中展开服务器,在需要进行备份与恢复的数据库上单击右键,在出现的快捷菜单中选择"任务"→"备份",出现如图 6-14 所示的备份对话框,其中可以选择备份的类型以及备份文件的存储位置。

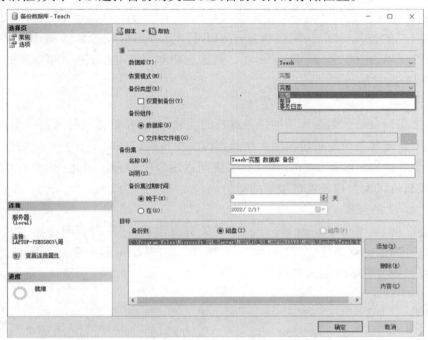

**图 6-14　数据库备份对话框**

SQL Server 的备份有以下 3 种形式:

（1）完整备份

完整备份是 SQL Server 所有备份类型中,最简单、最基础的数据库备份方法,它提供了某个数据库在备份时间点的完整复制。但是,它仅支持还原到数据库备份成功结束的时间点,即不支持任意时间点还原操作。全备份做的事情,就是将所有的缓存先刷新到磁盘上,不管在进行的事务是否提交,这样保证了日志的连续性,数据与日志的一致性,如果事务没提交,在日志文件上的标记是 active 的,这段日志也就不会被清空,下次恢复的时候,就从这段日志开始,接着使用新的日志执行。因此全备份之前肯定会执行一次 checkpoint(检查点)。

（2）日志备份

SQL Server 数据库完全备份是数据库的完整复制,所以备份文件空间占用相对较大,加之可能会在备份过程中导致事务日志一直不断增长。事务日志备份可以很好地解决这个问题,因为事务日志备份记录了数据库从上一次日志备份到当前时间内的所有事务提交的数据变更,它可以配合数据库完全备份和差异备份(可选)来实现时间点的还原。当日志备份操作成功以后,事务日志文件会被截断,事务日志空间将会被重复循环利用,以此来解决完全备份过程中事务日志文件一直不停增长的问题,因此最好能够周期性对数据库进行事务日志备份,以此来控制事务日志文件的大小。但是这里需要有一个前提,就是数据库必须是完全恢复模式,简单恢复模式的数据库不支持事务日志的备份,当然就无法实现时间点的还原(通过右键数据库—属性—选项,来设置数据库的恢复模式,数据库默认恢复模式为简单恢复模式)。事务日志备份与数据完全备份工作方式截然不同,它不是数据库的一个完整复制,而是从上一次日志备份到当前时间内所有已提交的事务数据变更。日志备份中需要注意的就是对未提交事务的理解,没有提交的事务其实还是占用日志文件的 VLF,shrink 并不能回收日志空间;提交事务的日志如被备份之后,就会将日志 VLF 打上 unactive 或者 truncated 标记,这个时候执行 shrink 就可以回收这部分日志 VLF 了。日志备份体量小,比较适合频率高的执行,比如每 5 min 执行一次。

(3)差异备份

事务日志备份会导致数据库还原链条过长的问题,而差异备份就是来解决事务日志备份的这个问题的。差异备份是备份从上一次数据库全量备份以来的所有变更的数据页,所以差异备份相对于数据库完全备份而言往往数据空间占用会小很多。因此,备份的效率更高,还原的速度更快,可以大大提升灾难恢复的能力。

2)SQL Server 的恢复

启动 SQL Server Management Studio,在"对象资源管理器"中展开服务器,在数据库上单击右键,在出现的快捷菜单中选择"属性"→"选项",出现如图 6-15 所示的数据库属性对话框,在这里可以设置数据库的恢复模式。

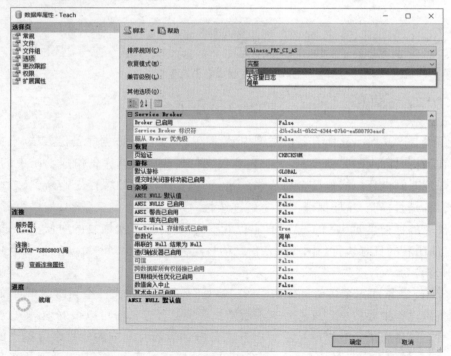

图 6-15　数据库恢复模式设置

SQL Server 数据库有 3 种恢复模式:简单恢复模式、完整恢复模式和大容量日志恢复模式。

(1) 简单恢复模式

在简单恢复模式下,SQL Server 会在每次 checkpoint(检查点)或 backup(备份)之后自动截断日志,也就是丢弃所有的不活跃的日志记录,仅保留用于实例启动时自动发生的所需的少量日志,这样做的好处是日志文件非常小,不需要 DBA 去维护、备份日志,但坏处也是显而易见的,就是一旦数据库出现异常,需要恢复时,最多只能恢复到上一次的备份,无法恢复到最近可用状态,因为日志丢失了。简单恢复模式主要用于非关键性的业务,比如开发库和测试库。

(2) 完整恢复模式

和简单恢复模式相反,完整恢复模式是 SQL Server 不主动截断日志,只有备份日志之后,才可以截断日志,否则日志文件会一直增大,直到硬盘不能负荷,因此需要部署一个任务定时备份日志。完整模式的好处是可以做 point-in-time 恢复,最大限度地保证数据不丢失,一般用于关键性的业务环境里。缺点就是 DBA 需要维护日志,增加人员成本(其实也就是多了定时备份日志这项工作)。

(3) 大容量日志恢复模式

大容量日志恢复模式和完整恢复模式类似,唯一的不同是针对以下大容量操作,会产生尽量少的日志。需要日志备份,是完整恢复模式的附加模式,允许执行高性能的大容量复制操作。通过使用最小方式记录大多数大容量操作,减少日志空间使用量。如果在最新日志备份后发生日志损坏或执行大容量日志记录操作,则必须重做自该上次备份之后所做的更改,否则不丢失任何工作,可以恢复到任何备份的结尾,不支持时点恢复。

与完整恢复模式(完全记录所有事务)相比,大容量日志恢复模式只对大容量操作进行最小记录(尽管会完全记录其他事务)。大容量日志恢复模式保护大容量操作不受媒体故障的危害,提供最佳性能并占用最小日志空间。

但是,大容量日志恢复模式会增加这些大容量复制操作丢失数据的风险,因为大容量日志操作阻止再次捕获对每个事务逐一所做的更改。如果日志备份包含大容量日志操作,则无法还原到该日志备份中的时点,而只能还原整个日志备份。

在大容量日志恢复模式下,如果日志备份覆盖了任何大容量操作,则日志备份包含由大容量操作所更改的日志记录和数据页。这对于捕获大容量日志操作的结果至关重要。合并的数据区可使日志备份变得非常庞大。此外,备份日志需要访问包含大容量日志事务的数据文件。如果无法访问任何受影响的数据库文件,则事务日志将无法备份,并且在此日志中提交的所有操作都会丢失。

启动 SQL Server Management Studio,在“对象资源管理器”中展开服务器,在需要进行备份与恢复的数据库上单击右键,在出现的快捷菜单中选择“任务”→“还原”→“数据库”,出现如图 6-16 所示的还原对话框,根据选择的备份集,系统会按照数据库属性设置的恢复方式进行数据库恢复。

图 6-16　数据库还原对话框

### 6.4.4　MongoDB 的备份与恢复

MongoDB 的 mongodump 命令用于进行数据库的备份,其原理是对 MongoDB 的数据库进行普通查询,然后写入文件中。

命令的语法格式为:

mongodump −h dbhost −d dbname −o dbdirectory

参数说明:

−h:MongoDB 所在服务器地址,例如:127.0.0.1,当然也可以指定端口号:127.0.0.1:27017。

−d:需要备份的数据库,例如:test。

−o:备份的数据存放位置,例如:/home/mongodump/,目录需要提前建立,这个目录里面存放该数据库实例的备份数据。

Mongodump 还可以使用−q 参数增加查询条件,只导出满足条件的文档。例如:

mongodump −d test −q" {name:'joe'}" −o /home/joe

mongorestore 命令用于恢复数据库。它使用的数据文件就是 mongodump 导出的文件。命令的语法格式为:

mongorestore −h dbhost −d dbname −−dir dbdirectory

参数说明:

−h:MongoDB 所在服务器地址。

−d:需要恢复的数据库实例,例如:test,这个名称也可以和备份时候的不一样,比如 test2。

−−dir:备份数据所在位置,例如:/home/mongodump/itcast/。

−−drop:恢复的时候,先删除当前数据,然后恢复备份的数据。就是说,恢复后,备份后添加修改的数据都会被删除,慎用!

练习题

一、单选题

1.数据库的并发操作带来的数据不一致性不包括(　　　)。

A.丢失修改　　　　　B.不可重复读　　　　　C.读"脏"数据　　　　　D.可重复读

2.以下(　　　)不属于实现数据库系统安全性的主要技术和方法。

A.存取控制技术　　B.视图技术　　　　　C.审计技术　　　　　D.出入机房登记

3.SQL 语言的 GRANT 和 REVOKE 语句主要用来维护数据库的(　　　)。

A.完整性　　　　　B.可靠性　　　　　C.安全性　　　　　D.一致性

4.下列 SQL 命令的短语中,不用于定义属性上约束条件的是(　　　)。

A.NOT NULL　　　　B.UNIQUE　　　　　C.CHECK　　　　　D.HAVING

5.数据库恢复的基础是利用转储的冗余数据。这些转储的冗余数据包括(　　　)。

A.数据字典、应用程序、审计文档、数据库后备副本

B.数据字典、应用程序、审计文档、日志文件

C.日志文件、数据库后备副本

D.数据字典、应用程序、数据库后备副本

6.事务的一致性是指(　　　)。

A.事务中包括的所有操作要么都做,要么都不做

B.事务一旦提交,对数据的改变是永久的

C.一个事务内部的操作及使用的数据对并发的其他事务时隔离的

D.事务必须是使数据库从一个一致性状态变到另一个一致性状态

二、填空题

1.SQL Server 的备份形式有_____、_____和_____。

2.SQL Server 数据库的数据恢复模式包括_____、_____和_____。

3.数据库的完整性主要指数据库中数据的_____、_____和_____。

4.数据库管理系统的基本工作单位是事务,它是用户定义的一组逻辑一致的程序序列,并发控制的主要机制是_____机制。有两种基本类型的锁,它们是_____和_____。

三、简答题

1.数据库不安全的因素主要有哪些?数据库安全控制的一般方法有哪些?

2.SQL Server 中的安全体系的 4 个层次分别是什么?

3.简要说明 SQL Server 中的参照完整性使用的 4 种模式。

4.数据库的完整性和安全性概念有什么区别和联系?

5.简单说明数据库管理系统为什么要设置日志文件。

# 第 **7** 章
## 数据库设计

数据库设计是指利用现有的数据库管理系统,针对具体的应用环境,构造最优的数据库模式,建立数据库及其应用系统,使之能有效地收集、存储、操作和管理数据,满足企业中各类用户的应用需求(信息需求和处理需求)。

从本质上讲,数据库设计是将数据库系统与现实世界进行密切的、有机的、协调一致的结合的过程。因此,数据库设计者必须非常清晰地了解数据库系统本身及其实际应用对象这两方面内容。

本章将介绍数据库设计的全过程,从需求分析、结构设计到数据库的实施和维护。

## 7.1 数据库设计概述

数据库设计虽然是一项应用课题,但它涉及的内容非常广泛,数据库设计的质量与设计者的知识、经验和水平有密切的关系。

数据库设计中面临的主要困难和问题如下。

➢ 懂得计算机和数据库的人一般都缺乏应用业务知识和实际经验,而熟悉应用业务的人又往往不懂计算机和数据库,同时具备这两方面知识的人很少。

➢ 在开始时往往不能明确应用业务的数据库系统的目标。

➢ 缺乏完善的设计工具和方法。

➢ 用户的要求往往不是一开始就明确的,而是在设计过程中不断提出新的要求,甚至在数据库建立之后还会要求修改数据库结构和增加新的应用。

➢ 应用业务系统千差万别,很难找到一种适合所有应用业务的工具和方法,这就增加了研究数据库自动生成工具的难度。因此,研制适合一切应用业务的全自动数据库生成工具是不可能的。

### 7.1.1　数据库设计方法概述

为了使数据库设计更合理、更有效,需要有效的指导原则,这些原则就称为数据库设计方法。一个好的数据库设计方法,应该能在合理的期限内,以合理的工作量,产生一个有实用价值的数据库结构。这里的"实用价值"是指满足用户关于功能、性能、安全性、完整性以及发展需求等方面的要求,同时又服从特定 DBMS 的约束,可以用简单的数学模型来表达;同时,数据库设计方法还应具有足够的灵活性和通用性,不但能够为具有不同经验的人使用,而且不受数据模型及 DBMS 的限制,不同的设计者使用同一方法设计同一问题时,可以得到相同或者相似的设计结果。

多年来,经过人们不断地努力和探索,提出了各种各样的数据库设计方法。新奥尔良(New Orleans)方法是一种比较著名的数据库设计方法,这类方法将数据库设计分为 4 个阶段:需求分析、概念结构设计、逻辑结构设计和物理结构设计,如图 7-1 所示。

图 7-1　新奥尔良方法的数据库设计步骤

基于 E-R 模型的数据库设计方法、基于第三范式的设计方法、基于抽象语法规范的设计方法等都是在数据库设计的不同阶段使用的具体技术和方法。

### 7.1.2　数据库设计的基本步骤

按照规范设计的方法,同时考虑数据库及其应用系统开发的全过程,可以将数据库设计分为如下几个阶段:

➢ 需求分析:是整个数据库设计的开始。
➢ 结构设计:包括概念结构设计、逻辑结构设计和物理结构设计。
➢ 行为设计:包括功能设计、事务设计和程序设计。
➢ 数据库实施:包括加载数据库数据和调试运行应用程序。
➢ 数据库运行和维护阶段。

每完成一个阶段,都要进行分析和评价,对各阶段产生的文档进行评审,并与用户进行交流。如果不符合要求的地方需要进行修改,这个分析和修改的过程可能需要反复多次,以求最后实现的数据库应用系统能准确满足用户的需求。因此,数据库设计其基本思想是过程迭代和逐步求精。

图 7-2 说明了数据库设计的全过程,图 7-2 中左边虚线框中的内容是数据库结构设计,右边虚线框中的内容是数据库行为设计。图 7-2 所描述的实际上是数据库应用系统设计和开发的全过程,这个过程既是数据库设计过程,也是数据库应用系统的实现过程。

需求分析阶段主要是与客户交流,收集信息并进行分析和整理,为后续各个阶段提供充足的信息。这个过程是整个设计过程的基础,也是最困难、最耗时的一个阶段,需求分析做得不好,会导致整个数据库设计重新返工。

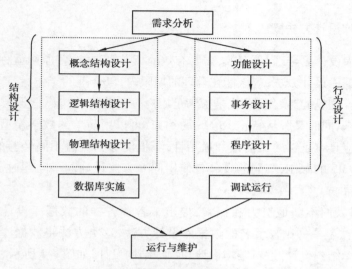

**图 7-2　数据库设计的全过程**

数据库结构设计过程分概念结构设计、逻辑结构设计、物理结构设计 3 个阶段。概念结构设计是整个数据库设计的关键,此过程是对需求分析的结构进行综合、归纳,形成一个独立于具体 DBMS 的概念模型(E-R 图)。逻辑设计阶段将 E-R 图转换成所采用的数据库产品(DBMS)支持的数据模型(如关系模型),形成数据库模式。物理设计阶段根据 DBMS 特点和处理的需要,进行物理存储安排,设计索引,选取一个最适合应用环境的数据库物理结构,形成数据库内模式。

数据库的行为设计是对系统功能的设计,一般的设计思想是将大的功能模块划分为功能相对专一的小的功能模块,逐层细分,这样便于分析和实现。

数据库的实施和维护就是数据库系统投入运行后,必须要有专人对其进行监视和调整,保证系统能够持续保持较好的性能。

## 7.2　数据库需求分析

简单地说,需求分析即使分析用户的需求。需求分析是数据库设计的起点,其结果将直接影响后续阶段的设计,并影响最终的数据库系统是否合理和实用。经验证明:如果需求分析不够完善,将直接导致设计的不正确,如果很多问题到系统测试阶段才发现,这时再纠正错误就需要付出很大的代价,因此必须重视需求分析。

### 7.2.1　需求分析的任务

从数据库设计的角度看,需求分析阶段的主要任务是对现实世界要处理的对象(公司、部门、企业)进行详细调查,在了解现行系统的概况、确定新系统功能的过程中,收集支持系统目标的基础数据及其处理方法。具体地说,需求分析阶段的任务主要包括如下 3 项:

（1）调查分析用户活动

通过研究新系统的运行目标，对现行系统所存在的主要问题进行分析，明确用户的总体需求目标。

（2）调查、收集和分析需求数据，确定系统边界

通过跟班作业、开调查会、请专人介绍、询问、设计调查表请用户填写、查阅记录等方式，调查组织机构情况、各部门的业务活动情况，协助用户明确对新系统的各种要求、确定新系统的边界。对用户调查的重点是"数据"和"处理"。通过调查要从用户那里获得对新系统的下列需求：

①信息需求。定义未来信息系统使用的所有信息，弄清用户需要往数据库输入什么样的数据，从数据库中获得什么样的信息，将要输出什么样的信息。也就是要明确数据库中需要存储哪些数据，对这些数据做哪些处理，同时还要描述数据的内容和结构以及数据之间的联系等。

②处理需求。定义未来系统数据处理的功能，描述操作的优先次序，包括操作执行的频率和场合，操作与数据之间的联系，同时还要明确用户要完成哪些处理功能，每种处理的执行频率、用户要求的响应时间以及处理的方式等。

③安全性和完整性要求。安全性要求描述系统中不同用户对数据库的使用和操作情况，完整性要求描述数据之间的关联关系以及数据的取值范围要求。

在收集完各种数据后，对调查结果进行初步分析，确定新系统的边界，确定哪些功能由计算机完成或者将来准备由计算机完成，哪些活动由人工完成。需要计算机完成的功能就是新系统应该是实现的功能。

（3）编写系统分析报告

需求分析阶段最后一项工作是编写系统分析报告，也称为需求规范说明书。系统分析报告是对需求分析的总结，编写系统分析报告是一个不断反复、逐渐深入和逐步完善的过程，该报告应包含如下内容：

➤　系统概要：系统的目标、范围、背景、历史和现状。

➤　对原系统或者现状的改善。

➤　系统总体结构和子系统结构说明。

➤　系统功能说明。

➤　数据处理概念及各处理阶段划分。

➤　系统方案及技术、经济、功能和操作上的可行性。

系统分析报告还应提供如下附加材料：

①系统软硬件支持环境的选择和规格要求，如所选择的操作系统、数据库管理系统、计算机型号和配置、网络环境等。

②组织机构图、组织之间的联系图以及各机构功能业务图。

③数据流图、功能模块图和数据字典等。

系统分析报告是数据库设计人员与用户共同确认的权威性文档，是数据库后续各阶段设计和实现的依据。在需求分析中，通过自顶向下、逐步分解的方法分析系统，任何一个系统都

可以抽象为图 7-3 所示的数据流图的形式。

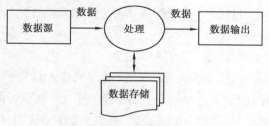

图 7-3　数据流图

数据流图是从"数据"和"处理"两方面表达数据处理的一种图形化表示方法。"处理"抽象表达了系统的功能需求,系统的整体功能要求可以分解为系统的若干子功能要求,通过逐步分解的方法,可将系统的工作过程逐步细化,直至表达清楚为止。

需求分析是整个数据库设计(严格讲是管理信息系统设计)中最重要的一步,是其他各步骤的基础。如果把整个数据库设计当成一个系统工程看待,那么需求分析就是这个系统工程的最原始的输入信息。

需求分析也是最困难和最麻烦的一步,其困难之处不在于技术上,而在于要了解、分析、表达客观世界并非易事,这也是数据库自动生成工具研究中最困难的部分。目前,许多自动生成工具都绕过这一关,先假定需求分析已经有结果,这些自动工具就以这一结果作为后续几步的输入。

### 7.2.2　需求分析的内容

通常情况下,调查用户的需求包括 3 方面的内容,即系统业务现状、信息源流和外部要求。

系统业务现状包括:业务方针政策、系统的组织机构、业务内容、各业务的约束条件和各种业务的全过程。

信息源流包括:各种数据的种类、类型及数据量,各种数据的源头、流向和终点,各种数据的产生、修改、查询和更新过程的频率以及各种数据与业务处理的关系。

外部要求包括:对数据保密性的要求、对数据完整性的要求、对查询响应时间的要求、对新系统使用方式的要求、对输入方式的要求、对输出报表的要求、对各种数据精度的要求、对吞吐量的要求、对未来功能性能及应用范围扩展的要求。

在进行需求调查时,实际上就是发现现行业务系统的运作事实。

### 7.2.3　数据字典

数据流图表达了数据和处理过程的关系,数据字典则是各类数据描述的集合,它是关于数据库中数据的描述,即元数据,而不是数据本身,是进行详细的数据收集和分析获得的主要成果。数据字典通常包括数据项、数据结构、数据流、数据存储和处理过程 5 个部分。

数据项描述={数据项名,数据项含义说明,别名,数据类型,长度,取值范围,取值含义,与其他数据项的逻辑关系};

数据结构描述={数据结构名,含义说明,组成:{数据项或数据结构}};

数据流描述={数据流名,说明,数据流来源,数据流去向,组成:{数据结构},平均流量,高峰期流量};

数据存储描述={数据存储名,说明,编号,流入的数据流,流出的数据流,组成:{数据结构},数据量,存取方式};

处理过程描述={处理过程名,说明,输入:{数据流},输出:{数据流},处理:{简要说明}}。

数据字典是在需求分析阶段建立,在数据库设计整个过程中不断进行修订、充实和完善。

## 7.3　数据库结构设计

数据库设计主要分为数据库结构设计和数据库行为设计。数据库结构包括概念结构设计、逻辑结构设计和物理结构设计。

数据库结构设计是在需求分析的基础上,逐步形成对数据库概念、逻辑、物理结构的描述。概念结构设计的结果是形成数据库的概念层数据模型,用语义层模型描述,如 E-R 模型;逻辑结构设计的结果是形成数据库的模式与外模式,用结构层模型描述,如基本表、视图等;物理结构设计的结果是形成数据库的内模式,用文件级术语描述,如数据库文件或者目录、索引等。

### 7.3.1　概念结构设计

完成需求分析后,数据库设计者需将现实世界中存在的具体要求抽象成信息结构的表达方式,以方便选择具体的 DBMS 进行实现。这一转换过程称为概念结构设计。描述概念结构的常用工具是 E-R 模型,有关 E-R 模型的概念已经在第 2 章介绍过,本章在介绍概念结构设计时也采用 E-R 模型。

采用 E-R 模型进行概念结构设计可分为 3 步:

(1)设计局部 E-R 图

包括确定局部应用的范围、定义实体、属性及属性间的联系。设计局部 E-R 图的关键就是正确划分实体和属性。实体和属性在形式上并没有可以明显区分的界限,通常是按照现实世界中事物的自然划分来定义实体和属性。一般来说,确定实体与属性的原则如下:

➢ 能作为属性的尽量作为属性而不要划为实体;

➢ 作为属性的数据元素与所描述的实体之间的联系只能是 $1:n$ 的联系;

➢ 作为属性的数据项不能再用其他属性加以描述,也不能与其他实体或属性发生联系。对现实世界中的事物进行数据抽象,得到实体和属性。这里用到的数据抽象技术有两种,即分类和聚类。

①分类。分类定义某一类概念作为现实世界中的一组对象的类型,将一组具有某些共同特征和行为的对象抽象为一个实体。对象和实体之间是“is a member of”(是……一员)的关系。

例如,"张三"是学生,表示张三是学生(实体)中的一员,这些学生具有相同的特性和行为。

②聚集。聚集定义某一类型的组成成分,将对象类型的组成成分抽象为实体的属性。组成成分与对象类型之间是"is a part of"(是……的一部分)的关系。

分类和聚集的例子如图 7-4 所示。

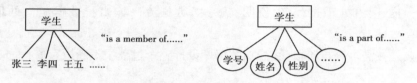

图 7-4　分类和聚集示例

在数据库实际设计过程中,实体和属性是相对而言的,需要根据实际情况进行调整,一个调整的基本原则是:实体具有描述信息,而属性没有,即属性是不可再分的数据项,不能包含其他属性。例如学生是一个实体,具有属性:学号、姓名、性别、系别等。如果不需要对系做更详细的分析,则"系别"作为一个属性存在就够了,但如果还需要对系别做进一步的分析,比如需要记录或者分析系的教师人数、办公地点、办公电话等,则此时"系别"就要作为一个实体存在。图 7-5 说明了"系别"升级为实体后 E-R 图的变化。

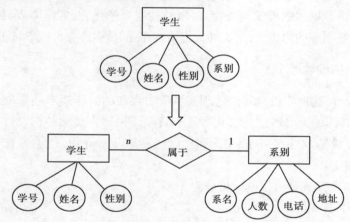

图 7-5　"系别"作为一个属性或实体的 E-R 图

(2)设计全局 E-R 图

将局部 E-R 图集成为全局 E-R 图时,可以采用一次将所有的 E-R 图集成在一起的方式,也可以用逐步集成、进行累加的方式,即一次只集成少量几个 E-R 图,这样比较容易实现。

在全局 E-R 图设计过程中,要考虑以下几个方面:

①定义属性的数据类型、长度、精度、非空、默认值、约束规则等,定义触发器、存储过程、视图、角色、同义词、序列等对象信息。

②消除冲突:常见的冲突包含以下 3 类。

➢　属性冲突:在不同局部 E-R 图中使用同一属性时采用了不一致的标记。比如,在某些局部应用中将学号定义为字符型,而在其他局部应用中又将其定义为数值型;学生身高有的用"米"为单位,有的用"厘米"为单位等。在实际应用中,属性冲突问题可以通过部门协商解决,也可以根据实际应用需求考虑是否将属性统一或分离表示。

➢ 命名冲突:包括同名异义或者异名同义,即不同意义的实体名、联系名或者属性名在不同的局部应用中有相同的名字,或者具有相同意义的实体名、联系名和属性名在不同的局部应用中有不同的名字。如科研项目,在财务部门成为项目,在科研部门称为课题。命名冲突可以考虑协商统一命名方式解决。

➢ 结构冲突:结构冲突常见的一种情况是:同一数据项在不同的局部应用中具有不同的抽象,有的地方作为属性,有的地方作为实体。例如,"职称"可能在某一局部应用中作为实体,而在另一局部应用中作为属性。解决这种冲突要根据实际情况而定,是把属性转换为实体还是把实体转换为属性,基本原则是保持数据项的一致。一般情况下,凡能作为属性对待的,尽量作为属性,以简化 E-R 图。结构冲突的另外一种情况是同一实体在不同的局部 E-R 图中所包含的属性个数不完全相同,解决的方法是让该实体的属性为个局部 E-R 图中属性的并集。结构冲突的最后一种情况是两个实体在不同的应用中呈现不同的联系,比如 E1 和 E2 两个实体在某个局部应用中可能是一对多联系,而在另一个局部应用总是多对多联系。这种情况,应该根据应用的语义对实体间的联系进行合适的调整。

③消除冗余。冗余包括实体数据的冗余和实体间的冗余联系。冗余数据是指可由基本数据导出得到的数据,冗余联系则是指可由其他关系联合导出的联系。冗余的存在会破坏数据库的完整性,给数据库的管理带来麻烦,以致引起数据不一致等错误。因此,必须消除数据上的冗余和联系上的冗余。然而,冗余也是相对的,有时考虑性能和效率等综合因素,一些冗余有存在的必要。

(3)优化全局 E-R 图

一个好的全局 E-R 图除了反映用户功能需求外,还应该满足以下条件:

➢ 实体的个数尽可能少。
➢ 实体所包含的属性尽可能少。
➢ 实体间联系无冗余。

优化的目的是使 E-R 图满足上述 3 个条件。要使实体个数尽可能少,可以进行相关实体的合并,一般是把主码相同的实体进行合并,另外也可以考虑将 1:1 联系的两个实体合并为一个实体,同时消除冗余属性和冗余联系。

### 7.3.2　逻辑结构设计

概念结构设计阶段得到的 E-R 图主要是面向用户的,这些模型独立于具体的 DBMS。为了实现用户所需要的业务,需要将概念模型转换为某个 DBMS 所支持的数据模型(例如关系模型)。数据库逻辑结构设计的任务就是把概念结构设计阶段产生的 E-R 图转换为具体的数据库管理系统支持的数据模型(包括层次模型、网状模型、关系模型),也就是导出特定的 DBMS 可以处理的数据库逻辑结构(数据库的模式与外模式)。由于关系模型是当前 DBMS 的主流数据模型,因此以下仅讨论概念模型向关系模型的转换。

概念模型与数据模型、关系模型、SQL Server 各概念的对应关系见表 7-1。

表 7-1　概念模型、数据模型、关系模型、SQL Server 各概念对应表

| 概念模型 | 数据模型 | 关系模型 | SQL Server |
|---|---|---|---|
| 实体 | 记录 | 元组 | 记录 |
| 实体型 | 记录型 | 关系模式 | 表结构 |
| 属性 | 字段(数据项) | 属性 | 字段 |
| 属性值 | 字段值 | 属性值 | 字段值 |
| 实体间的联系 | 树结构/有向图/关系 | 关系 | 表文件 |
| 实体集 | 文件(包含了记录型和数据) | 关系 | 表文件 |
| 实体及实体间的联系构成概念模型 | 文件及文件之间的联系构成数据模型 | 关系数据模型 | 数据库及数据库文件 |

逻辑结构设计一般包含 3 项工作:

➢　将 E-R 模型转换为关系数据模型。

➢　对关系数据模型进行优化。

➢　设计面向用户的外模式。

**1) E-R 模型转换为关系模型**

E-R 模型转换为关系模型要解决的问题是如何将实体以及实体间的联系转换为关系模式,如何确定这些关系模式的属性和主码。这种转换一般遵循如下原则:

①一个实体型转换为一个关系模式。实体的属性就是关系的属性,实体的码就是关系的码。

②一个 1:1 联系可以转换为一个独立的关系模式,也可以与任意一端实体所对应的关系模式合并。如果可以转换为一个独立的关系模式,则与该联系相连的各实体的码以及联系本身的属性均转换为此关系模式的属性,每个实体的码均是该关系的候选码;如果是与联系的任意一端实体所对应的关系模式合并,则需要在该关系模式中加入另一个实体的码和联系本身的属性。在 1:1 的联系中,一般将其与任意一端实体对应的关系模式合并,不将 1:1 联系转换成一个独立的关系模式。这样可以减少转换出来的关系模式的个数,因为在查询中,涉及的表越多,查询效率就越低。

设有图 7-6 所示的含有 1:1 联系的 E-R 图,则相应有如下两种转换方法。

➢　将"管理"联系以某一端实体对应的关系模式合并,这种情况下又分两种情况:

一是将"管理"联系与"部门"实体合并,转换后的关系模式为:

部门(部门号,部门名,经理号),部门号为部门关系模式的主码,经理号为部门关系模式的外码;

经理(经理号,经理名,电话),经理号为经理关系模式的主码。

二是将"管理"联系与"经理"实体合并,转换后的关系模式为:

部门(部门号,部门名),部门号为部门关系模式的主码;

经理(经理号,经理名,电话,部门号),经理号为经理关系模式的主码,部门号为经理

关系模式的外码。

➤ 将"管理"联系转换成一个独立的关系模式,则该 E-R 图可转换为如下 3 个关系模式:

部门(部门号,部门名),部门号为部门关系模式的主码;

经理(经理号,经理名,电话),经理号为经理关系模式的主码;

管理(部门号,经理号),部门号和经理号都是管理关系模式的候选码,同时也都是管理关系模式的外码。

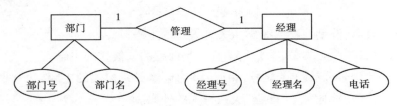

图 7-6 1:1联系示例

③一个 1:n 联系可以转换为一个独立的关系模式,也可以与 n 端对应的关系模式合并。如果转换为一个独立的关系模式,则与该联系相连的各实体的码以及联系本身的属性均转换为此关系模式的属性,而关系的码为 n 端实体的码。如果与 n 端实体对应的关系模式合并,则需要在该关系模式中加入 1 端实体的码以及联系本身的属性。同样,在 1:n 的联系中,如果能与 n 端实体对应的关系模式合并,就不将联系转换成一个独立的关系模式。这样也是为了减少关系的个数,提高查询效率。

设有如图 7-7 所示的含有 1:n 联系的 E-R 图,则相应有如下两种转换方法:

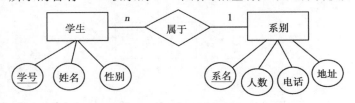

图 7-7 1:n 联系示例

➤ 将"属于"联系与 n 端实体对应的关系模式合并,则转换后的关系模式为:

学生(学号,姓名,性别,系名),学号为学生关系模式的主码,系名为引用"系别"关系模式的外码;

系别(系名,人数,电话,地址),系名为主码。

➤ 将"属于"联系转换为一个独立的关系模式,则该 E-R 图可以转换为如下 3 个关系模式:学生(学号,姓名,性别),学号为学生关系模式的主码;

系别(系名,人数,电话,地址),系名为主码;

属于(学号,系名)学号为属于关系模式的主码,同时也是引用"学生"关系模式的外码,系名为引用"系别"关系模式的外码。

④一个 m:n 联系必须转换为一个独立的关系模式。与该联系相连的各实体的码以及联系本身的属性均转换为关系模式的属性,而关系的码为各实体码的组合。

设有如图 7-8 所示的含有 $m:n$ 联系的 E-R 图,则该 E-R 图转换后的关系模式为:

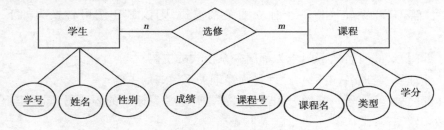

图 7-8 $m:n$ 联系示例

学生(学号,姓名,性别),学号是学生关系模式的主码;

课程(课程号,课程名,类型,学分),课程号是课程关系模式的主码;

选修(学号,课程号,成绩),(学号,课程号)为选修关系模式的主码,学号是引用"学生"关系模式的外码,课程号是引用"课程"关系模式的外码。

⑤3 个或 3 个以上实体间的一个多元联系转换为一个关系模式。与该多元联系相连的各实体的码以及联系本身的属性均转换为关系的属性,关系的主码为各实体码的组合。

设有如图 7-9 所示的多元联系的 E-R 图,这种多元联系一般情况下也可以转换为一个独立的关系模式,这个独立的关系模式的主码只包含其关联实体所对应的各个关系模式的主码的组合。该 E-R 图转换后的关系模式为:

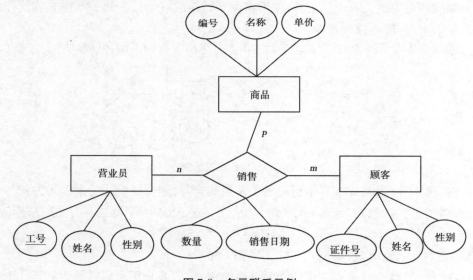

图 7-9 多元联系示例

营业员(工号,姓名,系别),工号是主码;

商品(编号,名称,单价),编号是主码;

顾客(证件号,姓名,性别),证件号是主码;

销售(工号,编号,证件号,数量,销售日期),其中(工号,编号,证件号,销售日期)是主码,工号是引用"营业员"关系模式的外码,编号是引用"商品"关系模式的外码,证件号是引用"顾客"关系模式的外码。

⑥同一实体集的实体间的联系,即自联系,也可按上述 $1:1$、$1:n$ 和 $m:n$ 的3种情况分别处理。

⑦具有相同码的关系模式可合并。

**2) 数据模型的优化**

逻辑结构设计的结果并不是唯一的,为了进一步提高数据库系统的性能,还应该根据应用的需要对数据模型进行适当的修改和调整,这就是数据模型的优化。关系数据模型的优化通常以关系规范化理论为指导,并考虑系统的性能。具体方法如下:

①确定各个属性间的函数依赖关系。根据需求分析阶段得出的语义,分别写出每个关系模式的各属性之间的函数依赖以及不同关系模式中个属性之间的数据依赖关系;

②对各个关系模式之前的数据依赖进行极小化处理,消除冗余的联系;

③判断每个关系模式的范式,根据实际需要确定最合适的范式;

④根据需求分析阶段得到的处理需求,分析这些关系模式对于这样的应用环境是否合适,确定是否要对某些关系模式进行分解或者合并。

这里面需要注意的是如果系统的查询操作比较多,而且对查询响应速度的要求也比较高,则可以适当降低规范化的程度,即将几个表合为一个表,以减少查询时表的连接个数,甚至可以在表中适当增加冗余数据列,比如把一些经过计算得到的值作为表中的一列保存在表中,但这样做要考虑可能引起的潜在的数据不一致问题。

**3) 设计外模式**

将概念模型转换为关系模型之后,还要根据局部应用需求,并结合具体的数据库管理系统的特点,涉及用户的外模式。

外模式概念对应于关系数据库的视图,设计外模式是为了更好地满足各个用户的需求。

定义数据库的模式主要是从系统的时间效率、空间效率、易于维护等角度出发,由于外模式与模式是相对独立的,因此在设计用户外模式时可以从满足每类用户需求的角度出发,同时考虑数据的安全性和用户的操作方便,在定义外模式时应该考虑如下问题:

(1)使用更符合用户习惯的名字

在概念模型设计阶段,当合并各个 E-R 图时,曾进行了消除命名冲突的工作,以便使数据库中的关系模式和属性具有唯一的名字,这在设计数据库的全局模式时是非常必要的。但在修改了某些属性或者关系模式的名字之后,可能会不符合某些用户的习惯,因此在设计用户模式时,可以利用视图的特点,对某些属性重新命名。视图的名字可以命名成符合用户习惯的名字,使用户操作方便。

(2)对不同级别的用户定义不同的视图,以保证数据的安全

假设有关系模式:职工(职工编号,姓名,工作部门,学历,专业,职称,联系电话,基本工资,业绩津贴,浮动工资)。在这个关系模式上可以创建两个视图:

职工 1(职工编号,姓名,工作部门,专业,联系电话)

职工 2(职工编号,姓名,学历,职称,联系电话,基本工资,业绩津贴,浮动工资)

职工 1 视图中只包含一般职工可以查看的基本信息,而职工 2 视图包含只允许某些人查看的信息。这样就可以防止非法用户访问不允许他们访问的数据,从而在一定程度上保证了

数据的安全性。

（3）简化用户对系统的使用

如果某些局部应用经常要使用某些很复杂的查询，为了用户方便，可以将这些复杂的查询定义为一个视图，这样用户每次只对定义好的视图进行查询，而不必编写复杂的查询语句，从而简化用户对数据的操作。

### 7.3.3 物理结构设计

数据库物理结构设计是为逻辑数据模型选取一个最适合应用环境的物理结构（包括存储结构和存取方法）。根据 DBMS 特点和处理的需要，进行物理存储安排，设计索引，形成数据库内模式，设计出一个高效的、可实现的物理数据库结构。

由于不同的数据库管理系统提供的硬件环境和存储结构、存取方法不同，提供给数据库设计的系统参数以及变化范围也不同，因此，物理结构设计一般没有通用的准则，它只能提供一个技术和方法供参考。

#### 1）物理结构设计的内容和方法

物理数据库设计得好，可以使各事务的响应时间短、存储空间利用率高、事务吞吐量大。因此，在设计数据库时要对经常用到的查询和对数据进行更新的事务进行详细的分析，获得物理结构设计所需的各种参数。同时还要充分了解所使用的 DBMS 的内部特征，特别是系统提供的存取方法和存储结构。

对于数据查询，需要得到如下信息：

➢ 查询所涉及的关系。

➢ 查询条件所涉及的属性。

➢ 连接条件所涉及的属性。

➢ 查询列表中涉及的属性。

对于更新数据的事务，需要得到如下信息：

➢ 更新所涉及的关系。

➢ 每个关系上的更新条件所涉及的属性。

➢ 更新操作所涉及的属性。

除此之外，还需要了解每个查询或者事务在各关系上的运行频率和性能要求。例如，假设某个查询必须在 1 s 之内完成，则数据的存储方式和存取方式就非常重要。

需要注意的是，在数据库上运行的操作和事务是不断变化的，因此需要根据这些操作的变化不断调整数据库的物理结构，以获得最佳的数据库性能。

通常关系数据库的物理结构设计主要包含如下内容：

（1）确定存取方法

存取方法是快速存取数据库中数据的技术，数据库管理系统一般提供多种存取方法。具体采取哪种存取方法由系统根据数据的存储方式决定，一般用户不能干预。

（2）确定数据的存储结构

物理结构设计中一个重要的考虑就是确定数据记录的存储方式。常用的存储方式如下：

顺序存储:这种存储方式的平均查找次数为表中记录的 1/2。

散列存储:这种存储方式的平均查找次数由散列算法决定。

聚集存储:为了提高某个属性(或属性组)的查询速度,可以把这个或者这些属性上具有相同值的元组集中存放在连续的物理块上,这样的存储方式称为聚集存储。

一般用户可以通过建立索引的方式改变数据的存储方式。但在其他情况下,数据是采用顺序存储还是散列存储,或者其他的存储方式是由数据库管理系统根据数据的具体情况决定的,一般它都会为数据选择一种最合适的存储方式,而用户并不能对此进行干预。

**2)物理结构设计的评价**

物理结构设计过程中要对时间效率、空间效率、维护代价和各种用户要求进行权衡,其结果可以产生多种方案,数据库设计者必须对这些方案进行细致的评价,从中选择一个较优的方案作为数据库的物理结构。

评价物理结构设计的方法完全依赖于具体的 DBMS,主要考虑操作开销,即为了使用户获得及时、准确的数据所需要的开销和计算机的资源开销。具体可以分为以下几类:

①查询和响应时间。响应时间是从查询开始到查询结果开始显示之间所经历的时间。一个好的应用程序设计可以减少 CPU 时间和 I/O 时间。

②更新事务的开销。主要是修改索引、重写物理块或者文件以及写校验等方面的开销。

③生成报告的开销。主要包括索引、重组、排序和结果显示的开销。

④主存储空间的开销。包括程序和数据所占用的空间。对于数据库设计者来说,一般可以对缓冲区做适当的控制,如缓冲区的个数和大小。

⑤辅助存储空间的开销。辅助存储空间分为数据块和索引块两种。设计者可以控制索引块的大小、索引块的充满度等。

实际上,数据库设计者只能对 I/O 和辅助空间进行有效控制,其他方面都是有限控制或者根本就不能控制。

## 7.4　数据库行为设计

到目前为止,详细讨论了数据库的结构设计问题,这是数据库设计中最重要的任务。前面章节已经讨论过,数据库设计的特点是结构设计和行为设计的分离。行为设计与一般传统的程序设计区别不大,软件工程中所有的工具和手段几乎都可以用到数据库的行为设计中,因此,一些数据库教科书都没有讨论数据库行为设计问题。考虑到数据库应用程序设计毕竟有它特殊的地方,而且不同于数据库应用程序设计也有很多共性,因此,本节介绍一下数据库的行为设计。

数据的行为设计一般分为如下几个步骤:

➢　功能分析;

➢　功能设计;

➢　事务设计;

> 应用程序设计与实现。

这里主要讨论前 3 个步骤。

### 7.4.1 功能分析

在进行需求分析时,实际上进行了两项工作,一项是"数据流"的调查分析,另一项是"事务处理"过程的调查分析,也就是应用业务处理的调查分析。数据流的调查分析为数据库的信息结构提供了最原始的数据,而事务处理的调查分析则是行为设计的基础。

对于行为特性要进行如下分析:

①标识所有的查询、报表、事务及动态特性,指出对数据库所要进行的各种处理。

②指出对每个实体所进行的操作(增、删、改、查)。

③给出每个操作语义,包括结构约束和操作约束,通过下列条件,可定义下一步的操作:

> 执行操作的前提。

> 操作的内容。

> 操作成功后的状态。

例如,教师退休行为的操作特征如下:

> 该教师没有未讲授完的课程。

> 从当前在职教师表中删除此教师的记录。

> 将此教师的信息插入到退休教师表中。

④给出每个操作(针对每一对象)的频率。

⑤给出每个操作(针对每一应用)的响应时间。

⑥给出该系统总的目标。

### 7.4.2 功能设计

系统目标的实现是通过系统的各功能模块来达到目的。由于每个系统功能又可以划分为若干个更具体的功能模块,因此,可以从目标开始,一层一层分解下去,直到每个子功能模块只执行一个具体的任务。子功能模块是独立的,具有明显的输入信息和输出信息。当然,也可以没有明显的输入和输出信息,只是动作产生后的一个结果。通常,按功能关系绘制的图叫功能结构图,如图 7-10 所示。

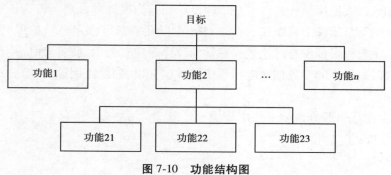

图 7-10  功能结构图

### 7.4.3 事务设计

事务处理是计算机模型模拟人处理事务的过程,它包括输入设计和输出设计等。

(1)输入设计

系统中很多错误都是由于输入不当引起的,因此设计好的输入是减少系统错误的一个重要方面。在进行输入设计时需要完成如下几方面的工作:

➢ 原始单据的设计:对于原有的单据、表格要根据系统的要求重新设计,其设计的原则是:简单明了,便于填写,尽量标准化,便于归档,简化输入工作。

➢ 制成输入一览表:将全部功能所有的数据整理成表。

➢ 制作输入数据描述文档:包括数据的输入频率、数据的有效范围和出错校验。

(2)输出设计

输出设计是系统设计的重要一环。如果说用户看不出系统内部的设计是否科学、合理,那么输出报表是直接与用户见面的,而且输出格式的好坏会给用户留下深刻的印象,它甚至是衡量一个系统好坏的重要标志。因此,要精心设计好输出。

在进行输出设计时要考虑如下因素:

➢ 用途:区分输出结果给用户还是用户内部或者报送上级。

➢ 输出设备的选择:是仅仅通过屏幕显示,还是要打印输出或者需要永久保存。

➢ 输出量与输出格式。

## 7.5 数据库实施

完成了数据库的结构设计和行为设计并编写了实现用户需求的应用程序之后,就可以利用 DBMS 提供的功能实现数据库逻辑结构设计和物理结构设计的结果,也就是在具体的数据库管理系统中建立数据库、表、视图等,然后将这些数据加载到数据库中,并运行已经编写好的应用程序,以查看数据库设计以及应用程序是否存在问题。这就是数据库实施阶段,这一阶段除了创建数据库、表之外,还包括两项工作,一项是加载数据,另一项是调试和运行应用程序。

### 7.5.1 加载数据

加载数据是数据库实施阶段的一项主要工作,在数据库及其表结构创建好之后,就可以开始加载数据。

在一般的数据库系统中,数据量都很大,而且数据来源于多个部门,数据的组织方式、结构和格式都与新设计的数据库系统可能有很大差别。组织数据的录入就是将各类数据从各个局部应用中抽取出来,输入到计算机中,然后再分类转换,最后综合成符合新设计的数据库结构的形式,输入到数据库中。这样的数据转换、组织入库的工作相当耗费人力、物力和财力,特别是原来用手工处理数据的系统,各类数据分散在各种不同的原始表单、凭据和单据中,在向新的数据库系统中输入数据时,需要处理大量的纸质数据,工作量就更大。

由于各应用环境差异很大,很难有通用的数据转换器,DBMS 也很难提供一个通用的转换工具。因此,为了提高数据输入工作的效率和质量,应该针对具体的应用环境设计一个数据录入子系统,专门用来解决数据转换和输入的问题。

为了保证数据库中数据的正确、无误,必须十分重视数据的校验工作。在将数据输入系统进行数据转换的过程中,应该进行多次校验。对于重要数据的校验更应该反复进行,确认无误后再输入数据库中。

如果新建数据库的数据来自已有的数据或者文件,那么应该注意旧的数据模式结构与新的数据模式结构之间的对应关系,然后再将旧的数据导入新的数据库中。

目前,很多 DBMS 都提供了数据导入的功能,有些 DBMS 还提供了功能强大的数据转换功能,比如 SQL Server 就提供了功能强大、方便易用的数据导入和导出功能。

### 7.5.2 调试和运行应用程序

在一部分数据被加载到数据库之后,就可以开始对数据库系统进行联合测试了,这个过程又称为数据库系统试运行。这一阶段要实际运行数据库应用程序,执行对数据库的各种操作,测试应用程序的功能是否满足设计要求,如果不满足,则要对应用程序进行修改、调整,直到达到设计要求为止。

在数据库试运行阶段,还要对系统的性能指标进行测试,分析其是否达到设计目标。在对数据库进行物理结构设计时已经初步确定了系统的物理参数,但一般情况下,设计时的考虑在很多方面只是一个近似的估计,和实际系统的运行还有一定的差距,因此必须在试运行阶段实际测量和评价系统的性能指标。事实上,有些参数的最佳值往往是经过反复测试后找到的。如果测试的结果与设计目标不符,则要返回到物理结构设计阶段,重新调整物理结构,修改系统参数,某些情况下甚至要返回到逻辑结构设计阶段,对逻辑结构进行修改。

特别需要强调的是,由于组织数据入库的工作十分费力,如果是运行后要修改数据库的逻辑结构设计,则需要重新组织数据入库。因此在试运行时应该先输入小批量数据,试运行基本合格后,再大批量输入数据,以减少不必要的工作浪费。同时,在数据库试运行阶段,由于系统还不稳定,随时可能发生软硬件故障,而且系统的操作人员对系统也还不熟悉,误操作不可避免,因此需调试运行 DBMS 的恢复功能,做好数据库的备份和恢复工作。一旦出现故障,可以尽快恢复数据库,以减少对数据库的破坏。

## 7.6　数据库运行和维护

数据库应用系统经过试运行后即可投入正式运行。在数据库系统运行过程中必须不断地对其进行评价、调整与修改,对数据库的经常性维护工作主要由数据库系统管理员完成。

数据库运行和维护工作包括:数据库的备份和恢复、数据库的安全性和完整性控制、数据库性能的监督、分析和改进、数据库的重组织和重构造。

①数据库的备份与恢复。要对数据库进行定期备份,一旦出现故障,能及时地将数据库恢复到最晚的正确状态,以减少数据库的损失。

②数据库的安全性和完整性控制。随着数据库应用环境的变化,对数据库安全性和完整性要求也会发生变化。比如,要收回某些用户的权限,或增加、修改某些用户的权限,增加、删除用户,或者某些数据的取值发生变化等,这都需要数据库管理员对数据库进行适当调整,以反映这些新变化。

③数据库性能的监督、分析和改造。监视数据库的运行情况,并对监测数据进行分析,找出能够提供性能的可行性,并适当地对数据库进行调整。目前,某些 DBMS 产品提供了性能检测工具,数据库系统管理员可以利用这些工具很方便地监控数据库的运行情况。

④数据库的重组。数据库经过一段时间的运行后,随着数据的不断添加、删除和修改,会使数据库的存取效率降低,这时候数据库系统管理员可以改变数据库数据的组织方式,通过增加、删除或调整部分索引等方法,改善系统的性能。数据库的重组并不改变数据库的逻辑结构。

数据库的结构和应用程序设计的好坏只是相对的,它并不能保证数据库应用系统始终处于良好的性能状态。这是因为数据库中的数据随着数据库的使用而发生变化,随着这些变化的不断增加,系统的性能就有可能会日趋下降,所以即使在不出现故障的情况下,也要对数据库进行维护,以使数据库始终保持良好的性能。

总之,数据库的维护工作与一台机器的维护工作类似,花的工夫越多,它服务得就越好。因此,数据库的设计并非一劳永逸,一个好的数据库应用系统同样需要精心的维护方能使其保持良好的性能。

## 练习题

一、填空题

1.数据库设计中的新奥尔良(New Orleans)方法将数据库设计分为 4 个阶段:需求分析、_____、_____和物理结构设计。其中,_____是数据库设计的起点。

2.设计全局 E-R 图时常见的冲突包括_____、_____、_____。

3.数据库物理结构设计中一个重要的考虑就是确定数据记录的存储方式,常用的存储方式有_____、_____、_____。

二、简答题

1.简述数据库设计的基本步骤。

2.需求分析的目标是什么? 调查的内容是什么?

3.如何将 E-R 图转换成关系模型?

4.物理结构设计中包含哪些内容?

5.简述数据库行为设计包含的内容。

# 第 $\boldsymbol{8}$ 章

# SQL Server 2019 基础

## 8.1　SQL Server 2019 简介

SQL Server 是 Microsoft 公司推出的一个全面的、灵活的、可扩展的数据库平台,使用集成的商业智能工具为企业提供企业级的数据管理和更安全可靠的存储功能,可以满足成千上万用户的海量数据管理需求,能够快速构建高可用和高性能的解决方案,实现私有云与公有云之间的数据扩展与应用迁移。

作为新一代的数据平台产品,SQL Server 2019 是一款面向数据云服务的信息平台,为用户提供开发语言、数据类型、本地或云环境以及操作系统等方面的选择。SQL Server 2019 引入了大数据集群和智能化数据管理等新特性,还为 SQL Server 数据库引擎、SQL Server Analysis Services、SQL Server 机器学习服务、Linux 上的 SQL Server 和 SQL Server Master Data Services 等提供了附加功能和改进。

SQL Server 2019 有多个版本,可以分别适合不同单位和个人独特的性能、运行时间以及价格要求,其各个版本的介绍见表 8-1。应用需求不同,安装要求会有所不同,因此用户可以根据应用的具体需求决定安装的 SQL Server 2019 版本及组件。

表 8-1　SQL Server 2019 的各个版本

| SQL Server 版本 | 定义 |
| --- | --- |
| Enterprise | 作为高级产品/服务,提供了全面的高端数据中心功能,具有较高的性能和虚拟化不受限制,同时还具有端到端的商业智能,可以为任务关键工作负荷提供较高级别服务,支持最终用户访问深层数据 |
| Standard | 提供了基本数据管理和商业智能数据库,使部门和小型组织能够顺利运行其应用程序并支持将常用开发工具用于本地和云部署,有助于以最少的 IT 资源进行有效的数据库管理 |

续表

| SQL Server 版本 | 定义 |
|---|---|
| Web | 提供数据库的基础功能,是面向公用网站的安全、经济高效且高度可扩展的数据平台,它是 Web 类应用总体成本较低的理想选择 |
| Developer | 支持开发人员基于 SQL Server 构建任意类型的应用程序。它包括 Enterprise 版的所有功能,但有许可限制,只能用作开发和测试,而不能用作生产服务器 |
| Express | 入门级的免费数据库,包含 SQL Server 中最基本的数据管理功能,主要用于学习和构建桌面及小型服务器数据驱动应用程序 |

## 8.2　SQL Server 2019 的安装

　　不同版本的 SQL Server 在安装时对软件和硬件都有一定的要求,软件和硬件的不兼容或不符合要求都有可能导致安装的失败,Windows 操作系统上安装和运行 SQL Server 2019 至少需要满足的主要硬件和软件要求见表 8-2。

表 8-2　SQL Server 2019 的硬件和软件要求

| 组件 | 要求 |
|---|---|
| 处理器 | x64 处理器:AMD Opteron、AMD Athlon 64、支持 Intel EM64T 的 Intel Xeon,以及支持 EM64T 的 Intel Pentium Ⅳ<br>处理器速度:1.4 GHz,建议 2.0 GHz 或更快 |
| 内存 | 最低要求:Express 版:512 MB,所有其他版本:1 GB<br>推荐:Express 版:1 GB,所有其他版本:至少 4 GB |
| 硬盘 | 至少 6 GB 的可用硬盘空间,磁盘空间要求根据所安装的 SQL Server 组件不同而变化 |
| 显示器 | Super-VGA(800×600)或更高分辨率的显示器 |
| 操作系统 | Windows 10 TH1 1507 或更高版本,Windows Server 2016 或更高版本 |
| .Net Framework | 最低版本操作系统包括最低版本.NET 框架 |

　　虽然不同用户的系统环境和安装版本可能不同,但是安装过程基本相同。在做好安装准备后,即可进入正式安装阶段,本文以 SQL Server 2019 Developer 版本在 Windows 操作系统上的安装为例介绍详细的安装过程。

　　①双击安装文件 setup.exe 进入"SQL Server 安装中心",单击安装中心左侧的第 2 个"安装"选项卡,进入"SQL Server 安装中心"界面,如图 8-1 所示。在安装前,可以先查看"计划"选项卡中的各种提示信息,如安装 SQL Server 2019 对软硬件的要求、联机安装帮助等信息。

　　②在安装选项中选择"全新 SQL Server 独立安装或向现有安装添加功能",进入"产品密钥"界面,如图 8-2 所示,在该界面中可以指定要安装的版本或输入产品密钥,确认无误后单击"下一步"按钮。

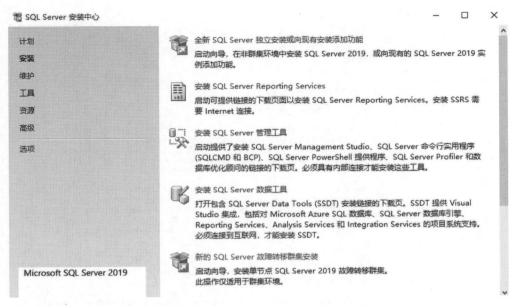

图 8-1　"SQL Server 安装中心"界面

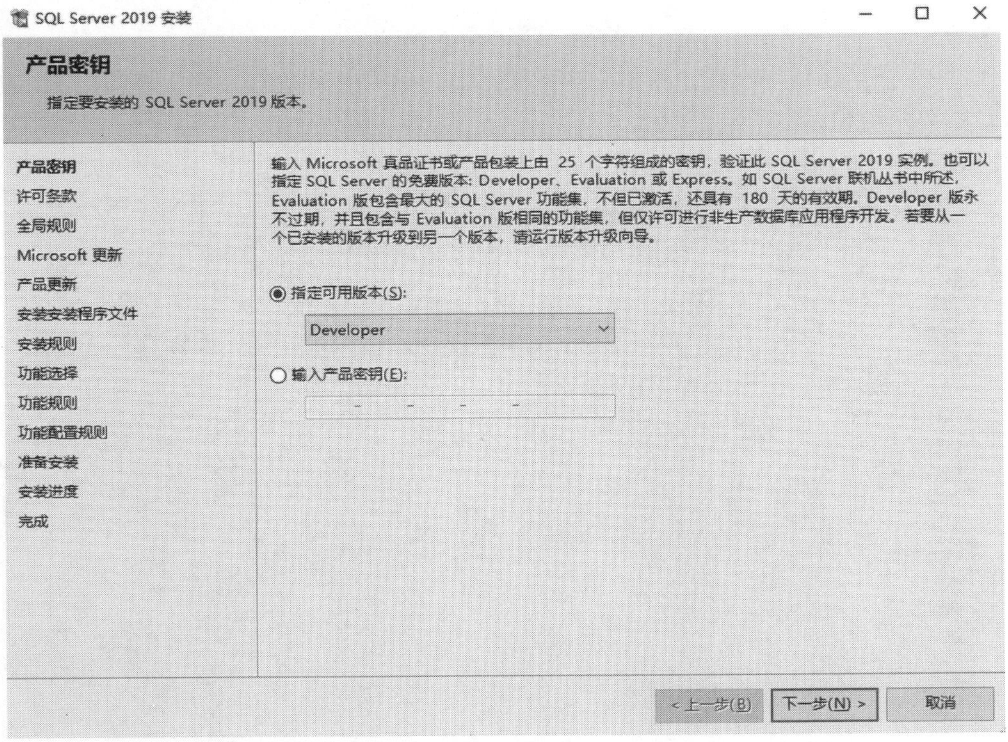

图 8-2　"产品密钥"界面

③进入"许可条款"界面,如图 8-3 所示,选中"我接受许可条款和(A)"复选框,然后单击
"下一步"按钮。

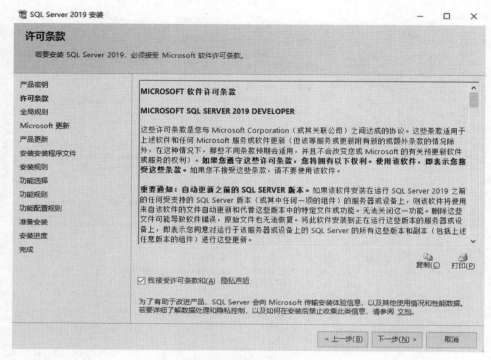

图 8-3 "许可条款"界面

④进入"全局规则"界面，如图 8-4 所示，安装程序将对系统进行一些常规的检测，完成后单击"下一步"按钮。

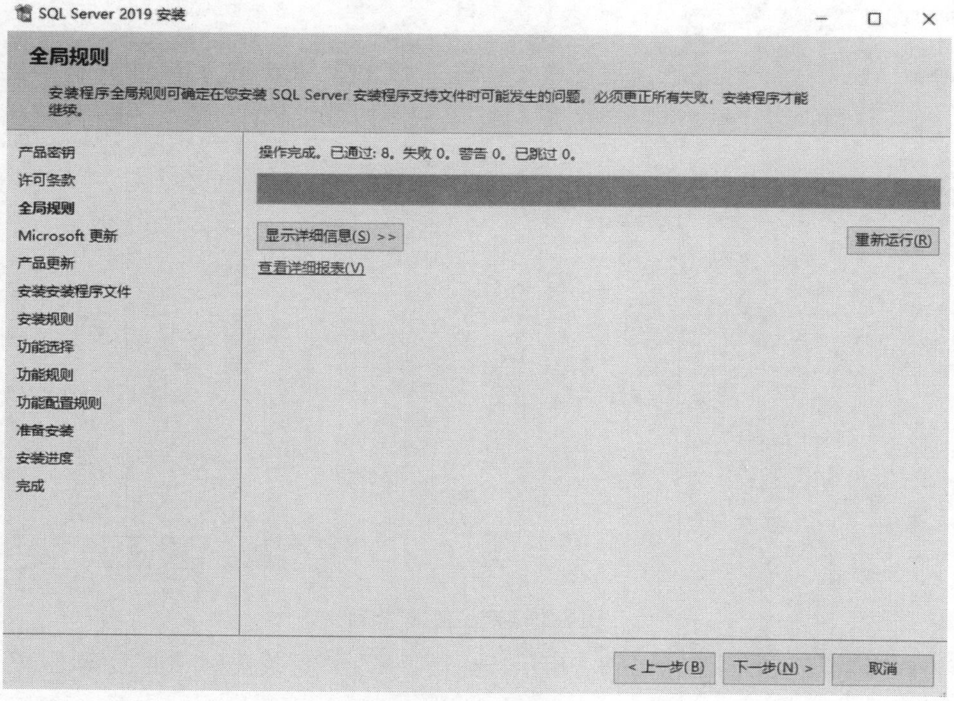

图 8-4 "全局规则"界面

⑤进入"Microsoft 更新"界面,如图 8-5 所示,然后单击"下一步"按钮。

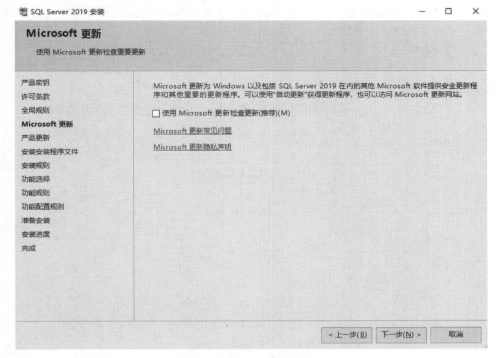

图 8-5　"Microsoft 更新"界面

⑥进入"安装安装程序文件"界面,如图 8-6 所示,完成后自动进入下一步。

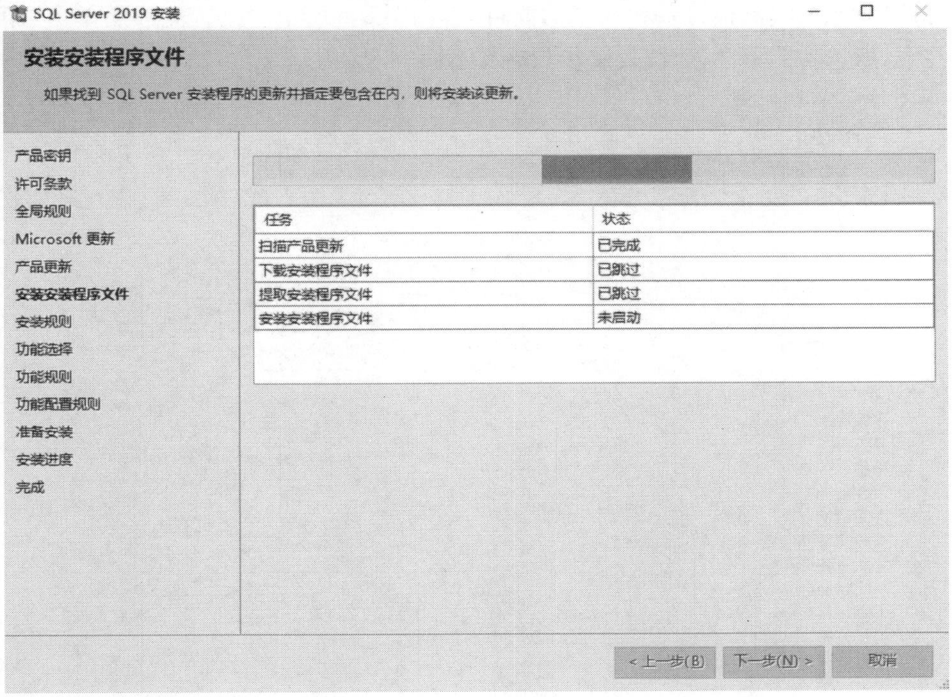

图 8-6　"安装安装程序文件"界面

⑦进入"安装规则"界面,如图 8-7 所示,安装程序将对系统进行一些常规的检测,检测结果中的每一项都必须是已通过或警告,否则将无法继续。检测通过后,单击"下一步"按钮。

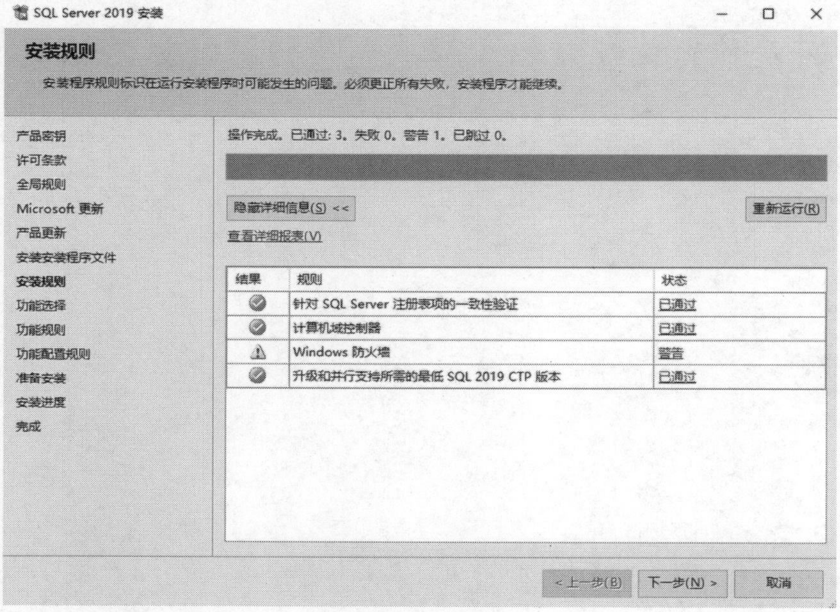

图 8-7 "安装规则"界面

⑧进入"功能选择"界面,可以根据需要选中"功能"列表框中的具体功能,右侧有每项功能的详细说明和安装所需要的磁盘空间,也可以使用下面的"全选"或者"取消全选"按钮来选择;下方可以修改实例根目录和共享功能目录,如图 8-8 所示。设置完成后单击"下一步"按钮。注意,所选功能不同,后续安装步骤略有不同。

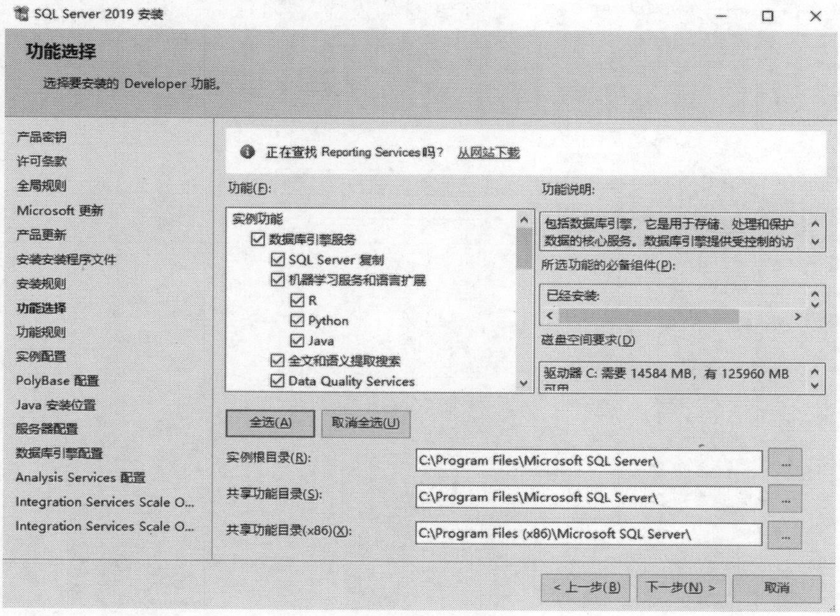

图 8-8 "功能选择"界面

⑨进入"功能规则"检测界面,如图 8-9 所示,检测结果中的每一项都必须是已通过或警告,若出现失败,则无法进行下一步安装。检测通过后,单击"下一步"按钮。

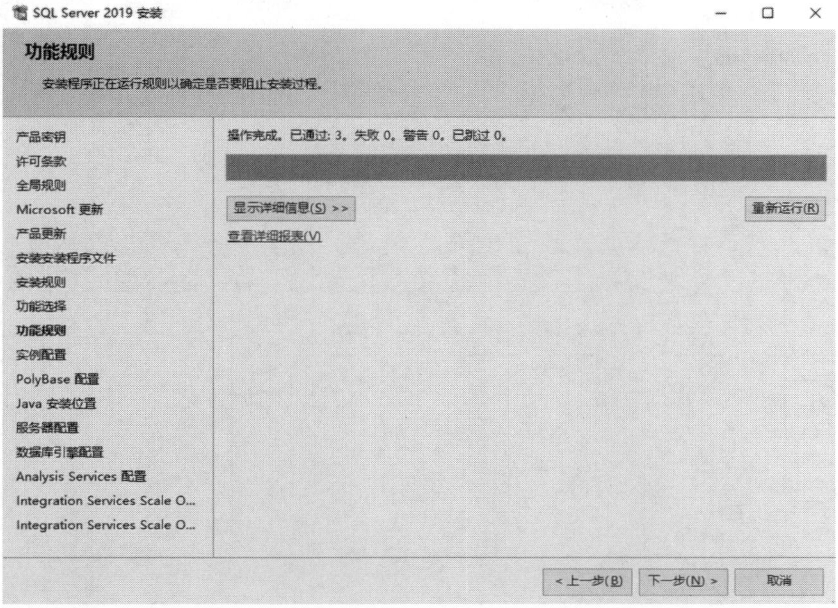

图 8-9　"功能规则"界面

⑩进入"实例配置"界面,可以指定实例的名称和实例 ID,可以配置多个实例,每个实例必须有唯一的名称,这里选择"默认实例"单选按钮,默认实例名与计算机名相同,如图 8-10 所示。设置完成后单击"下一步"按钮。

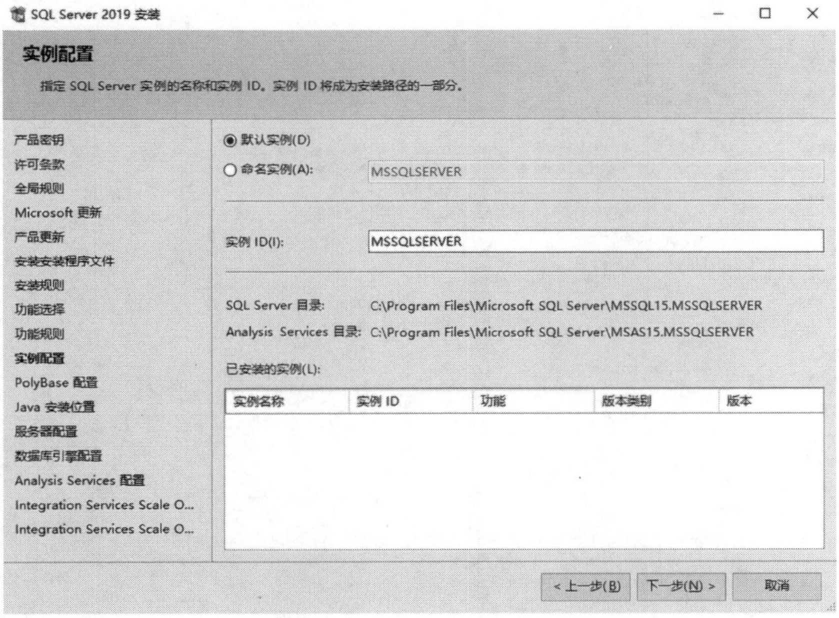

图 8-10　"实例配置"界面

⑪进入"PolyBase 配置"界面,可以指定 PolyBase 扩大选项和端口范围,一般选择默认配置,如图 8-11 所示。设置完成后单击"下一步"按钮。

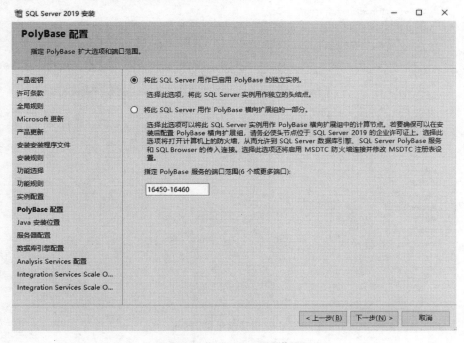

图 8-11 "PolyBase 配置"界面

⑫进入"Java 安装位置",可以指定 SQL Server 中 Java 的安装位置,如图 8-12 所示。设置完成后单击"下一步"按钮。

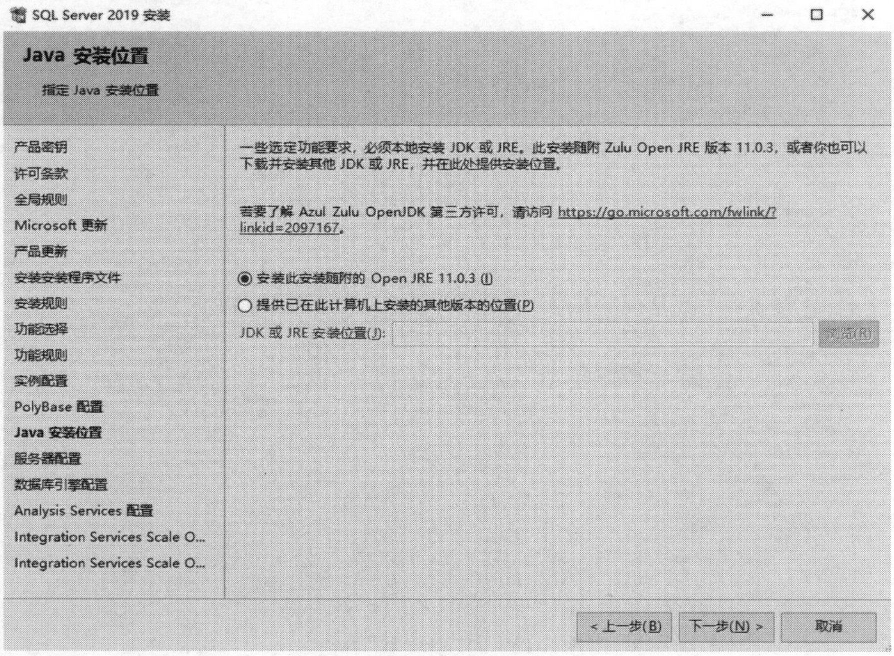

图 8-12 "Java 安装位置"界面

⑬进入"服务器配置"界面,用户可以通过"服务账户"选项卡设置各个服务的账户和密码,每个服务可以设置相同的登录账户,也可以分别配置不同的账户,在"启动类型"列中可以选择"手动"或"自动",建议对各个服务账户进行单独配置,以便为每项服务提供最低特权,也就是向 SQL Server 服务授予它们完成各自任务所需的最低权限。为了方便初学者安装并使用,本例对所有的服务设置了同一个账户,并对排序规则不作更改,如图 8-13 所示。设置完成后单击"下一步"按钮。

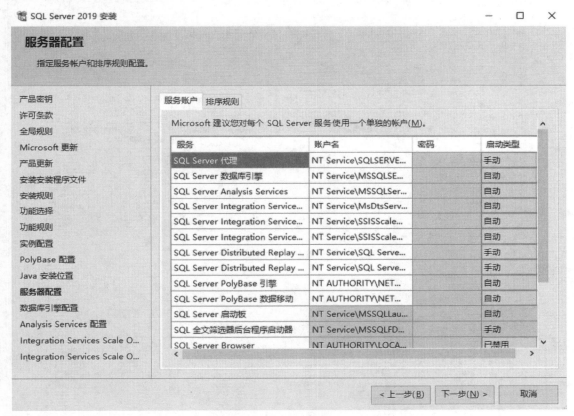

图 8-13　"服务器配置"界面

⑭进入"数据库引擎配置"界面,如图 8-14 所示。首先要为数据库引擎指定身份验证模式,可以选择"Windows 身份验证模式",这种模式下,SQL Server 使用操作系统中的 Windows 主体标记验证账户名和密码;也可以选择"混合模式",这种模式下,需要对 SQL Server 系统管理员 sa 账户设置登录密码。用户必须为 SQL Server 实例至少指定一个系统管理员,若要添加当前正在运行 SQL Server 安装程序的账户,单击"添加当前用户"按钮;若要添加其他用户或服务,单击"添加"按钮;若要从系统管理员列表中删除账户,单击"删除"按钮。配置完成后单击"下一步"按钮。

⑮进入"Analysis Services 配置"界面,如图 8-15 所示,可以指定 Analysis Services 服务器模式、管理员和数据目录,单击"添加当前用户"按钮,将当前用户添加为 Analysis Services 管理员,然后单击"下一步"按钮。

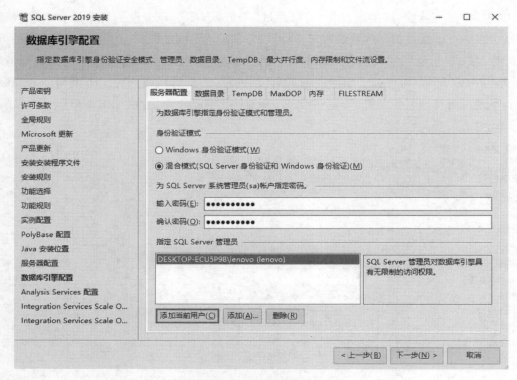

图 8-14 "数据库引擎配置"界面

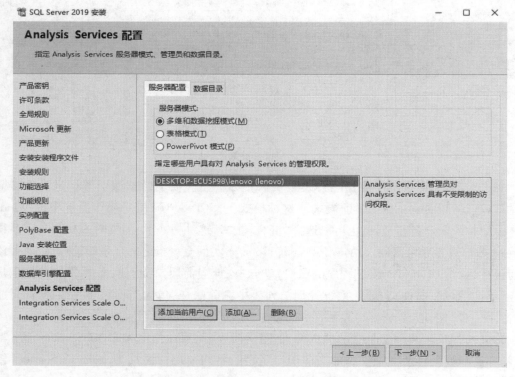

图 8-15 "Analysis Services 配置"界面

⑯进入"Integration Services Scale Out 配置-主节点"界面,可以指定 Scale Out 主节点的端口号和安全证书,如图 8-16 所示,然后单击"下一步"。

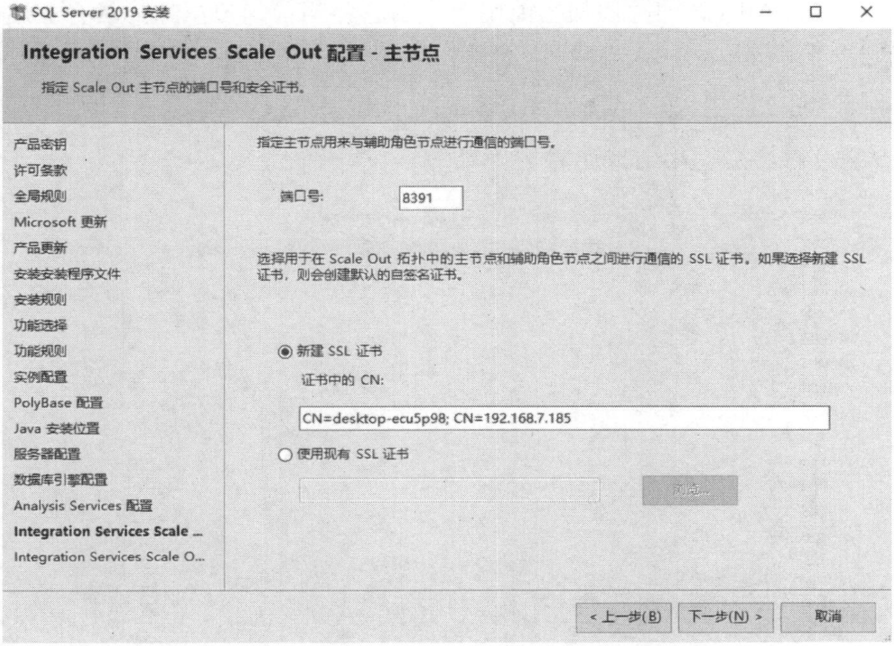

图 8-16　"Integration Services Scale Out 配置–主节点"界面

⑰进入"Integration Services Scale Out 配置–辅助角色节点"界面,可以指定 Scale Out 辅助角色节点所使用的主节点端点和安全证书,如图 8-17 所示,然后单击"下一步"按钮。

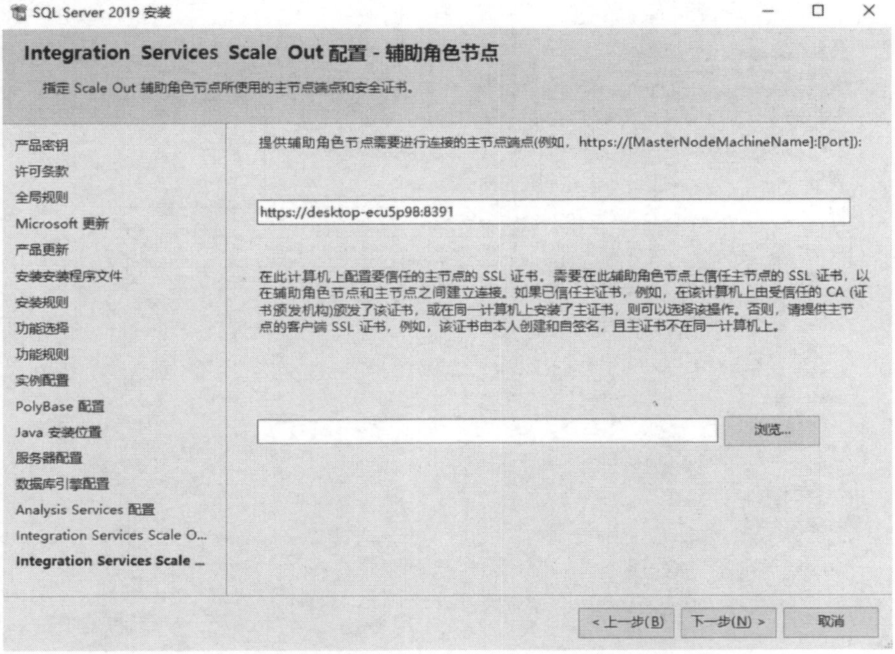

图 8-17　"Integration Services Scale Out 配置–辅助角色节点"界面

⑱进入"Distributed Replay 控制器"界面，指定向其授予针对 Distributed Replay 控制器服务的管理权限的用户，具有管理权限的用户可以不受限制地访问 Distributed Replay 控制器服务，如图 8-18 所示。可以单击"添加当前用户"按钮，将当前用户添加为具有上述权限的用户，然后单击"下一步"。

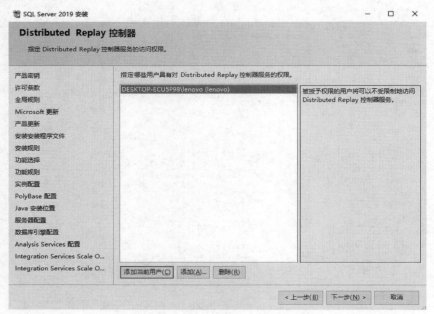

**图 8-18 "Distributed Replay 控制器"界面**

⑲进入"Distributed Replay 客户端"界面，如图 8-19 所示，为 Distributed Replay 客户端指定相应的控制器和数据目录后，单击"下一步"按钮。

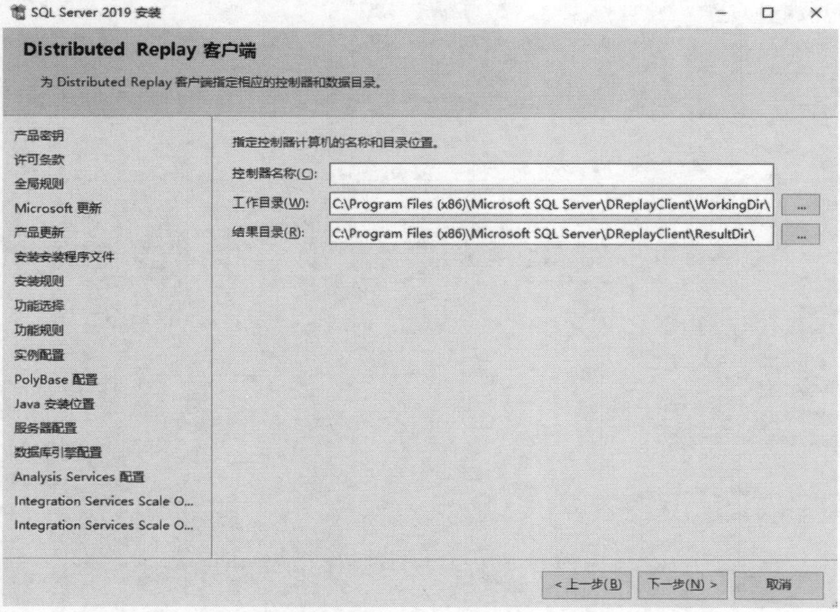

**图 8-19 "Distributed Replay 客户端"界面**

⑳进入"同意安装 Microsoft R Open"界面，如图 8-20 所示，单击"接受"按钮，然后单击"下一步"按钮。

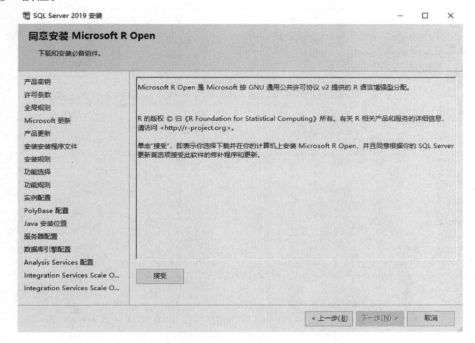

图 8-20　"同意安装 Microsoft R Open"界面

㉑进入"同意安装 Python"界面，如图 8-21 所示，单击"接受"按钮，然后单击"下一步"按钮。

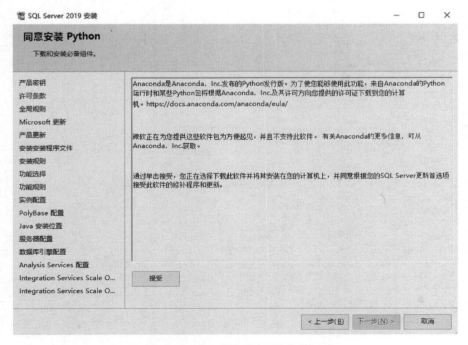

图 8-21　"同意安装 Python"界面

㉒进入"功能配置规则"界面,如图 8-22 所示,安装程序会进行最后的功能配置规则检测,当所列项目状态都为"已通过"时,然后单击"下一步"按钮。

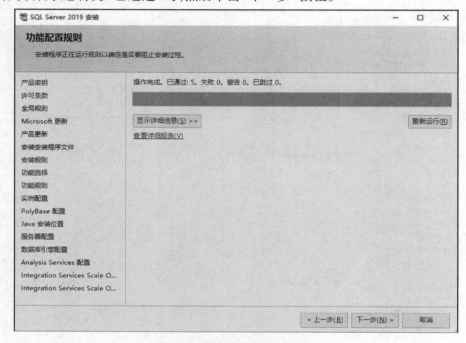

图 8-22 "功能配置规则"界面

㉓进入"准备安装"界面,如图 8-23 所示,单击"安装"按钮即可根据前面的配置进行安装。

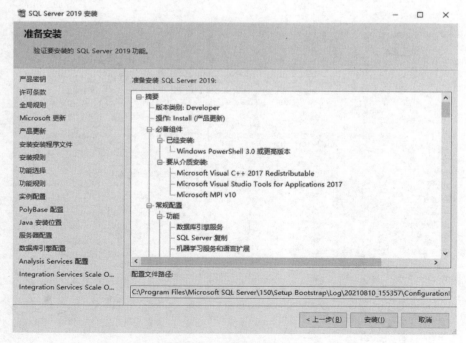

图 8-23 "准备安装"界面

㉔安装完成后,会进入"完成"界面,提示 SQL Server 2019 已经成功安装完成,并且把摘要日志文件保存到相应目录中,如图 8-24 所示。用户可以查看 SQL Server 2019 的组件安装状态,然后单击"关闭"按钮即可完成 SQL Server 2019 的安装过程。

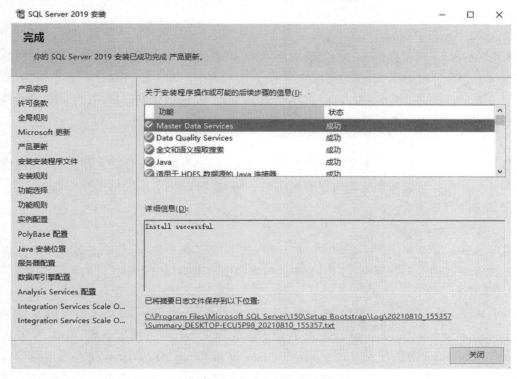

图 8-24　"完成"界面

## 8.3　SQL Server 2019 的管理工具和联机丛书

SQL Server 2019 系统提供了大量的管理工具,用户利用这些管理工具可以快速、高效地对系统进行管理,这些工具主要包括:

(1) SQL Server Management Studio

SQL Server Management Studio(SSMS)是一个图形化的集成环境,它将查询设计器和服务管理器的各种功能组合到一个集成环境中,用于访问、配置、管理和开发 SQL Server 的所有组件,几乎所有的 SQL Server 2019 管理和使用操作都可以通过 SSMS 完成。SSMS 中汇集了大量图形工具和丰富的脚本编辑器,如对象资源管理器、模板资源管理器、Visual Database Tools、查询和文本编辑器等,极大地方便了开发人员和管理人员对 SQL Server 的访问和控制。

注意:默认情况下,SSMS 并没有被安装,需另行安装。

(2) SQL Server 配置管理器

SQL Server 2019 提供了数据库引擎服务、Analysis Services、Integration Services、Reporting

Services、SQL Server Agent 等多种服务,这些服务可以通过 SQL Server 配置管理器来进行管理。在 SQL Server 配置管理器中,可以对上述服务进行管理,如启动、停止、暂停以及修改服务登录的账户等;可以设置 SQL Server 服务器端的网络协议;还可以配置 SQL Server 客户端工具连接 SQL Server 服务器的相关设置。

(3)SQL Server Profiler

SQL Server Profiler 提供了一个图形用户界面,用于监督、记录和检查数据库服务器的使用情况。管理员通过使用该工具,可以实时地监视用户的活动状态。SQL Server Profiler 捕捉来自服务器的事件,并将这些事件保存在一个跟踪文件中,稍后诊断问题时,可以对该文件进行分析或用它来重播一系列特定的步骤。

(4)数据库引擎优化顾问

数据库引擎优化顾问提供了一个图形用户界面,用于帮助用户分析工作负荷、提出优化建议等。即使用户对数据库的结构没有详细的了解,也可以使用该工具选择和创建索引、索引视图和分区等最佳组合。

(5)数据质量客户端

SQL Server 2019 提供了一个非常简单和在直观的图形用户界面,用于连接到 DQS 数据库并执行数据清理操作。它还允许用户集中监视在数据清理操作过程中执行的各项活动。

(6)SQL Server Data Tools

SQL Server Data Tools(SSDT)是一款新式开发工具,以前版本称为商业智能开发工具(Business Intelligence Development Studio),用于生成 SQL Server 关系数据库、Azure SQL 数据库、Analysis Services 数据模型、Integration Services 包和 Reporting Services 报表。用户可以使用 SSDT 设计和部署任何 SQL Server 内容类型,就像在 Visual Studio 中开发应用程序一样方便。SSDT 还包含"数据库项目",为数据库开发人员提供集成环境,以便在 Visual Studio 内为任何 SQL Server 平台(包括本地和外部)执行其所有数据库设计工作。数据库开发人员可以使用 Visual Studio 中功能增强的服务器资源管理器,轻松创建或编辑数据库对象和数据或执行查询。

注意:SSDT 也需另行安装。

(7)SQL Server 联机丛书

SQL Server 联机丛书涵盖了有效使用 SQL Server 所需的概念和过程,用户可以通过联机丛书学习如何管理、开发和使用 SQL Server。可以通过下列方式访问 SQL Server 联机丛书:

➤ 通过搜索引擎查找关键字"SQL Server 技术文档",找到对应的链接,点击链接即可阅读产品的技术文档信息。

➤ 通过 SSMS 打开。在 SSMS 中单击"帮助"菜单中的"查看帮助",默认在浏览器中启动联机丛书,如图 8-25 所示。

图 8-25　在浏览器中启动联机丛书

## 8.4　SQL Server 2019 的登录

SQL Server 的实例实际上就是 SQL Server 数据库引擎/服务,一台计算机可以安装一个或多个单独的 SQL Server 实例。每个 SQL Server 实例管理几个系统数据库以及一个或多个用户数据库,应用程序连接到实例,以便在实例管理的数据库中执行任务。实例分为默认实例和命名实例。一台计算机上最多只能有一个默认实例,该默认实例没有名称,如果某一连接请求仅指定计算机的名称,则会与默认实例建立连接;命名实例是安装实例时指定实例名称的一种实例,如果要连接到命名实例,连接请求必须同时指定计算机名称和实例名称。

**1) 启动 SQL Server 2019 服务**

要使用 SQL Server 2019 数据库,例如创建和维护数据库,必须首先要启动 SQL Server 服务。SQL Server 本身就是一个 Windows 服务,数据库中的每一个实例对应的就是一个 sqlserver.exe 进程,当启动的时候就调用这个可执行文件来开启服务。用户可以通过配置管理器来启动 SQL Server 服务,在 Windows 系统桌面中,单击"开始"按钮,选择"所有程序"→"Microsoft SQL Server 2019"→"SQL Server 2019 配置管理器"命令,会进入"Sql Server Configuration Manager"界面,如图 8-26 所示。

在图 8-26 中,单击左侧的"SQL Server 服务",将会在右侧显示所有服务。选中某服务后,如"SQL Server( MSSQLSERVER)",可以通过单击工具栏中的"启动""暂停""停止"命令实现该服务的启动、暂停和停止操作。

**2) SQL Server Management Studio 的启动与连接**

SQL Server 服务启动后,就可以启动 SQL Server Management Studio 了。在 Windows 系统桌面中,单击"开始"按钮,选择"所有程序"→"Microsoft SQL Server Tools"→"Microsoft SQL

Server Management Studio"命令,会打开"连接到服务器"对话框,如图 8-27 所示。

图 8-26  "Sql Server Configuration Manager"界面

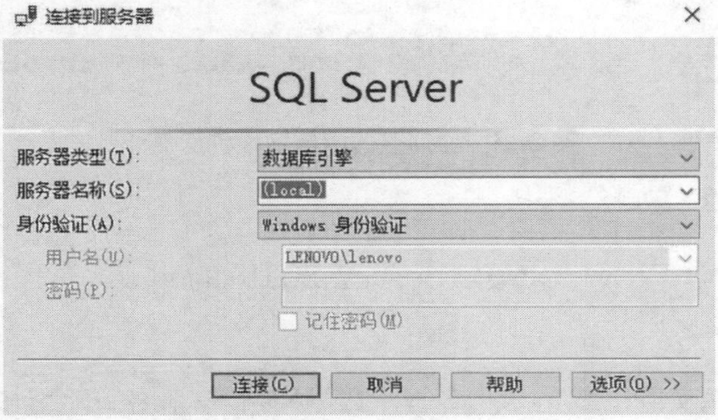

图 8-27  "连接到服务器"对话框

图 8-27 的"连接到服务器"对话框中有如下内容:

①在"服务器类型(T)"下拉列表框中列出了所有服务,根据安装 SQL Server 版本的不同,可能有多种不同的服务器类型,因为本书主要是介绍数据管理,所以这里选择"数据库引擎"。

②在"服务器名称(S)"下拉列表框中列出了所有可以连接的服务器的名称,(local)表示本地计算机,如果要连接到远程数据服务器,则需要输入服务器的 IP 地址。

③在"身份验证(A)"下拉列表框中列出了身份验证的方式。如果设置了混合验证模式,可以在下拉列表框中使用 SQL Server 身份验证模式,此时需要输入用户名和密码;这里选择了"Windows 身份验证"模式,此时 SQL Server 使用 Windows 操作系统中的信息验证账户名和密码。

单击"连接"按钮,连接成功则进入 SQL Server Management Studio 的主界面,如图 8-28 所示,该界面显示了左侧的"对象资源管理器"窗口。

3) SQL Server Management Studio 简介

SQL Server Management Studio(SSMS)是用于管理任何 SQL 基础结构的集成环境,使用 SSMS 可以访问、配置、管理和开发 SQL Server、Azure SQL 数据库和 Azure Synapse Analytics 的所有组件。

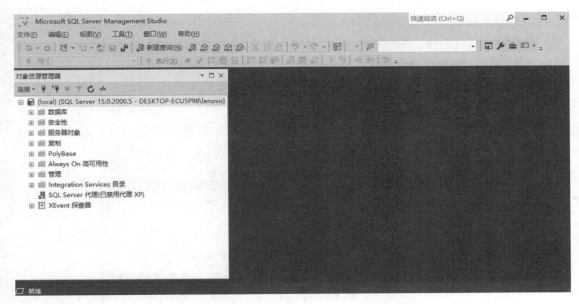

图 8-28　"SQL Server Management Studio"主界面

（1）对象资源管理器

要使用服务器和数据库，需先连接到服务器，在对象资源管理器中，可以连接多种类型的服务器，如数据库引擎、分析服务、集成服务、报表服务等。对象资源管理器提供了一个层次结构用户界面，可用于查看和管理 SQL Server 的一个或多个实例中的所有对象，如图 8-29 所示。该组件使用了类似于 Windows 资源对象资源管理器的树状结构，根结点是当前实例，子结点是该服务器的所有管理对象和可以执行的管理任务，分为："数据库""安全性""服务器对象""复制""PolyBase""Always On 高可用性""管理""Integration Services 目录"等。对象资源管理器的功能根据服务器的类型稍有不同，但一般都包括用于数据库的开发功能和用于所有服务器类型的管理功能。

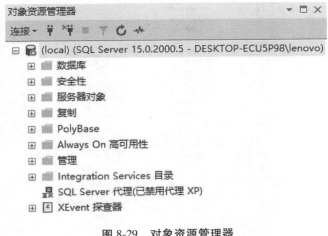

图 8-29　对象资源管理器

（2）查询编辑器

查询编辑器包括：用于生成包含 Transact-SQL 和 XQuery 语句的脚本的数据库引擎查询编辑器、用于 MDX（Multi-Dimensional Expressions）语言的 MDX 编辑器、用于 DMX（Data Mining Extensions）语言的 DMX 编辑器、用于 XML for Analysis 语言的 XML／A 编辑器。例如，用户可以在查询编辑器中输入要执行的 Transact-SQL 语句，执行结果一般会显示在屏幕的下方，如图 8-30 所示。当然，用户也可以直接拖曳表或字段等数据库对象，动态生成 SQL 语句。

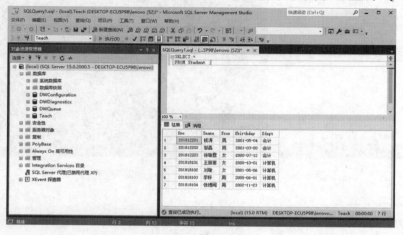

图 8-30　查询编辑器

（3）模板资源管理器

SQL Server 提供了多种模板。模板即包含 SQL 脚本的样板文件，可用于在数据库中创建对象，如数据库、表、视图、索引、存储过程、触发器、统计信息和函数等。使用模板提供的代码，用户在开发时无须每次都输入基本代码。单击"视图"菜单中的"模板资源管理器"命令，会打开"模板浏览器"窗口，如图 8-31 所示。

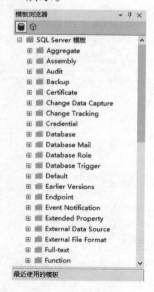

图 8-31　模板浏览器

　　模板资源管理器按代码类型进行分组,比如有关对数据库的操作都放在 Database 目录下,用户可以双击 Database 目录下的 Drop Database 模板,Drop Database 代码模板的内容如图 8-32 所示。

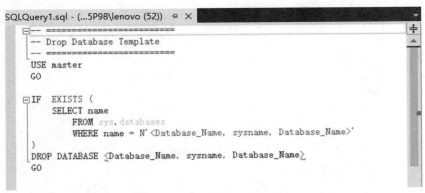

**图 8-32　Drop Database 代码模板的内容**

　　打开 Drop Database 模板后,SSMS 将会多一个"查询"菜单,单击"查询"菜单中的"指定模板参数的值"命令,打开"指定模板参数的值"对话框;然后在参数"Database_Name"的"值"文本框中输入:"Teach",如图 8-33 所示。

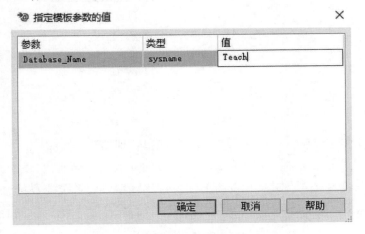

**图 8-33　"指定模板参数的值"对话框**

　　输入完成后,单击"确定"按钮,返回代码模板的查询编辑窗口,此时模板中的代码发生了变换,此前代码中的 Database_Name 值都被 Teach 取代,如图 8-34 所示。然后单击"查询"菜单中的"执行"命令,SSMS 将根据刚才修改过的代码,删除名为 Teach 的数据库。

　　(4)解决方案资源管理器

　　解决方案是一个或多个相关项目的集合。项目是开发人员用来组织相关文件(例如常用管理脚本集)的容器,用于管理数据库脚本、查询、数据连接和文件等项。解决方案资源管理器是开发人员用来创建和重用与同一项目相关的脚本的一种工具,如果以后需要类似的任务,就可以使用项目中存储的脚本组。如要访问解决方案资源管理器,可以单击"视图"菜单中的"解决方案资源管理器",如图 8-35 所示。

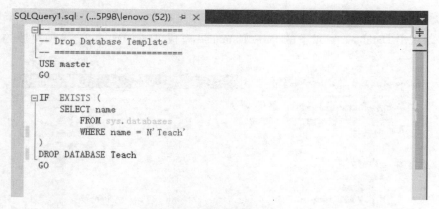

图 8-34　修改代码后的效果

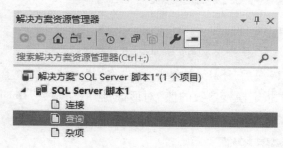

图 8-35　解决方案资源管理器

## 8.5　SQL Server 2019 系统数据库

SQL Server 安装完成后,打开 SSMS,在"对象资源管理器"的"数据库"节点下的"系统数据库"中,会看到几个已经存在的数据库:master、model、msdb、tempdb,这 4 个数据库是系统数据库。系统数据库中存放了 SQL Server 2019 的系统级信息,如系统配置信息、数据库属性信息、登录账户信息等。SQL Server 2019 使用这些系统级信息管理和控制整个数据库服务系统。

（1）master 数据库

master 数据库是 SQL Server 中最重要的数据库。它是 SQL Server 的核心数据库,记录了 SQL Server 系统级的所有信息。这些系统级信息包括服务器配置信息、登录账户信息、数据库文件信息以及 SQL Server 初始化信息等,这些信息影响整个 SQL Server 系统的运行。用户不能直接修改该数据库,如果该数据库被损坏,SQL Server 将无法正常工作。master 数据库是 SQL Server 的默认数据库,在 SSMS 中新建的查询就是针对 master 数据库的,当然用户可以在下拉列表中修改当前可用的数据库。

（2）model 数据库

model 数据库是模板数据库。当用户在 SQL Server 中创建新的数据库时,model 数据库充当模板,也就是系统自动把该模板数据库的所有信息复制到用户新建的数据库中,从而使得新建的用户数据库初始状态下具有与 model 数据库一致的对象和相关数据,简化了数据库的初始创建和管理操作。对 model 数据库进行的修改(比如修改数据库的大小、排序规则、恢复模式和其他数据库属性)将应用于以后创建的所有用户数据库。

(3)msdb 数据库

msdb 数据库是代理服务器数据库,包含 SQL Server 代理、日志传送、SQL Server 集成服务以及关系数据库引擎的备份和还原系统等使用的信息。该数据库存储了有关作业、操作员、报警、任务调度以及作业历史的全部信息,这些信息可以用于自动化系统的操作。

(4)tempdb 数据库

tempdb 数据库是一个临时数据库,其主要作用是存储用户创建的临时对象或中间结果、数据库引擎需要的临时对象和版本信息等。tempdb 数据库由整个系统的所有数据库使用,不管用户使用哪个数据库,建立的临时表和临时存储过程都存储在 tempdb 上。实际上,该数据库相当于 SQL Server 的临时工作空间,SQL Server 关闭后,该数据库中的内容被清空,每次重启 SQL Server 时,该数据库会被重新创建。

# 参考文献

[1] 王珊,萨师煊.数据库系统概论[M].5 版.北京:高等教育出版社,2018.

[2] 陈志泊.数据库原理及应用教程[M].4 版.北京:人民邮电出版社,2017.

[3] 王英英.SQL Server 2016 从入门到精通[M].北京:清华大学出版社,2018.

[4] 孙亚南,郝军.SQL Server 2016 从入门到实战[M].北京:清华大学出版社,2018.

[5] 马忠贵,王建萍.数据库技术及应用:基于 SQL Server 2016 和 MongoDB[M].北京:清华大学出版社,2020.

[6] 陆嘉恒.大数据挑战与 NoSQL 数据库技术[M].北京:电子工业出版社,2013.

[7] 张泽泉.MongoDB 游记之轻松入门到进阶[M].北京:清华大学出版社,2017.

[8] 香农·布拉德肖,约恩·布拉齐尔,克里斯蒂娜·霍多罗夫.MongoDB 权威指南[M].牟天垒,王明辉,译.3 版.北京:人民邮电出版社,2021.

[9] Kyle Banker , Peter Bakkum ,Shaun Verch ,et al, MongoDB 实战[M].徐雷, 徐扬,译.2 版.武汉:华中科技大学出版社,2017.